U0211838

『十二五』普通高等教育体验互动式创新规划教材

计算机网络与通信

JISUANJI WANGLUO YU TONGXIN

主审　薛弘晔

主编　尹少平

副主编　张举　陈琦

　　　　虞明宝　张婷婷

编者　刘翠玲

　　　古奋飞　陈希彬

　　　魏建英　陈明明

哈尔滨工业大学出版社

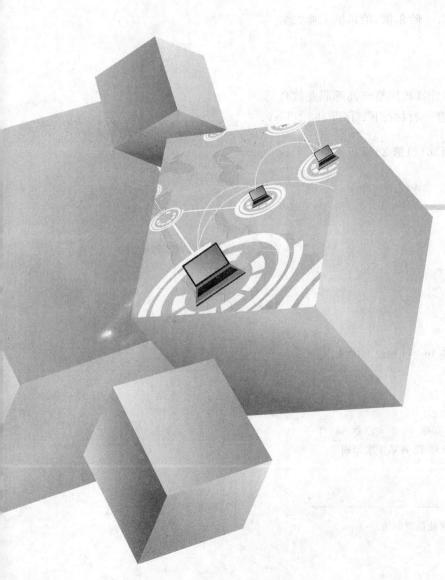

内 容 简 介

　　本书理论模块紧密结合计算机发展新动态，全面系统地讲解了计算机网络与通信的基本理论，内容包括：计算机体系结构；数字通信基础；数据链路层协议及相关技术；网络层协议的概念、功能、报文结构、IP 地址结构、分类规则、变长子网掩码、路由协议、地址转换、移动 IP 和 IPv6 等；传输层协议的功能、特性等；应用层协议和常用网络服务；无线网络知识和网络安全知识。实训部分分为各理论模块内的基本技能实训和单列的活页技能实训两部分，内容涵盖网络技术人员应具备的基本和常用的操作技能，包括网络设备部署与配置、网络服务器配置、网络安全与管理基本配置等。

　　本书可作为信息技术相关专业理论与实训教材，也可用于职业技能培训或各类相关工程技术人员自学或参考。

图书在版编目(CIP)数据

　　计算机网络与通信/尹少平主编. —哈尔滨：哈尔滨工业大学
出版社，2012.12
　　ISBN 978 - 7 - 5603 - 3838 - 5

　　Ⅰ.①计⋯　Ⅱ.①尹⋯　Ⅲ.①计算机网络－高等职业教育－
教材②计算机通信－高等职业教育－教材　Ⅳ.①TP393②TN91

　　中国版本图书馆 CIP 数据核字(2012)第 264246 号

责任编辑　李广鑫
封面设计　唐韵设计
出版发行　哈尔滨工业大学出版社
社　　址　哈尔滨市南岗区复华四道街 10 号　邮编 150006
传　　真　0451－86414749
网　　址　http://hitpress.hit.edu.cn
印　　刷　天津市蓟县宏图印务有限公司
开　　本　850mm×1168mm　1/16　印张 16.25　字数 480 千字
版　　次　2012 年 12 月第 1 版　2012 年 12 月第 1 次印刷
书　　号　ISBN 978 - 7 - 5603 - 3838 - 5
定　　价　32.00 元

(如因印装质量问题影响阅读，我社负责调换)

PREFACE 前言

计算机网络是当今世界最重要的科学技术成就之一,计算机网络技术也是在各行各业以及日常生活中最为普及的技术。作为信息技术领域各专业的一门专业必修课,"计算机网络与通信"既要讲授基本理论,着重让学生理解计算机网络,即所谓"懂"网络,又要使学生掌握计算机网络的基本构建方法、管理手段和应用技术,即所谓"建"、"管"和"用"网络。基本理论与实用技能培训相结合、大学常规教育与职业技能鉴定相结合、"教"与"做"相结合正是编写本书的指导思想。

国家人力资源和社会保障部计算机网络管理员职业技能认证考试是全国高职院校推行的行业权威认证,严格按照 ISO 9001 标准实施,着重考查学生对于计算机网络技术基础知识的掌握、网络系统规划设计、网络设备配置与调试能力、网络系统管理能力。对应于本书各章节的内容可以把计算机网络管理员在计算机网络与通信技术方面的职业技能要求划分为以下几方面。

● 计算机网络协议分析,能够运用相关的工具软件,对计算机网络体系结构中的各种通信协议进行捕获、分析、异常诊断和状态监测,从而掌握对计算机网络的基本维护技术。

● 理解和掌握数据链路层主要协议,包括以太网、PPP 等的功能定义、报文结构、技术特点等。交换机的基本配置方法包括通过 console 配置、telnet 远程登录配置、可视化配置等。交换机的命令配置模式包括用户模式、特权模式、配置模式等。交换机常用技术配置方法包括生成树、端口聚合以及虚拟局域网的配置、三层交换机的路由配置等。

● 理解和掌握网络层协议的定义、功能、IP 报文等。路由器的基本配置方法包括通过 console 配置、telnet 远程登录配置、可视化配置等。交换机的命令配置模式包括用户模式、特权模式、配置模式等。路由器接口配置,静态路由,动态路由 RIP、OSPF 等协议的配置,网络地址规划,子网划分,超网构造等。

● TCP 与 UDP 传输层协议的区别与基本功能,TCP 协议的可靠性传输实现方法,传输层基于端口的访问控制,对网络服务器系统进行有效的控制和管理。

● 常用网络服务器系统配置,包括 DNS 服务器、FTP 服务器、电子邮件服务器、DHCP 服务器等。

● 理解无线网络协议 IEEE802.11a/b/g/n、Zigbee 无线传感器网络协议等的基本功能特性、组网技术。

● 了解网络安全技术的基本要素、加密通信技术、网络安全常用设备的功能特性等。

本书特色

1.讲练结合,技能导向

本书以计算机网络管理员的职业岗位需求为核心,讲授基本理论,以简明扼要、通俗易懂、实用优先、够用为度;技能训练循序渐进,由浅入深,由单一设备配置操作到综合网络组建技能培养。

2.仿真平台,方便易行

本书实验实训项目大部分都是基于 Cisco 推出的仿真实验平台 Packet Tracer 5.3 完成的。既能完全按照真实设备的操作过程训练学生,又不受实验环境和条件限制,也能节省大量设备投资及设备维护方面的人员资金成本。

本书内容

本书全面但简明通俗地讲授了计算机网络与数据通信的基本理论,包括计算机体系结构,数字通信基础,数据链路层协议及相关技术,网络层协议的概念、功能、报文结构、IP地址结构、分类规则、变长子网掩码、路由协议、地址转换、移动IP和IPv6等,传输层协议的功能、特性等,应用层协议和常用网络服务,无线网络知识和网络安全知识。全书知识结构如下:

【模块1 计算机网络概论】 介绍了电路、报文和分组三种交换技术的特点,TCP/IP各层协议的功能,初步认识计算机网络体系结构。

【模块2 数字通信基础】 介绍了传输介质的种类,双绞线、同轴电缆(基带、宽带)、光纤(单模、多模)和无线介质的物理特性、传输性能和使用场合,数据通信的基本概念和基本技术。

【模块3 数据链路层协议及其应用】 介绍了PPP协议,以太网的工作原理、核心技术。

【模块4 网络层与IP协议】 重点介绍数据报服务和虚电路服务的特点和区别;IP地址与MAC地址之间的关系以及地址解析协议ARP和逆向地址解析协议RARP的作用;IP地址的基本概念,IP分组格式,理解首部各字段的作用和意义;路由选择算法的分类,以及因特网的主要路由协议(RIP、OSPF、BGP)等。

【模块5 传输层协议】 介绍TCP、UDP两种报文的结构及区别,TCP协议的特性及可靠传输的实现方法。

【模块6 应用层协议】 常用网络服务及其配置方法。

【模块7 无线网络技术】 介绍主流无线网络协议和组网技术。

【模块8 网络安全与管理技术基础】 简要介绍网络安全基本概念和基本要素、网络管理协议和功能。

【计算机网络与通信实训手册】 详细列出常用的网络设备配置方法、步骤和实例。

本书应用

本书适用于计算机网络技术、通信技术、信息安全等专业学生使用,也可以作为培训机构的教学用书,以及其他专业初、中级读者自学或选修。书中所涉及的经验和技巧是编者在实践和教学过程中不断积累的成果,希望能给读者以启发和帮助。

整体课时分配

章节内容	建议课时	授课类型
模块1 计算机网络概论	4课时	讲授、实训
模块2 数字通信基础	8课时	讲授、实训
模块3 数据链路层协议及其应用	8课时	讲授、实训
模块4 网络层与IP协议	12课时	讲授、实训
模块5 传输层协议	8课时	讲授、实训
模块6 应用层协议	8课时	讲授、实训
模块7 无线网络技术	6课时	讲授、实训
模块8 网络安全与管理技术基础	6课时	讲授、实训

本书在编写的过程中参考了大量的图书资料和图片资料,在此向这些资料的作者表示衷心的感谢。除参考文献中所列的署名作品之外,部分作品的名称及作者无法详细核实,故没有注明,在此表示歉意。

由于作者的水平有限,疏漏与不妥之处在所难免,敬请读者批评指正。

编 者

目录 Contents

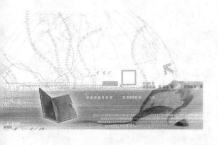

模块 1
计算机网络概论

知识目标

◆ 了解计算机网络的发展历史与现状。

◆ 掌握计算机网络的功能、分类和主要性能指标(带宽、时延、时延带宽积的概念)。

◆ 掌握电路、报文和分组三种交换技术的特点。

◆ 理解 TCP/IP 各层协议的功能,初步认识计算机网络体系结构。

技能目标

◆ 学会查询计算机网络与通信技术相关的标准文档。

◆ 学会分析和排查网络设备一般故障。

◆ 初步认识网络协议分析软件的基本功能。

课时建议

4 课时。

课堂随笔

1.1 计算机网络的发展历史与现状

【知识导读】

1. 计算机网络的发展可以划分为几个阶段,各有什么特点?

2. 计算机网络常见分类方式有哪几种?

3. 数据通信交换技术有哪几种?

4. OSI 参考模型与 TCP/IP 参考模型有什么区别?

计算机网络的出现,使人们的生活发生了众多的改变。我们所熟知的 Internet 由于其商业化的运营方式,业务量增多,导致了它在性能上的降低。在这种情况下,一些大学申请了国家科学基金,以建立一个全新的、专用的、独立的 Internet,供自身使用。1996 年 10 月 Internet 2 的技术开始研发,推动了包括 IPv6 在内的当代网络新技术的发展。

计算机网络与通信技术是随着应用的普及与深入而不断发展的,理解计算机网络与通信有必要先从网络发展开始学习。计算机网络发展阶段可分为五个阶段:计算机终端网络阶段、计算机通信网络阶段、计算机网络阶段、Internet 互联阶段和 IPv6 阶段。

1. 计算机终端网络阶段

20 世纪 50 年代由一台中央主机通过通信线路连接大量的地理上分散的终端,构成了面向终端的计算机网络。但计算机系统规模庞大、价格昂贵。为了提高计算机的工作效率和系统资源的利用率,将多个终端通过通信设备和线路连接在计算机上,在通信软件的控制下,计算机系统的资源由各个终端用户分时轮流使用。严格地讲,此时计算机网络只是雏形,还不是真正意义上的计算机网络。当时,人们开始将各自独立发展的计算机技术和通信技术结合起来,开始了数据通信技术和计算机通信网络的研究,并且取得了一些有突破性的成果,为后来的计算机网络的产生和发展奠定了坚实的理论基础。

此阶段的主要特点是:终端无独立的处理能力,单向共享主机的资源(硬件、软件)。这种网络结构属集中控制方式,可靠性低。

2. 计算机通信网络阶段

20 世纪 60 年代,计算机开始获得广泛的应用。许多计算机终端网络系统分散在一些大型公司、事业部门和政府部门,各个系统之间迫切需要交换数据,进行业务往来。于是,将多个计算机终端设备连接起来,以传输信息为主要目的的计算机通信网络就应运而生了。

在计算机通信网络中,在终端设备到主计算机之间增加了一台功能简单的计算机,称为前端处理器(FEP)或通信控制处理器(CCP)。它主要用于处理器终端设备的通信信息及控制通信线路,并能对用户的作业进行一定的预处理操作。而主机间的数据传输通过各自的前端处理机来实现。全网缺乏统一的软件控制信息交换和资源共享,因此它还只是计算机网络的低级形式。

在 20 世纪 60 年代末,美国国防部高级研究计划署(ARPA)开始了分组交换技术基本概念和理论的研究,并于 1969 年 12 月应用在 ARPA net 上。此时,理论上在计算机网络定义、分类及网络体系结构与网络协议等方面获得了重大研究成果。

3. 计算机网络阶段

计算机通信网络发展到 20 世纪 70 年代后期以共享网上各计算机系统资源为主,用户把整个网络视为一个大的计算机系统,而不必熟悉每个子系统,即不必熟悉所需要资源具体的地理位置,并且为便于对所传输信息内容的理解,要对信息的表达方式、传输方法和应答信号等在全网内制订一套共同遵守的规则即协议(Protocol)。

20 世纪 70 年代中期,国际上各种广域网、局域网、公用分组交换网发展十分迅速,到了 20 世纪 80 年代,局域网技术取得了重要的突破性进展。在局域网领域中,主要是采用 Ethernet、TokenBus、Token

Ring 等原理。在 20 世纪 90 年代，局域网技术在传输介质、局域网操作系统及客户机/服务器计算模式等方面取得了重要的进展。局域网操作系统 Windows NT Server、NetWare、IBM LAN Server 等的应用，标志着局域网技术进入了成熟阶段。以太网（Ethernet）中，发展了网络结构化布线技术，也促进了局域网在办公自动化中的广泛应用。而 Internet 的普及则得益于 TCP/IP 协议结构的广泛应用。

4. Internet 互联阶段

本阶段突出的特点是综合化和高速化，综合化是将多种业务综合到一个网络中完成，现在已经可以将多种业务，如语言、数据、图像等信息以二进制代码的数字形式综合到同一个网络中来传送。网络的综合化发展与多媒体技术的迅速发展是分不开的，高速化是指随着近几年通信技术的不断进步和人们传输高速数据的要求，网络的数据传输速率在不断提高，网络带宽在不断增加。

5. IPv6 阶段

IPv6 是 "Internet Protocol Version 6" 的缩写，即互联网协议 V6。目前所熟知的 TCP/IP 协议族中，IP 是协议族中网络层的核心协议，IPv6 是用于替代现行版本 IP 协议 IPv4 的下一代 IP 协议。

IPv6 将逐步替代 IPv4。首先，IPv4 的地址资源数量受限制。IPv6 所拥有的地址容量约是 IPv4 的 8×10^{28} 倍，达到 2^{128} 个。IPv6 解决了网络地址资源数量的问题，也增加了其他设备连入互联网的数量限制。其次 IPv6 可以扩展到任意事物之间的信息交换，如家用电器、传感器、远程照相机、汽车等，经济效益巨大。关于 IPv6 将在本书模块 4 中更详细地介绍。

1.2 计算机网络的基本概念

【知识导读】

1. 计算机网络的定义是什么？
2. 简单阐述计算机网络的功能。
3. 计算机网络可按哪几种常用的方式分类？

1.2.1 什么是计算机网络

为了实现计算机之间的信息交换、资源共享和协同工作，利用通信设备和线路将地理位置分散的、各自具备独立功能的一组计算机有机联系起来，并且由功能完善的网络操作系统和通信协议进行管理的计算机复合系统就是计算机网络。

通信线路。可分为双绞线、同轴电缆（粗、细）、光纤、微波、通信卫星、红外线、激光等。

有机联系。就是能够实现网上计算机之间交换信息，并且依连接方式的不同而产生了结构上的不同类型的计算机网络。

网络协议。可以简单地说成是 "通信过程中全网共同遵守的规范准则"。

1.2.2 计算机网络的几种常见分类方式

计算机网络可从不同角度分为不同类型。由于分类方法不同，可以得到各种不同类型的计算机网络。

1. 按通信信道分类

（1）点对点传输网络。在点对点式网络中，每条物理线路连接一对计算机。机器沿某一信道发送的数据确定无疑地只有信道另一端的唯一一台机器收到。

（2）广播式传输网络。所有联网计算机都共享一个公共通信信道。当一台计算机利用共享通信通道发送报文分组时，所有其他计算机都会接收到这个分组。

2.按照网络的覆盖范围分类

(1)广域网(Wide Area Network,WAN),也称为远程网,其分布范围可以达数百至数千千米,可覆盖一个国家或一个州。

(2)局域网(Local Area Network,LAN),是将小区域内的各种通信设备互连在一起的网络,其分布范围局限在一座大楼或一个校园内,大约在几百米到几千米的范围,主要用于连接个人计算机工作站和各种外围设备以实现资源共享和信息交换。其传输速率比较高,通常在10M bps以上。

(3)城域网(Metopolitan Area Network ,MAN),其分布范围介于局域网和广域网之间,目的是在大都市较大的地理区域内提供数据声音和图像的传输。

3.按网络的拓扑结构分类

(1)总线型网络。使用单根传输线路作为传输介质,所有网络结点都通过接口串接在总线上,如图1.1所示。每一个结点发送的信号都在总线中传送,并被网络上其他结点所接收。只能由一个结点使用公用总线传送信息,所有结点共享总线的带宽和信道。

图1.1 总线形拓扑

(2)星形网络。每一个结点都由一个单独的通信线路连接到中心结点上。中心结点控制全网的通信,任何两个结点的相互通信,都必须经过中心结点,如图1.2所示。

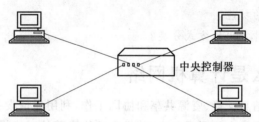

中央控制器

图1.2 星形拓扑

(3)环形网络。各个结点通过点对点的通信线路首尾相接,形成闭合的环形,环路中的数据沿一个方向传递。由于信号单向传递,适宜使用光纤构成的高速网络,如图1.3所示。

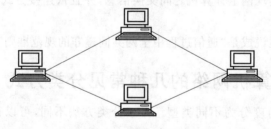

图1.3 环形拓扑

(4)树形网络。采用层次化的结构,具有一个根结点和多层分支结点。除了叶结点之外,所有的根结点和层分支结点都是转发结点,如图1.4所示。

(5)网状网络。网状网络是由分布在不同地理位置的计算机经传输介质和通信设备连接而成的,结点之间的连接是任意的、无规律的且每两个结点之间的通信链路可能有多条,因此使用"路由选择"算法进行路径选择,如图1.5所示。

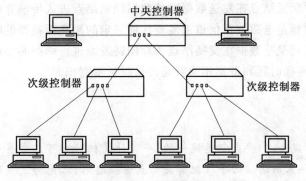

图1.4　树形拓扑

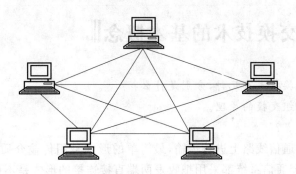

图1.5　网状拓扑

4.按交换方式分类

(1)电路交换网络(Circurt Switching)。电路交换最早出现在电话系统中,早期的计算机网络就是采用此方式来传输数据的,数字信号经过变换成为模拟信号后才能在线路上传输。

(2)报文交换网络(Message Switching)。报文交换是一种数字化网络。当通信开始时,源机发出的一个报文被存储在交换器里,交换器根据报文的目的地址选择合适的路径发送报文,这种方式称为存储－转发方式。

(3)分组交换网络(Packet Switching)。分组交换也采用报文传输,但它不是以不定长的报文作为传输的基本单位,而是将一个长的报文划分为许多定长的报文分组,以分组作为传输的基本单位。这不仅大大简化了对计算机存储器的管理,而且也加速了信息在网络中的传播速度。由于分组交换优于电路交换和报文交换,具有许多优点,因此它已成为计算机网络的主流。

5.按传输介质分类

(1)采用线缆作为传输介质的有线网。有线网可进一步细分为铜缆网络、光纤网络和远程接入网。

(2)采用空气作为传输介质的无线网。无线网主要有微波网和卫星网等。

◆◇◇◇ 1.2.3 计算机的主要性能指标

计算机的主要性能指标如下:

(1)带宽。对于模拟信道,带宽是指物理信道的频带宽度,以前也称信道允许传送信号的最高频率和最低频率之差,单位为 Hz(赫兹)、kHz(千赫兹)、MHz(兆赫兹)等。对于数字信道,带宽是指信道上能够传送的数字信号的速率,即数据传输速率。因此带宽单位是比特每秒,通常表示为 bit/s 或 bps。

(2)时延。时延(Delay 或 Latency)是指一个报文或分组从一个网络(或一条链路)的一端传输到另一端所需的时间。通常来讲,时延是由以下几个不同的部分组成的。

①发送时延。发送时延是结点在发送数据时使数据块从结点进入传输介质所需的时间。

②传播时延。传播时延是电磁波在信道上需要传播一定的距离而花费的时间。

③处理时延。处理时延是指数据在交换结点为存储转发而进行一些必要的处理所花费的时间。

（3）时延带宽积。将传播时延和带宽相乘就是传播时延带宽积。

技术提示：

网络的定义有多种说法，但要点都是统一的：一是计算机网络可包含多台具有独立功能的计算机；二是计算机网络需要采用通信的手段把有关结点连接起来；三是为了实现计算机分布资源的共享、信息交流及计算机之间协同工作。

1.3 数据通信交换技术的基本概念

【知识导读】

1.通常使用的数据交换技术有几种，分别是什么？

2.简述电路交换和分组交换的原理。

3.报文交换有何优缺点？

数据经过编码后要在通信线路上进行传输，最简单的形式是用传输介质将两个端点直接连接起来进行数据传输。但是，每个通信系统都采用把收发两端直接连接的形式是不可能的，一般要通过一个由多个结点组成的中间网络来把数据从源点转发到目的点，以实现通信。这个中间网络不关心所传输数据的内容，而只是为这些数据从一个结点到另一个结点直至目的点提供交换的功能。这个中间网络也称交换网络，组成交换网络的结点称交换结点。按所用的数据传送技术划分，交换网络又可分为电路交换网、报文交换网和分组交换网。

1.3.1 电路交换

电路交换是在发端和收端之间建立电路连接，并保持到通信结束的一种交换方式。或者说是在两个设备之间创建一条临时的物理连接。所以我们可以把电路交换机看作一个多路开关。在图1.6所示的电路交换网络中，A和E之间创建了一条临时的物理连接，C和G之间也创建了一条临时的物理连接。通过电路交换机，左边的任何一台计算机可以连接右边的任何一台计算机。

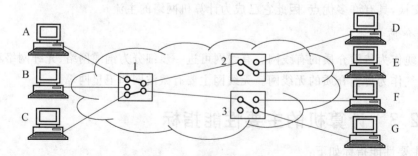

图1.6 电路交换网络

电路交换机是有n个输入和m个输出的设备。可以在任何一条输入链路和任何一条输出链路之间创建一个临时连接。n和m可以不相等。可见电路交换要在两个通信设备之间建立起一条完全被通信双方所占用的物理通路。而这样的通路一般是由两个设备之间的若干结点逐段接通这条物理链路而实现的。其过程包括以下三个步骤：

（1）电路建立。从要求进行通信的源站点出发，逐段寻找可以占用的链路，一直到把目的站点接通为止。这个过程一般需要较长的延时。寻找可以占用的链路是交换机的路由功能。

（2）数据传输。电路建立之后，即可进行数据传输。在整个数据传输过程中，所建立的电路必须始终保持连接状态。

（3）电路拆除。通信结束后，通信的任何一方可通知电路沿途各结点将电路拆除，结束对线路的占用。

电路交换的优点：数据传输可靠、迅速、及时，数据不会丢失，且保持原来的序列。

电路交换的缺点：信道长时间被占用，信道利用率低；在数据传输所花时间不太长的情况下，建立和拆除所用时间相对较长。

1.3.2 报文交换

报文交换又称为存储转发。它的基本原理是在报文的传输过程中，由网络的中间结点将报文暂时存储起来，检查它的正确性和完整性，然后再发往下一个结点。如果下一段链路发生阻塞或损坏，那么这个报文可以存储较长时间再发送。当然，如果有另外的链路可用的话，也可以选择另外的链路发送。端与端之间无须先通过呼叫建立连接，而是直接进行端与端之间通信。

报文交换的缺点：在报文交换中，整个报文是作为一个整体来处理的，由于报文一般具有较长的长度，所以一般用外存储器来暂存报文。由于报文交换要在每个中间结点进行差错校验，因此必须等到整个报文到达后才可能被转发。当报文比较长时，等待的时间就比较长。如果再考虑到负载较重时的排队时间和外存储器中的存储时间，报文传输的延迟相当大。由于这些缺点，报文交换技术已逐渐被淘汰。

1.3.3 分组交换

分组交换又称为包交换。1969 年包交换技术首先使用在 ARPA 网上，现在人们都公认 Arpanet 是分组交换之父，在分组交换中，较长的报文被分为较短的数据单元，然后每个数据单元被加上一些通信控制信息等内容，形成一个信息包（Packet）。通信时以包为单位发送、存储和转发。信息包包含数据和包头，包头由通信控制信息（如地址和优先级）、差错控制信息等组成。

分组交换实现的关键是分组长度的选择。分组越短，冗余量（分组中的控制信息）的比例越大，将影响信息传输效率。而分组越大，传输中出错的概率越大，增加重发次数，同样也影响传输效率。对于传输速率较高的线路，分组长度可相应增加，一般情况下，分组长度可选择一千至几千字节。只要整个信息包到达后就可以转发，而不必等待很长的报文全部到达。这样就大大缩短了信息传输过程中的延迟时间。

技术提示：

通过三种交换方式的讲解可见，与电路交换相比，分组交换电路利用率高。与报文交换相比，分组交换时延小，具备实时通信特点。但分组交换的优点是有代价的，即每个分组前要加上相应的控制信息，这样就增加了网络开销。

1.4 网络体系结构与网络协议

【知识导读】

1.试将 TCP/IP 参考模型与 OSI 参考模型进行比较。

2.ISO/OSI 七层模型是什么,各层具有哪些功能?

3.TCP/IP 模型如何分层,每一层各有哪些主要功能?

4.收发电子邮件,属于 ISO/OSI 中哪层功能?

1.4.1 OSI 参考模型的基本概念

国际标准化组织(International Standards Organization,ISO)经过反复研究,在已有的网络体系结构(如 DNA、SNA 等)的基础上,于 1984 年正式颁布了一个称为开放系统互联基本参考模型 OSI/RM (Open System Interconnection Reference Model)的国际标准 ISO 7498,简称 OSI 参考模型。它由七层组成,所以也称 OSI 七层模型。由于 OSI/RM 的提出,从而开创了一个具有统一的网络体系结构、遵循国际标准化协议的计算机网络新时代。在 OSI 框架下,详细规定了每一层功能,以实现开放系统环境中的互连性、互操作性和应用的可移植性。如图 1.7 所示,图中的各层协议是通信双方在通信过程中的约定,规定有关部件在通信过程中的操作以保证正确地进行通信。各层的主要功能如下。

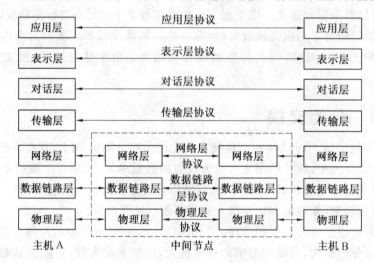

图 1.7 国际标准化组织 OSI/RM 模型

1. 物理层

规定在一个结点内如何把计算机连接到通信介质上,规定了机械的、电气的功能;该层负责建立、保持和拆除物理链路;规定如何在此链路上传送原始比特流;比特如何编码,使用的电平、极性、连接插头插座的插脚如何分配等。所以在物理层数据的传送单位是比特(bit)。

2. 数据链路层

它把相邻两个结点间不可靠的物理链路变成可靠的无差错的逻辑链路,包括把原始比特流分帧、排序、设置检错、确认、重发、流控等功能;数据链路层传动信息的单位是帧(Frame),每帧包括一定数量的数据和一些必要的控制信息,在每帧的控制信息中,包括同步信息、地址信息、差错控制信息、流量控制信息等;同物理层相似,数据链路层负责建立、维护和释放数据链路。

3. 网络层

网络层连接网络中任何两个计算机结点,从一个结点上接收数据,正确地传送到另一个结点;在网

络层,传送的信息单位是分组或包。网络层的主要任务是要选择合适的路由和交换结点,透明地向目的站交付发送站所发的分组或包,这里的透明表示收发两端好像是直接连通的。另外网络层还要解决网络互连、拥塞控制和记账等问题。

上述三层组成了所谓的通信子网,用户计算机连接到此子网上。通信子网负责把一个地方的数据可靠地传送到另一个地方,但并未实现两个主机上进程之间的通信。

4. 传输层

传输层真正地实现了端到端间的通信,把数据可靠地从一方的用户进程或程序送到另一方的用户进程或程序。这一层的控制通常由通信两端的计算机完成,中间结点一般不提供这一层的服务,这一层的通信与通信子网无关。从这一层开始的以上各层全部是针对通信的最终的源端到目的端计算机的进程之间的。传输层传送的信息单位是报文(Message)。

传输层向上一层提供一个可靠的端到端的服务,使上一层看不见下面几层的通信细节。正因为如此,传输层成为网络体系结构中最关键的一层。对于传输层的功能,主要在主机内实现。而对于物理层、数据链路层以及网络层的功能均在报文接口机中实现。对于传输层以上的各个层次的功能通常在主机中实现。

5. 对话层

对话层又称会话层。它允许两个计算机上的用户进程建立对话连接,双方相互确认身份,协商对话连接的细节;对话层还提供同步机制,在数据流中插入同步点,在每次网络出现故障后可以仅重传最近一个同步点以后的数据,而不必从头开始。

以上两层为两个计算机上的用户进程或程序之间提供了正确传送数据的手段。

6. 表示层

表示层主要解决用户信息的语法表示问题。表示层将数据从适合于某一系统的语法转变为适合于 OSI 系统内部使用的语法。具体地讲,表示层对传送的用户数据进行翻译或解释、编码和变换,使得不同类型的机器对数据信息的不同表示方法可以相互理解。另外,数据加密、解密、信息压缩等都是本层的典型功能。

7. 应用层

应用层确定进程之间通信的性质以满足用户的需要;负责用户信息的语义表示,并在两个通信者之间进行语义匹配。具体地说,应用层处理用户的数据和信息,由用户程序(应用程序)组成,完成用户所希望的实际任务。这一层包括人们普遍需要的协议,例如,虚拟终端协议、文件传送协议、电子邮件等。

∴∴∴ 1.4.2　TCP/IP 协议的基本概念

TCP/IP 分层模型(TCP/IP Layening Model)被称为因特网分层模型(Internet Layering Model)、因特网参考模型(Internet Reference Model)。TCP/IP 四层参考模型如图 1.8 所示。

TCP/IP 协议有四个概念层,其中有三层对应于 ISO 参考模型中的相应层。TCP/IP 协议族并不包含物理层和数据链路层,因此它不能独立完成整个计算机网络系统的功能,必须与许多其他的协议协同工作。

TCP/IP 分层模型的四个协议层分别完成以下功能。

1. 网络接口层

网络接口层包括用于协作 IP 数据在已有网络介质上传输的协议。实际上 TCP/IP 标准并不定义与 ISO 数据链路层和物理层相对应的功能。相反,它定义像地址解析协议(Address Resolution Protocol,ARP)这样的协议,提供 TCP/IP 协议的数据结构和实际物理硬件之间的接口。

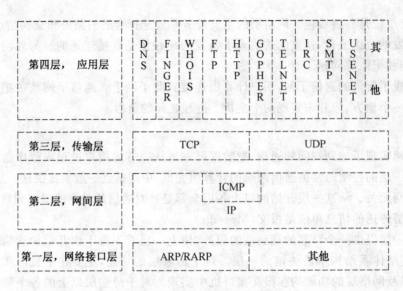

图 1.8 TCP/IP 四层参考模型

2. 网间层

网间层对应于 OSI 七层参考模型的网络层。本层包含 IP 协议、路由信息协议（Routing Information Protocol，RIP），负责数据的包装、寻址和路由。同时还包含网间控制报文协议（Internet Control Message Protocol，ICMP）用来提供网络诊断信息。

3. 传输层

传输层对应于 OSI 七层参考模型的传输层，它提供两种端到端的通信服务。其中 TCP 协议（Transmission Control Protocol）提供可靠的数据流运输服务，UDP 协议（Use Datagram Protocol）提供不可靠的用户数据报服务。

4. 应用层

应用层对应于 OSI 七层参考模型的应用层和表达层。因特网的应用层协议包括 Finger、Whois、FTP（文件传输协议）、Gopher、HTTP（超文本传输协议）、Telnet（远程终端协议）、SMTP（简单邮件传送协议）、IRC（因特网中继会话）、NNTP（网络新闻传输协议）等。

TCP/IP 是一个复杂的协议集，其中有许多协议对用户是透明的，TCP/IP 协议集主要包括下列协议：

（1）传输控制协议（TCP）。

（2）用户数据报协议（UDP）。

（3）Internet 协议（IP）。

（4）Internet 控制消息协议（ICMP）。

（5）地址解析协议（ARP）。

（6）文件传输协议（FTP）。

（7）虚拟终端协议（Telnet）。

（8）Gopher 协议。

（9）网络新闻传输协议（NNTP）。

（10）简单邮件传输协议（SMTP）。

（11）超文本传输协议（HTTP）。

TCP/IP 协议的特点有：

（1）开放的协议标准，可以免费使用，并且独立于特定的计算机硬件与操作系统。

（2）可以运行在局域网、广域网，更适合于互联网。

（3）统一网络地址分配方案，使整个 TCP/IP 设备在网中都有唯一的地址。

（4）提供多种可靠服务。

技术提示：

OSI 参考模型制定之初，人们普遍希望网络标准化，对 OSI 寄予厚望，然而，OSI 迟迟没有成熟产品推出，妨碍了第三方厂家开发相应的软、硬件，进而影响了 OSI 市场占有率。此外，在 OSI 出台之前 TCP/IP 就代表着市场主流，因此，网络迅速发展的近些年里，性能差异、市场需求的优势客观上促使更多的用户选择了 TCP/IP，并使之成为国际标准。

1.5 网络协议分析软件介绍

【知识导读】

1. 简述 Sniffer Pro 的功能。

2. 简述 Wireshark 的功能。

1.5.1 Sniffer Pro

Sniffer Por 是美国 Network Associates 公司出品的一款网络分析软件。它可用于网络故障分析与性能管理，在网络界应用非常广泛，是一款便携式网管和应用故障诊断分析软件，不管是在有线网络还是在无线网络中，它都能够给予网络管理人员实时的网络监视、数据包捕获以及故障诊断分析能力。利用 Sniffer Pro 网络分析器的强大功能和特征，可以解决很多网络问题，这套软件运行的主界面如图 1.9 所示。

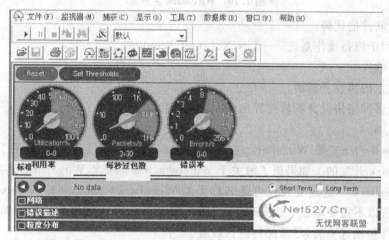

图 1.9　Sniffer Pro 主界面

建立在行业内最前沿并且广泛使用的网络分析软件基础之上，Sniffer Pro 具备最优秀的网络性能故障诊断功能。智能化的专家分析系统协助用户在进行数据包捕获、实时解码的同时快速识别各种异常事件；数据包解码模块支持广泛的网络和应用协议。Sniffer Pro 提供直观易用的仪表板和各种统计数据、逻辑拓扑视图，并且提供能够深入到数据包的点击关联分析能力。在同一平台上支持 10/100/1 000 M 以太网以及 802.11 a/b/g/n 网络分析，因此不管是有线网络还是无线网络，都具备相同的操作方式和分析功能,有效减少因为管理人员的桌面工具过多而带来的额外工作量,极大地提高了故障诊断速度。

 ## 1.5.2 Wireshark

Wireshark(前称 Ethereal)也是一个网络封包分析软件。网络封包分析软件的功能是捕获网络封包,并尽可能显示出最为详细的网络封包资料。但它需要一个底层的抓包平台,在 Linux 中是采用 Libpcap 函数库抓包,在 Windows 系统中采用 Winpcap 函数库抓包,Wireshark 运行的主界面如图 1.10 所示。

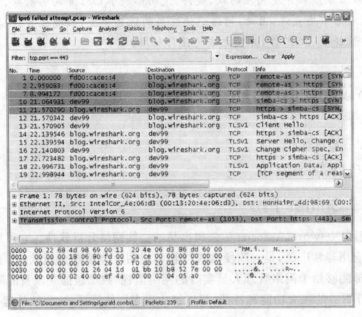

图 1.10 Wireshark 主界面

相比其他同类软件的优势:

①跨平台:适用于流行操作系统——UNIX、Linux、Windows。

②开源的许可软件。

③基于插件技术的协议分析器。

④兼容其他众多网络协议分析软件导出的 trace 文件。

⑤界面友好。

⑥在 Windows 平台下安装 Wireshark。在 Windows 平台下,建议最好是使用二进制包直接安装,除非是从事 Wieshark 开发的。如果想了解关于 Windows 下编译安装 Wireshark,还需了解最新的开发方面的文档。Wireshark 二进制安装包可能名称类似 Wireshark－setup－x. y. z. exe. Wireshark 安装包包含 Winpcap,所以不需要单独下载安装它,只须下载 Winreshark 安装包并执行即可,除了普通安装之外,还有几个组件供挑选安装,尽量保持默认设置。

技术提示:

Sniffe Pro 的高级功能特性,它可以分析网络中的帧,根据协议与标准的数据再进行比较,然后发现网络中的潜在问题。Sniffer Pro 的高级功能还提供出现问题的可能原因以及可能的解决方法。

Wireshark 不是入侵侦测软件(Intrusion Detection Software,IDS)。对于网络上的异常流量行为,Wireshark 不会产生警示或任何提示。然而,仔细分析 Wireshark 撷取的封包能够帮助使用者对于网络行为有更清楚的了解。Wireshark 不会对网络封包内容进行修改,它只会反映出目前流通的封包信息。Wireshark 本身也不会送出封包至网络上。

重点串联 ▶▶▶

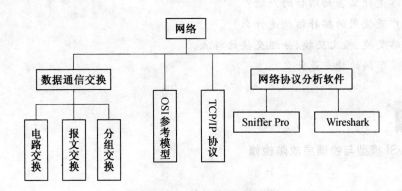

拓展与实训

基础训练 ••••

1.选择题

(1)互联网即因特网,最早起源于( )

A. ARPANET   B. 以太网   C. 环形网   D. NSFNET

(2)国际标准化组织的英文缩写是( )

A. OSI   B. ISO   C. CCITT   D. FDDI

(3)校园网属于( )

A. LAN   B. WAN   C. MAN   D. Internet

(4)下列不属于计算机网络信息交换方式的是( )

A. 分组交换   B. 模拟交换   C. 报文交换   D. 虚电路交换

(5)环形网是按哪种标准划分的网络( )

A. 信息交换方式   B. 传输媒体   C. 信道的带宽   D. 拓扑结构

(6)下列哪个属于网络协议分析软件( )

A. Sniffer Pro   B. OSI   C. SONET   D. PCM

2.填空题

(1)计算机网络是现代( )和( )密切结合的产物。

(2)计算机网络信息交换方式可划分为( )、( )和( )。

(3)BBS 代表的意思是( )。

(4)按地理分布范围划分网络,可分为( )、( )和城域网。

(5)在信源端调制解调器将( )信号转换为( )信号。

3.判断题

(1)计算机网络可以向用户提供连通性和共享的服务。（　　　）

(2)分组交换实质上是在"存储—转发"基础上发展起来的。（　　　）

(3)小写和大写开头的英文名字internet和Internet在意思上是相同的。（　　　）

(4)城域网是局域网的延伸,使用与局域网相似的技术。（　　　）

(5)物理层的任务就是透明地传输比特流。（　　　）

4.简答题

(1)对计算机网络的演变进行概括。

(2)计算机网络是什么密切结合的产物?

(3)广域网中广泛使用的拓扑结构是什么?

(4)试比较电路交换、报文交换、分组交换的特点。

(5)环形网与星形网的特点是什么?

技能实训 ▶▶▶▶

实训题目　OSI模型与物理层故障检修

【实训要求】

1.了解网络标准化组织,掌握参考模型的层次结构。

2.掌握OSI参考模型故障检修的框架。

【实训环境】

Windows操作系统的计算机,具备Internet环境。

【参考操作方法】

1.到Internet网查询ISO组织:

登陆http://www.iso.com,在ISO的主页上选中About ISO链接阅读有关这个组织的信息,并对该组织的作用作一个小结。

2.教师根据OSI参考模型故障检修内容人为制造物理层网络故障,由学生进行检测,并说明如何进行排除。

OSI模型:物理层。

问题:电源问题;电缆问题;连接器问题;硬件故障。

检测工具:电缆测试器;网络连接工具。

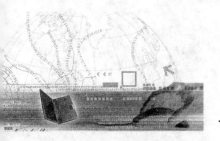

模块 2
数字通信基础

知识目标

◆了解物理层功能特性,码元和比特的区别,理解奈奎斯特定理和香农定理的含义和计算方法。

◆熟悉传输介质的种类,双绞线、同轴电缆(基带、宽带)、光纤(单模、多模)和无线介质的物理特性、传输性能和使用场合。

◆掌握数据通信的基本概念和基本技术,掌握多路复用(FDM、TDM、STDM、CDMA)。

◆熟悉对基带信号的几种调制方法。

◆理解 PCM 编码技术,了解数字传输系统的应用,T1 和 E1 系统的特性。

◆了解 SDH 网络的基本特点。

技能目标

◆掌握非屏蔽双绞线制作方法和工艺。

◆熟悉常用网络通信介质的不同性能和参数。

◆学会传输介质选型。

课时建议

8 课时。

课堂随笔

2.1 物理层的基本概念

【知识导读】

1.物理层的基本概念是什么？

2.物理层的功能是什么？

3.物理层的特性是什么？

4.物理层数据传输的单位是什么？

物理层是开放系统互联参考模型的最底层，是实现接通、断开和保持物理链路的方法。该层主要是通信通路发送的未加工的"0"或"1"信息。传输设备由多个通道组成。此时，物理层把它们看成是单一通道，设计时是大量的接收子网的机械、电气和进程的接口问题。尽可能地屏蔽掉各种媒体和通信手段之间的差异，使得其上的数据链路层不知这些差异的存在，只需要完成本层的协议和服务。所以，物理层对网络结点间通信线路的特性和标准接口以及时钟同步等作出规定，以及确定比特流的代码格式、通信方式、同步方式等方面的内容。

1.物理层的功能

(1)物理连接的建立、维持和释放。如果两个数据链路层实体请求建立物理连接进行通信时，物理层应响应它们的请求，为它们建立相应的连接。通信结束时，还要释放这个连接，以供其他的连接使用。

(2)物理服务数据单元的传输。一种是串行传输，按照时间顺序逐个比特进行传送，可采用同步传输方式或异步传输方式，需配置同步适配器；一种是并行传输，采用多个比特的传输方式，需配置异步适配器。

(3)物理层管理。完成代码格式、通信方式、同步方式、异常情况处理、故障情况报告等管理事务。

2.物理层的特性

(1)机械特性。规定物理连接时接口所需连接插件的形状、规格尺寸、引脚数量、排列情况以及固定和锁定装置等。

(2)电气特性。规定物理信道上传输比特流时所用的信号电平的大小、发送器和接收器的电气说明、阻抗匹配、最大数据传输速率和传输距离限制等。

(3)功能特性。信号线的功能，如数据信号线、控制信号线、定时信号线或接地信号线。

(4)规程特性。在建立、维持、拆除物理连接以及进行信息交换过程中，确定各信号线的工作规则和先后顺序。

技术提示：

物理层数据传输的单位是二进制，作用是提高数据链路层实体在一条物理传输媒体上提供彼此之间传输各种数据比特流的能力。需要定义比特流的信号电平、线路传输的电气接口等。

2.2 数据传输速率的定义与信道数据传输速率的极限

【知识导读】

1.码元的概念是什么？

2.码元和比特有什么区别？

3.奈奎斯特定理的含义是什么？

4.香农定理的含义和计算方法是什么？

···2.2.1　码元与比特的区别

码元:时间轴上的信号编码单元,或者信号传输时的一个波形。

比特:二进制数的一位称为一个比特。

信号传输率:B(波特率),即单位时间内所传送的波形单元数(Baud)。

数据传输率:S(比特率),即单位时间内所传送的二进制代码的有效比特数(bps)。

$$S = B \times \log M$$

显然码元和比特是不一样的。每个码元通常含有一定比特数的信息量,每个码元周期可以由若干个比特构成。

···2.2.2　奈奎斯特定理和香农定理

信道传输信息的最大能力是信道最大数据传输速率,单位为比特/秒(bit/s)。信道的最大数据传输速率受信道带宽的制约,有两个经典理论与其相关。

1924 年,H.奈奎斯特就推导出了有限带宽无噪声信道的最大数据率表达式;1948 年,克劳德·香农把该结果推广到随机噪声信道中。

1. 奈奎斯特定理

奈奎斯特定理指出无热噪声时,信道带宽对最大数据传输速率的限制。热噪声是指由于信道中分子热运动引起的噪声。一个信号通过带宽为 W 的理想低通滤波器,当每秒取样 $2W$ 次,即可完整重现该滤波过的信号。公式为

$$C = 2W \log_2 N$$

式中　W——信道带宽;

　　　N——离散信号或电平的个数。

【例 2.1】　对二进制信号来说,信道带宽为 3 000 Hz,则极限数据传输速率可表示为多少?

解　$N = 2$,$W = 3\ 000\ \text{Hz}$,则

$$C/(\text{bit/s}) = 2 \times 3\ 000 \log_2 1 = 6\ 000$$

当信号电平数为 8 时,则 $\log_2 8 = 3$,若信道带宽仍为 3 000 Hz,则极限数据传输速率为 18 000 bit/s。

2. 香农定理

香农定理又称为仙农公式,从理论上推导出带宽受限制且有随机热噪声干扰的信道的极限数据传输速率,认为速率可以做到无差传输。即受噪声干扰的信道情况下,信道容量与信噪比有关。公式为

$$C = W \log_2 (1 + S/N)$$

式中　W——信道带宽,Hz;

　　　S——信号功率;

　　　N——噪声功率;

　　　S/N——信噪比,单位分贝(dB),当给出 dB 为单位的信噪比时要先对它进行转换。转换公式为

$$(S/N)\text{dB} = 10 \log_{10} (S/N)$$

【例 2.2】　信道带宽为 3 000 Hz,信噪比为 30 dB,则极限数据传输速率为多少?

解　由于 $(S/N)\text{dB} = 30\text{dB}$,故 $S/N = 1\ 000$,则

$$C/(\text{bit/s}) = 3\ 000 \log_2 (1 + 1\ 000) \approx 3\ 000 \times 9.97 = 29\ 910 \approx 30\ 000$$

当带宽为 4 000 Hz,信噪比为 30 dB,则该信道的最大数据传输速率是 40 000 bit/s。

技术提示：

信道所能传输的最高数据速率的实际情况，要远远低于奈奎斯特定理得出的结论。

信道所能够达到的信息传输速率要比香农定理的极限数据传输速率低得多。原因是信号实际传输过程中会遇到干扰等，这些没有被考虑在香农定理中。

2.3 传输介质的主要类型

【知识导读】

1.传输介质的种类有哪些?

2.有线传输介质有哪几种,其物理特性各是什么?

3.无线介质的传输性能和使用环境是什么?

4.采用双绞线比采用同轴电缆有什么优点?

2.3.1 有线介质的分类与特点

1.双绞线(Twist Pair-wire,TP)

无论是对模拟数据传输还是数字数据传输,双绞线都是最普通的传输介质。由两根互相绝缘的铜导线按照一定螺旋结构互相扭绞在一起的一对导线,芯内大多是铜线,可以作为一条通信线路。外部裹着塑料或橡胶绝缘外层,线对扭绞在一起可以减少相互间的辐射电磁干扰。双绞线与其他传输介质相比,虽然在信道带宽、数据传输速率和通信距离等方面受到一定的限制,但其价格低廉,易于安装与维护,因此得到广泛应用。

按外部包裹金属编织层还是塑料外皮分类:

(1)屏蔽双绞线(Shielded Twisted Pair,STP)如图 2.1 所示。

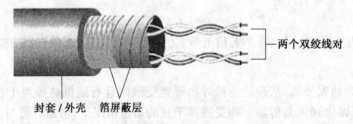

图 2.1 屏蔽双绞线

(2)非屏蔽双绞线(Unshielded Twisted Pair,UTP)如图 2.2 所示。

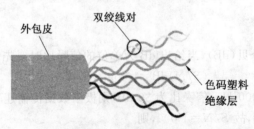

图 2.2 非屏蔽双绞线

双绞线物理特性、传输性能、使用环境要求为:

(1)物理特性:铜质线芯,传导性能良好。

（2）传输性能：可用于传输模拟信号和数字信号，带宽达 268 kHz。

（3）模拟信号：5～6 km 需要一个放大器。

（4）数字信号：2～3 km 需要一个中继器。

（5）使用环境：对于局域网，速率为 10M～100M bit/s 时，可传输 100 m。

2. 同轴电缆（Coaxial Cable）

同轴电缆由一根内导体铜质芯线外加绝缘层、密集网状编织导电金属屏蔽层以及外包装保护塑橡材料组成，如图 2.3 所示。带宽取决于电缆长度，电缆过长会导致数据传输速率降低，中间需要使用放大器将信号放大。

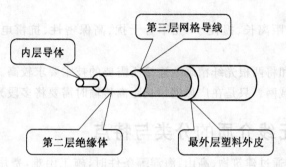

图 2.3　同轴电缆

按照特性阻抗数据不同可分为：

（1）基带同轴电缆：阻抗 50 Ω，用于面积覆盖较小的局域网，用于数字信号传送。

（2）宽带同轴电缆：阻抗 75 Ω，用于面积覆盖较广的区域，采用频分复用和模拟传输技术的同轴电缆，采用它主要是因为同轴电缆的总线型结构网络成本低，但单条电缆的损坏可能导致整个网络瘫痪，维护困难。

3. 光纤（Optical Fiber）

光纤是光导纤维的简称，是由非常透明的石英玻璃拉成细丝做成的玻璃芯，直径只有几到几十微米，可以传导光波，外面是一层玻璃质地外包层，没有网状屏蔽层，具有较低的折射率，如图 2.4 所示。现在可以制造出光线在光纤里传递数千米没有损耗的超低损耗光纤。

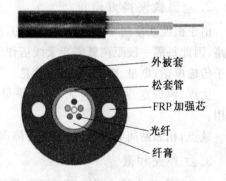

图 2.4　光纤

光纤通信是利用光导纤维传递光脉冲来进行的。光传输系统一般由光源、光纤线路和光探测器组成。在发送端用发光二极管或半导体激光器作为光源，它们在电信脉冲作用下产生出光脉冲，有光脉冲相当于信号 1，无光脉冲相当于信号 0。光脉冲在光纤线路上传送后，在接收端用光电二极管做成光探测器，将检测出来的光脉冲还原成电脉冲信号。

（1）光纤分类。光纤可分单模和多模，模指以一定的角度进入光纤的一束光。

①单膜光纤。光纤的直径减少到一个光的波长左右时，光纤就会像波导那样使光线一直向前传播而没有折射。光纤芯的直径为 8～10 μm，需要采用价格较贵的半导体激光器做光源，衰耗小、效率高、传输距离长，在 2.5G b/s 的高速率下可以传输数十公里而不用中继器。

②多模光纤。多条入射角不同的光线在同一条光纤中的传输模式。因为只要射入光纤的光线的入射角大于某一个临界角度就会产生全反射。所以光纤芯的直径为 50～100 μm，用于产生光信号的光源可以使用普通的发光二极管。但由于有多条路径，因而信号传过光纤的时间不同，会限制数据传输

速率。

（2）物理特性、传输性能、使用环境要求。

①物理特性。在计算机网络中均采用一来一去两根光纤组成传输系统。不同的波长范围的光纤损失也不同。0.85 μm 波长区为多模光纤通信方式，1.55 μm 波长区为单模光纤通信方式，1.3 μm 波长区为单模和多模两种方式。

②传输性能。通过内部全反射来传输一束经过编码的光信号，可以在折射指数高于包层介质折射指数的透明介质中进行。

③使用环境。8～10 km 内不用中继器传输，在多个建筑物之间，通过点到点的链路连接网络。

（3）光纤优缺点。

①优点：频带宽、中继距离长、损耗小、无串音干扰、高保密性、抗雷电、抗电磁干扰、质量轻、体积小等。

②缺点：光纤的切断和将两根光纤精确地连接所需要的技术要求较高。

③用途：局域网或广域网。只是在广域网中长距离传输时需要将多段光纤连接起来。

2.3.2　无线介质的分类与特点

有时有线传输介质在通过建筑物、高山、海洋等条件时，施工困难，费用昂贵，此时有线传输介质就略显不足；并且随着时代的发展，有越来越多的用户希望能够随时接入网络来获取数据，不受环境设施限制，这就需要无线通信，即作为传输介质进行数据通信。

1. 无线电短波通信

利用无线电波等无线传输介质在自由空间传播，有较大的机动灵活性，可以实现多种通信，抗自然灾害能力和可靠性也较高。

2. 地面微波接力通信

由于微波在空间中是以直线传播的，而地球表面是曲面，进行长距离传输时，地表就会挡住微波的去路，因此每隔一段距离就需要天线塔作为中继站，塔越高传输距离越远，所以称为微波接力通信。可用于传输电话、电报、图像、数据等信息。

优点：频带宽、通信容量大、传输质量高、可靠性较好、投资少、见效快、运作灵活。在各国均广泛应用。

缺点：相邻站间必须直视，不能有障碍物，受气候干扰较大、保密性差、中继站维护情况多。

3. 红外线和激光

红外线和激光被广泛应用于短距离通信，如电视、录像机等电器遥控装置，以及无线打印机、有红外设备的便携式计算机等。

优点：有一定方向性，价格便宜。有很好的安全性，不易被窃听或截取。不同房间的红外系统不会产生串扰。

缺点：不能穿透坚硬物体。

红外线和激光都把传输信号转换为红外线激光信号直接在空间传播。微波、红外线和激光都不用设电缆，对于连接不同建筑物内的网络有用。但微波对一般雨雾的敏感度较低。

4. 卫星通信

卫星通信是利用位于 36 000 km 高空的人造地球同步卫星作为太空无人值守的微波中继站的一种特殊形式的微波接力通信。它可以克服地面微波通信的距离限制，非常适合广播电视通信。但有相对确定的传输延迟，延迟在 250～300 ms 之间，最大特点是通信距离远，且通信费用与通信距离无关。

优点：卫星通信的频带比微波接力通信更宽，通信容量更大，信号所受到的干扰较小，误码率也较小，通信比较稳定可靠。

缺点：传播时延较长、保密性较差、通信卫星和发送卫星火箭造价都较高，另有电源和元器件寿命的限制，一颗同步卫星使用寿命只有 7～8 年。卫星地球站技术复杂，价格较贵。

5. VSAT 卫星通信

甚小口径地球终端(Very Small Aperture Terminal，VSAT)是 20 世纪 80 年代末发展，20 世纪 90 年代广泛应用的卫星通信系统。适用于大量分散的业务量较小的用户共享主站或建造内部专用网。

组成：由一个卫星转发器、大型主站、大量的 VSAT 小站组成。

功能：单双向传输数据、语音、图像和视频等综合业务。

优点：设备简单、体积小、耗电少、组网灵活、安装维护简便、通信效率高等。

> **技术提示：**
>
> 每一种介质在带宽、传输延迟、尺寸大小、吞吐量、可扩展性、成本、维护费用等方面都不相同。所以，决定使用哪一种传输介质，必须考虑传输介质的多种特性，才能将需求与特性较好地匹配。

2.4 多路复用技术

【知识导读】

1. 数据通信的基本概念是什么？
2. 多路复用技术中 FDM、TDM、STDM、CDMA 分别代表什么？
3. 什么是多路复用技术？
4. 简单阐述多路复用技术原理。

1. 数据通信(Data Communication)

数据通信是在数据处理机之间按照达成的协议传送数据信息的通信方式，是通信技术和计算机技术相结合而产生的一种新的通信方式。要在两地间传输信息必须有传输信道，根据传输媒体的不同，分有线数据通信与无线数据通信。但它们都是通过传输信道将数据终端与计算机连接起来，而使不同地点的数据终端实现软、硬件和信息资源的共享。

2. 多路复用技术的提出

在数据通信或计算机网络系统中，要保证传输质量、传输效率，要充分利用信道的容量。传输媒体的传输能力往往是很强的，如果在一条物理信道上只传输一路信号，对资源来说则是极大的浪费，可以通过多路复用器将多路信号组合在一条物理信道上进行传输，到接收端用多路译码器将各路信号分离开，选到适当的输出线路上，从而大大降低通信成本，极大地提高了通信线路的利用率。

3. 多路复用技术的概念

多路复用技术是指在一条物理线路上建立多条通信信道的技术，被传送的各路信号分别由不同的信号源产生，且信号之间互不影响。

4. 多路复用技术原理

首先将一个区域的多个用户信息通过多路复用汇集到一起称信息群，通过同条物理线路传送到接收设备的复用器；接收设备端的多路复用器再将信息群分离成单个的信息，发送给多个用户。利用一对多路复用器和一条物理通信线路来代替多个发送和接收设备与多条通信线路,如图 2.5 所示。

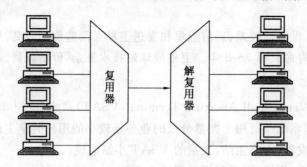

图 2.5　多路复用技术原理图

5.多路复用技术分类

(1)频分多路复用(FDM)。频分多路复用即频分多路复用技术(Frequency Division Multiplexing Access,FDMA),在链路带宽大于要传输的所有信号带宽之和时使用。在 FDM 中,每个设备产生的信号被调制到不同频率的载波信号上,调制后的信号再被组合成一个可以通过共享链路传输的复合信号。载波信号之间的频率差必须能足够容纳调制信号的带宽,通道之间必须有狭长的频带分隔以防止信号交叉。频分多路复用通过分隔通信线路的带宽,从而将共享的通信线路分隔成几个独立的通信信道。

频分多路复用技术适用于传输模拟信号,优缺点及应用如下。

优点:原理简单,技术成熟,系统效率高,充分利用信道频带。

缺点:信号频谱之间的相互交叉和信号在被调制之后由于调制系统的非线性而带来的已调制信号的频谱展宽,容易发生相互交叉,从而使信号失真和无法解调接收。

应用:宽带计算机网络、无线电广播中不同电台使用不同的频率、无线电视、有线电视、电缆电视系统。频分多路复用技术信道划分如图 2.6 所示。

(2)时分多路复用(TDM)。时分多路复用又称时分多路复用技术(Time Division Multiplexing Access,TDMA),当信道允许传输速率大大超过每路信号需要的传输速率时可以采用时分多路复用技术。把每路信号都调整到比需要的传输速率高的速率上,传输时每单位时间内多余的时间可以传输其他路的信号。即将各路传输信号按时间分割成许多时间片或称时间隙,每路信号使用其中之一进行传输,多个时间隙组成的帧称为时分复用帧。可使多路输入信号在不同时间隙内轮流、交替用物理信道进行传输。时分多路复用的信道划分如图 2.7 所示。

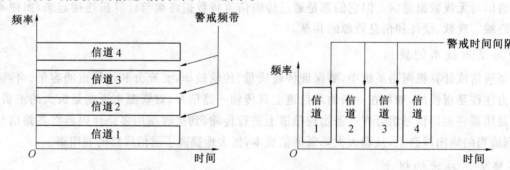

图 2.6　频分多路复用技术信道划分　　　　图 2.7　时分多路复用的信道划分

TDM 不像 FDM 同时传送多路信号,而是分时使用物理信道。每路信号使用每个时间复用帧的某一固定时隙组成的子信道,但每个子信道占用的带宽都是一样的,每个时分复用帧所占时间也相同。时隙越短,时分复用帧内包含时隙数目越多,划分子信道就越多。所以说时分多路复用主要应用于基带网络中。

时分多路复用:分为同步时分多路复用和异步时分多路复用。

同步是指时隙是固定的、预先分配给信息源的,无论信息源是否有数据,线路两端以同样的同步基准对终端扫描。具体过程是每个信息源发出数据,暂时缓存到缓冲器中,扫描开关以一定顺序对各信息源缓冲器进行扫描,使数据以串行的形式发往线路,也就是交替地对多个终端数据进行采样,以同时传输多路数据。

例如,时间片 A 被单独分配给设备 A 并且不能被其他任何设备使用。每当设备所分配的时间片到来时,它就可以发送一部分数据。如果此时设备不能发送数据或是没有要发送的数据,该时间片就是空的。在 TDM 技术中,每个发送设备在复用器中有一个缓冲区,发送设备将自己要发送的数据单元存放在复用器中对应的缓冲区中。复用器扫描每个缓冲区,从每个缓冲区中取出一个数据单元放入一个帧中,然后把这个帧发送出去。然后,复用器重新扫描缓冲区,开始组建下一个帧。一个帧是由时间片的一个完整循环组成,分配给某一设备的时间片在一帧中的位置是固定的。图 2.8 表示了同步 TDM 技术。图 2.8 中数据单元 A、B、C、D 可以是位,可以是字节,也可以是多个字节(一个块)。

图 2.8　同步时分多路复用

同步时分多路复用的优点:控制简单,根据预先约定的时间片分配方案,按时间片内数据分到不同输出线路。

同步时分多路复用的缺点:当信号源没有数据时,时间片也不能被其他用户使用,不能充分利用信道。

异步时分多路复用也称为统计时分多路复用 STDM 或智能时分多路复用,它允许动态地按需分配时间片,需要发送数据的终端必须提出申请才能获得所需的时间片,否则时间片可以被其他终端占用。它能充分利用信道,但控制较为复杂。过程是:每个信息源发出数据,暂时缓存在缓冲器中,扫描开关反复对信息源缓冲器扫描,收集数据,直到一帧填满为止,送出此帧。在输出端,分接器接收一帧,并将数据时隙分送到相应的输出缓冲器中,有效利用了时隙。为确保接收方能将信息接收到,还需在信息帧前加上地址信息。

在异步时分多路复用系统中,如果有 N 个输入设备,一帧至多有 M 个时间片,其中 M 小于 N。在异步时分多路复用系统中,时间片的数目 M 是根据在给定时刻可能进行发送的输入线路数目的统计结果决定的。每个时间片都可以被所连接的任何一个有数据发送的输入线路所使用。图 2.9 显示了异步时分多路复用的工作原理。帧中数据单元附带的数字表示了该数据单元的地址。

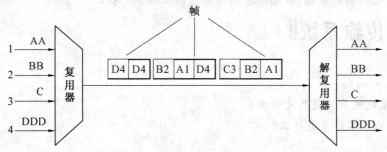

图 2.9　异步时分多路复用

异步时分多路复用的优点：异步时分多路复用能提高系统的利用率。在同步时分多路复用中，分配给某个设备的时间片只能被那个设备使用，如果该设备没有要发送的信息，该时间片就被浪费了。

异步时分多路复用的缺点：信息单元需附带地址信息，复用器必须有一定的存储容量，结点必须有管理队列的能力。

（3）波分多路复用（WDM）。波分多路复用即波分多路复用技术（Wavelength Division Multi-plexing Access，WDMA）是将FDMA用于全光纤网组成的通信系统中。和FDMA类似，为了在同一时刻能进行多路传输，需要将信道的带宽划分为多个波段。

不同的信源用不同波长的光波传送数据，各路光波经过一个棱镜合成的光束在光纤干道上传输，在接收端利用相同的设备将各路光波分开，如图2.10所示。

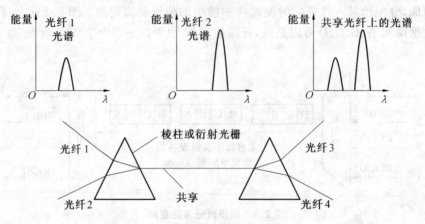

图2.10　波分多路复用

（4）码分多路复用（CDM）。码分多路复用即码分多路复用技术（Coding Division Multiplexing Access，CDMA）。

原理：每比特时间被分成m个更短的时间槽，称为码片（Chip），通常情况下每比特有64或128个码片。每个站点（通道）被指定一个唯一的m位的代码或码片序列。当发送1时站点就发送码片序列，发送0时就发送码片序列的反码。当两个或多个站点同时发送时，各路数据在信道中被线形相加。为了从信道中分离出各路信号，要求各个站点的码片序列是相互正交的。

即假如用S和T分别表示两个不同的码片序列，用！S和！T表示各自码片序列的反码，那么应该有S·T=0，S·！T=0，S·S=1，S·！S=−1。当某个站点想要接受站点X发送的数据时，首先必须知道X的码片序列（设为S）；假如从信道中收到的和矢量为P，那么通过计算S·P的值就可以提取出X发送的数据：S·P=0说明X没有发送数据；S·P=1说明X发送了1；S·P=−1说明X发送了0。

应用：无线通信系统，笔记本电脑或个人数字助理（Personal Data Assistant，PDA）以及掌上电脑（Handed Personal Computer，HPC）。

优点：提高通信的话音质量、数据传输的可靠性以及减少干扰。

2.5 数字传输系统

【知识导读】

1.什么是PCM编码？

2.数字传输系统的应用范围是什么？

3.SDH网络的基本特点是什么？

❖❖❖ 2.5.1 模拟信号的数字化及 PCM 编码

模拟信号的数字化是指将模拟的话音信号数字化和将数字化的话音信号进行传输和交换的技术，它包括：

①模拟/数字（A/D）变换。发送端的信源编码器，将信源的模拟信号变换为数字信号。

②数字/模拟（D/A）变换。接收端的译码器，将数字信号恢复成模拟信号。

在发送端将模拟信号经过采样、编码变换为数字信号，在接收端将收到的数字信号进行解码和还原。完成编码电路称为编码器，完成解码电路称为解码器。既有编码又有解码功能的装置称为编码解码器。模拟信号变换为数字信号的技术称为脉冲编码调制技术，简称脉码调制技术（Pulse Code Modulation,PCM）。数字传输系统大多采用 PCM 体制。根据奈奎斯特定理，如果以等于信道带宽 2 倍的速率对信道进行采样，包含了构成模拟信号的所有信息。PCM 过程主要分为抽样、量化和编码。

抽样：根据抽样定理，只要对模拟信号抽样的次数大于模拟信号频率的 2 倍，就能通过滤波器将这个数字信号再无损伤地恢复到原来的模拟信号。当然这个抽样间隔也就是抽样点的时间间隔要平均才行。

量化：就是把抽样出来的信号放到一个标准的图里去比对，根据标准把这个信号定义成某一个数值，PCM 信号根据抽样出来的信号大小，把它一般定义为 $-127\sim +127$ 之间。

编码：把经过量化的信号转换成数字编码。如果是 PCM 的 8 位编码，5 就可以转换成 00000101,10 就可以转换成 00001010 等。

1. 抽样

话音通信中的抽样就是每隔一定的时间间隔 T，抽取语言信号的一个瞬时幅度值，如图 2.11 所示，抽样后所得出的一系列在时间上离散的抽样值称为样值序列。理论和实践证明，只要抽样脉冲的间隔满足以下公式，则抽样后的样值序列可以不失真地还原成原来的话音信号。

$$T \leqslant \frac{1}{2f_m} \text{ 或 } f_s \geqslant 2f_m$$

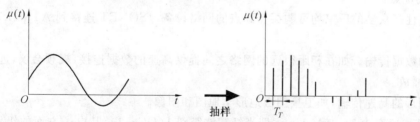

图 2.11 模拟信号的抽样过程

2. 量化

实际信号可以看成量化输出信号与量化误差之和，只用量化输出信号来代替原信号就会有失真。量化失真功率与最小量化间隔的平方成正比。最小量化间隔越小，失真就越小；而最小量化间隔越小，用来表示一定幅度的模拟信号时所需要的量化级数就越多，处理和传输就越复杂。简单地说，量化就是将采样获得的信号幅度分级取整的过程。

如图 2.12，量化过程中，将样本的幅度范围分为若干个量化层，每一个量化层对应一个量化输出。位于该量化层的样本经过舍入取整后都统一取该量化输出值。对于 n 位编码，有 2^n 个量化层。A/D 转换采用均匀量化，每一量化层的输出都取该量化层的中值。

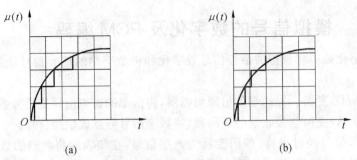

图 2.12 模拟信号的量化过程

3.编码

抽样、量化后的信号还不是数字信号,需要把它转换成数字编码脉冲,称为编码。最简单的编码方式是二进制编码。如果有 N 个量化层,则二进制位的位数为 $\log_2 N$。在发送端经过这样的变换过程,可以把模拟信号转换成二进制数码脉冲序列,经信道进行传输。

在接收端,先进行译码。译码是编码的反过程,将二进制代码转换成代表原来模拟信号的幅度值不等的量化脉冲,然后再经过滤波,可以使幅度值不同的量化脉冲还原成原来的模拟信号。

二进制编码缺点:一是位数太多,编码效率低、速率低;二是对不同数量级的电压有相同误差值,小信号的误差比大信号相对误差大。

2.5.2 同步光纤网 SONET 和同步数字体系 SDH

SONET(同步光纤网)是一种光纤技术,其数据传输速率已高达 9 953.280 Mbit/s。SONET 增长历程很快,它由 Bellcore 和电信工业解决方案联盟(ARIS)开发并于 1984 年提交给美国国家标准协会(ANSI),1986 年,ITU—T 开始开发类 SONET 的传输和速度建议,但是最终形成的标准却称为同步数字序列(SDH),该标准主要在欧洲使用。1988 年美国推出的一个数字传输标准,同步网络的各级时钟来自一个非常精确的主时钟。

SONET 的优点:

(1)非专有性。众多的厂家均可购买点到点的网络设备。SONET 连接到 ATM、ISDN 和其他设备的接口上。

(2)高速的数据传输。如在相距很远的网络之间提供高速的数据连接,视频会议,远程教学,高质量的音频和视频播放。

(3)复杂图形的高速传输,如卫星拍摄地形学地图和图像。

SONET 基本速率为 51.48M bit/s,即光纤载波级别 1(OC—1),其电子方面的级别称为同步传输信号级别 1(STS—1)。目前速率范围见表 2.1,OC—3、OC—12、OC—48 是最常用的选择。

表 2.1 SONET 传输速率

光纤载波级别	STS 级别	传输速率/(Mbit·s⁻¹)
OC—1	STS—1	51.84
OC—3	STS—3	155.52
OC—9	STS—9	466.56
OC—12	STS—12	622.08
OC—18	STS—18	933.12
OC—24	STS—24	1 244
OC—36	STS—36	1 866
OC—48	STS—48	2 488

ITU－T 版本的 SDH 和 SONET 十分相似,但 SDH 基本速率是 155.52M bit/s。

SONET 的四个协议层见表 2.2。

表 2.2 SONET 的四个协议层

协议层	名称	功能
第四层	路径层	将信号映射到正确的信道中
第三层	线路层	信号交换
第二层	路段层	数据封装
第一层	光子层	物理连接

SONET 以它传输速率有可能超过 10G bit/s 被公众认可为超高速公路,和其他超高速 WAN 方案相比,SONET 具有造价低、实现简单、适应能力快速等优势,被认定为最有前途的 WAN 技术,也可以在 WAN 和 LAN 之间提供高速度的链路。在 SONET 中,一条专用线路在几分钟之内便可以形成,并且提供标准的网络组件,可以从控制中心通过网络管理软件进行控制和监测。SONET 还具有自动备份和恢复容错机制,使用户可以减少或避免由于网络服务失败而造成的经济损失。SONET 接口符合世界标准,可将不同制造商的网络设备用于一个网络中,降低设备的价格。在一条光纤线路上使用 128 个波长是一种最新发布技术,此技术可以和 DWDM(密集波长多路复用)一起,形成超过 40G bit/s 的传输能力,这进一步奠定了 SONET 在 WAN 技术中的地位。

同步数字体系(Synchronous Digital Hierarchy,SDH)是一种将复接、线路传输及交换功能融为一体,并由统一网管系统操作的综合信息传送网络,不仅适用于光纤也适用于微波和卫星传输的通用技术体制。光端机容量较大,一般是 16E1 到 4032E1。SDH 是美国贝尔通信技术研究所提出来的同步光网络(SONET)。国际电话电报咨询委员会(CCITT)(现 ITU－T)于 1988 年接受了 SONET 概念并重新命名为 SDH。

优势及应用:可应用于网络有效管理、实时业务监控、动态网络维护、不同厂商设备间的互通,能提高网络资源利用率、降低管理及维护费用、实现灵活可靠和高效的网络运行与维护,是在传输技术方面发展和应用的亮点。广域网领域:电信运营商建设了基于 SDH 的骨干光传输网络。利用大容量的 SDH 环路承载 IP 业务、ATM 业务或直接以租用电路的方式出租给企事业单位。专用网络领域:也采用了 SDH 技术,架设系统内部的 SDH 光环路,以承载各种业务。比如电力系统,就利用 SDH 环路承载内部的数据、远控、视频、语音等业务。

原理:SDH 采用的信息结构等级称为同步传送模块 STM－N(Synchronous Transport,N＝1,4,16,流程,64),最基本的模块为 STM－1,四个 STM－1 同步复用构成 STM－4,16 个 STM－1 或四个 STM－4 同步复用构成 STM－16,四个 STM－16 同步复用构成 STM－64,甚至四个 STM－64 同步复用构成 STM－256;SDH 采用块状的帧结构来承载信息,每帧由纵向 9 行和横向 270×N 列字节组成,每个字节含 8 bit,整个帧结构分成段开销(Section Over Head,SOH)区、STM－N 净负荷区和管理单元指针(AU PTR)区三个区域,其中段开销区主要用于网络的运行、管理、维护及指配以保证信息能够正常灵活地传送,它又分为再生段开销(Regenerator Section Over Head,RSOH)和复用段开销(Multiplex Section Over Head,MSOH);净负荷区用于存放真正用于信息业务的比特和少量的用于通道维护管理的通道开销字节;管理单元指针用来指示净负荷区内的信息首字节在 STM－N 帧内的准确位置以便接收时能正确分离净负荷。SDH 的帧传输是按由左到右、由上到下的顺序排成串形码流依次传输,每帧传输时间为 125 μs,每秒传输 1/125×1 000 000 帧,对 STM－1 而言每帧字节为 8 bit×(9×270×1)＝19 440 bit,则 STM－1 的传输速率为 19 440 bit/s×8 000 bit/s＝155.520 Mbit/s;而 STM－4 的传输速率为 4×155.520 Mbit/s＝622.080 Mbit/s;STM－16 的传输速率为 16×155.520 Mbit/s

（或 4×622.080 Mbit/s）＝2 488.320 Mbit/s。

SDH 传输业务信号时各种业务信号要进入 SDH 的帧都要经过映射、定位和复用三个步骤：

（1）映射。映射是将各种速率的信号先经过码速调整装入相应的标准容器（C），再加入通道开销（POH）形成虚容器（VC）的过程，帧相位发生偏差称为帧偏移。

（2）定位。定位是将帧偏移信息收进支路单元（TU）或管理单元（AU）的过程，它通过支路单元指针（TU PTR）或管理单元指针（AUPTR）的功能来实现。

（3）复用。一种使多个低阶通道层的信号适配进高阶通道层，或把多个高阶通道层信号适配进复用层的过程。

特点：

（1）SDH 传输系统在国际上有统一的帧结构，数字传输标准速率和标准的光路接口，使网管系统互通。

（2）减少了背靠背的接口复用设备，改善了网络的业务传送透明性。

（3）采用先进的分插复用器（ADM）、数字交叉连接（DXC），网络的自愈功能和重组功能就显得非常强大，具有较强的生存率。

（4）多种网络拓扑结构，增强网监、运行管理和自动配置功能。

（5）传输和交换的性能。

（6）SDH 适合用作干线通道，也可作为支线通道。

（7）SDH 属于最底层的物理层，便于在 SDH 上采用各种网络技术，支持 ATM 或 IP 传输。

（8）网络稳定可靠，误码少，且便于复用和调整。

（9）开放型光接口。

技术提示：

　　SONET 提供商正在吸引长距离用户、短距离用户和大的公司用户，将作为一种新建主干光纤电信网络的容量扩展途径，以便 WAN 服务的 LAN 用户享受服务。

SONET 多用于北美和日本，SDH 多用于中国和欧洲。

重点串联

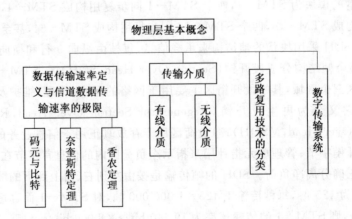

拓展与实训

▶ **基础训练**

1.选择题

(1)信号发送时,不需要编码的是(   )。

A.模拟数据模拟信号发送　　　　　　　　　B.数字数据模拟信号发送

C.模拟数据数字信号发送　　　　　　　　　D.数字数数数字信号发送

(2)将一条物理信道按时间分成若干时间片轮换地给多个信号使用,每一时间片由复用的一个信号占用,这样可以在一条物理信道上传输多个数字信号,这是(   )。

A.频分多路复用　　　　　　　　　　　　　B.时分多路复用

C.频分和时分多路复用的混合　　　　　　　D.空分多路复用

(3)不受电磁干扰和噪声影响的媒体是(   )。

A.同轴电缆　　　　　B.光纤　　　　　C.双绞线　　　　　D.激光

(4)阻抗为 50 Ω 的同轴电缆是(   )。

A.基带同轴电缆,用于传输模拟信号　　　　B.宽带同轴电缆,用于传输模拟信号

C.宽带同轴电缆,用于传输数字信号　　　　D.基带同轴电缆,用于传输数字信号

(5)T1 系统的数据传输速率是(   )。

A.1.544 Mbit/s　　　　　　　　　　　　　B.1.544 Gbit/s

C.2.048 Mbit/s　　　　　　　　　　　　　D.2.048 Gbit/s

(6)下列哪项不是物理层的功能(   )。

A.电气特性　　　　　　　　　　　　　　　B.机械特性

C.数据单元的传输　　　　　　　　　　　　D.加密特性

2.填空题

(1)时间轴上的信号编码单元称(   )。

(2)奈奎斯特定理就是(   )。

(3)传输介质主要类型有(   )和(   )。

(4)多路复用技术分(   )、(   )、(   )和(   )。

(5)SONET 是指(   ),SDH 是指(   )。

3.判断题

(1)比特/秒是指信息传输速率,即每秒钟传送的信息量;码元/秒是码元传输速率,即每秒钟传送的码元个数。(   )

(2)在一条传输介质上传输多个信号。(   )

(3)TDM 是频分多路复用技术简称。(   )

(4)SONET 不支持多媒体多路复用。(   )

(5)SDH 简化了复用和分用技术,需要时可直接接入到低速支路,而不经过高速到低速的逐级分用,上下电路方便。(   )

4.简答题

(1)信号数字化过程包括哪三部分? 简单阐述其作用。

(2)简述 FDM 和 TDM 的区别。

(3)对于带宽为 6 Hz 的信道,若采用 4 种不同的状态来表示数据,在不考虑噪声的情况下,该信道

的最大传输速率是多少？

(4)信道带宽为 3 kHz,信噪比为 30 dB,每秒能发送的比特数不超过多少？

(5)简述 SDH 网络基本特点。

▶ 技能实训 ▶▶▶▶

实训题目　非屏蔽双绞线的制作与连接

【实训要求】

1.非屏蔽(UTP)超五类双绞线,RJ—45 接头若干个,专用剥线、压线钳,专用测试仪或专用网络测试软件等。

2.当双绞线两头接好后,应使用专用测试仪或万用表测试线路是否通畅或用网卡所带的配置软件程序(setup.exe)来测试。

【实训环境】

专用测试仪或专用网络测试软件。

【参考操作方法】

1.认识 RF—45 连接器、网卡(RF—45 接口)和非屏蔽双绞线。

2.双绞线制作。

(1)剪一段不超过 100 m 的双绞线。

(2)剥线:握压线钳力度不能过大,否则会伤及芯线,剥线长度为 13～15 mm。

(3)理线:尽可能将 8 条线绷直。排线必须按照制作要求排列,否则将不能正常通信。

(4)插线:以橙白、橙、绿白、蓝、蓝白、绿、棕白、棕的顺序插入。

(5)压线:确认导线都到位后,将水晶头放入压线钳夹槽中,用压线钳压紧线头。

3.测试:用专用测试仪测试双绞线的两端,如果测线器 LED 同时发光,则线路正常。

4.双绞线连接到网络主机网卡上的插槽中及相关网络设备上。

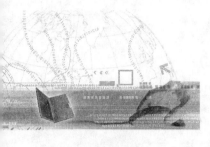

模块 3
数据链路层协议及其应用

知识目标
◆ 理解并掌握数据链路层的基本功能。
◆ 结合实际应用理解 PPP 协议的基本原理及主要功能。
◆ 掌握以太网的工作原理——MAC 地址和 MAC 帧格式,CSMA/CD 协议。
◆ 理解网桥及交换机的工作机制。
◆ 理解虚拟局域网技术及其实现方法。

技能目标
◆ 掌握交换机配置的几种方法,熟练掌握用户配置模式、特权配置模式、接口配置模式等操作命令。
◆ 掌握以太网组网技术、生成树、端口聚合等常用以太网技术配置方法,虚拟局域网 VLAN 配置方法。
◆ 熟练掌握创建 VLAN、配置 Trunk、VTP 服务等命令。

课时建议
8 课时。

课堂随笔

3.1 数据链路层的基本概念

【知识导读】

1. 数据链路层在网络体系结构中的基本功能是什么？

2. 数据链路层协议的主要内容有哪些？

3. 常用的数据链路层协议有哪些？

4. 我们家庭上网通常采用何种数据链路层协议？

数据链路(Data Link)又称为逻辑链路，指在物理链路上，增加必要的通信协议来控制数据在物理链路上的传输。

在 TCP/IP 网络体系结构中，数据链路层的基本功能就是把网络层交下来的 IP 数据报封装成帧，发送到物理链路上，也就是将源计算机网络层来的数据可靠地传输到相邻结点的目标计算机的网络层，如图 3.1 所示。

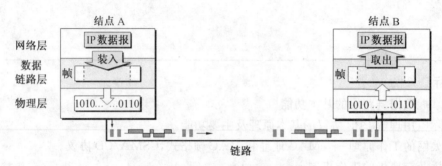

图 3.1 数据链路层的基本功能

国际标准化组织 ISO 定义的数据链路层协议主要内容包括以下几方面。

1. 帧的封装与定界

数据链路层是将数据组合成数据块来实现数据通信的，在数据链路层中将这种数据块称为帧，帧是数据链路层的传送单位。

为了向网络层提供服务，数据链路层必须使用物理层提供的服务。而物理层是以比特流进行传输的，这种比特流并不保证在数据传输过程中没有错误，接收到的位数量可能少于、等于或者多于发送的位数量，而且它们还可能有不同的值，这时数据链路层为了能实现数据有效的控制，就采用了所谓以"帧"为单位的数据块进行通信。

帧的封装与定界的主要任务是定义帧的首部和尾部标识，正确识别帧的起始和结束，有时也称为"帧同步"或"成帧"。

2. 链路管理

数据链路层的"链路管理"功能包括数据链路的建立、链路的维持和释放三个主要方面。当网络中的两个结点要进行通信时，数据的发送方必须确知接收方是否已处在准备接收的状态。为此通信双方必须先要交换一些必要的信息，以建立一条基本的数据链路。在数据通信时要维持数据链路，而在通信完毕时要释放数据链路。

3. 寻址

数据链路层的每个帧均携带源和目的站的物理地址。这里所说的"寻址"与下一章将要介绍的"IP地址寻址"是完全不一样的，因为此处所寻找的地址是计算机网卡的 MAC 地址，也称"物理地址"、"硬件地址"，而不是 IP 地址。在以太网中，采用媒体访问控制(Media Access Control，MAC)地址进行寻址，MAC 地址被写入每个以太网网卡中。

4.差错控制

在数据通信过程中,因物理链路性能和网络通信环境等因素,难免会出现一些传送错误,但为了确保数据通信的准确,又必须使得这些错误发生的几率尽可能低。这一功能也是在数据链路层实现的,就是它的"差错控制"功能。

差错控制主要包括差错检测和差错纠正。可以用 CRC 循环冗余校验码进行差错检测,用正反码或汉明码进行差错纠正。

5.可靠交付和流量控制

在双方的数据通信中,如何控制数据通信的流量同样非常重要。它既可以确保数据通信的有序进行,还可避免通信过程中不会出现因为接收方来不及接收而造成的数据丢失。这就是数据链路层的"流量控制"功能。

确认与重传技术用来实现可靠交付,流量控制则采用滑动窗口技术。

目前典型的并且是最常用的数据链路层协议是本章下面要介绍的点对点数据链路层协议(Point-to-Point Protocol,PPP)和以太网 DIX Ethernet V2 规约。

> **技术提示:**
> 数据链路层协议应用在 PPP 协议和以太网时,舍弃了差错纠正、可靠交付和流量控制等功能,因为这些功能在传输层中协议也有定义。简化的协议也减少了很多额外的系统开销,降低了设备成本,不仅没有影响网络性能,反而促进了这些技术的普及与应用。

3.2 PPP 协议

【知识导读】
1.PPP 数据链路层协议的基本功能有哪些?
2.PPP 协议的运行机制是什么?
3.目前 PPP 协议有哪些实际应用?

3.2.1 PPP 协议的基本功能

点对点协议 PPP 是因特网的正式标准[RFC 1661]。它提供了将 IP 数据报封装到串行链路的方法。

PPP 协议的基本功能包含如下内容:
(1)成帧。
(2)错误检验。
(3)链路管理。
(4)支持多种网络层协议。
(5)因特网接入时协商 IP 地址。
(6)身份认证。
(7)既支持异步链路,也支持同步链路。

PPP 协议不提供的功能有:不用于多点之间通信;不支持确认和重传;不提供流量控制;不纠错。

3.2.2 PPP 协议的工作原理

1.PPP 协议的帧格式

PPP 协议的帧格式如图 3.2 所示。

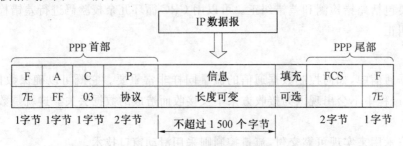

F	A	C	P	信息	填充	FCS	F
7E	FF	03	协议	长度可变	可选		7E

图 3.2 PPP 协议的帧格式

(1)PPP 是面向字节的,所有的 PPP 帧的长度都是整数字节。

(2)标志字段 F = 0x7E(符号"0x"表示后面的字符是用十六进制表示,十六进制数 7E 的二进制表示是 01111110)。

(3)地址字段 A 只设置为 0xFF。地址字段实际上并不起作用。

(4)控制字段 C 通常设置为 0x03。

(5)P 是一个 2 字节的协议字段。当协议字段为 0x0021 时,PPP 帧的信息字段就是 IP 数据报;当协议字段为 0xC021 时,信息字段是 PPP 链路控制数据;当协议字段为 0x8021,表示这是网络控制数据。

2.PPP 协议的运行机制

PPP 协议的运行机制如图 3.3 所示。

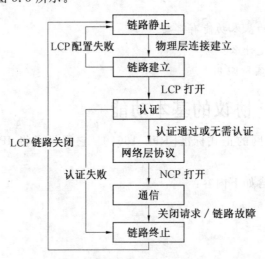

图 3.3 PPP 协议的运行机制

(1)要创建 PPP 链路,首先就要建立物理连接,过去用户用调制解调器通过拨号与 ISP 之间建立物理连接,现在则多有 ADSL 或 FTTx+LAN 方式。

(2)链路管理(Link Control Protocol,LCP),创建、维护和终止链路连接。

(3)网络控制(Network Control Protocol,NCP),与网络层协调,如 IP 地址分配。常用 IPCP(IP Control Protocol)。

(4)认证采用以下方式:PAP (Password Authentication Protocol);CHAP(Challenge Handshake

Authentication Protocol)。

（5）PPP 协议具有广泛的适用性。目前 PPP 协议仍然普遍地应用在 Internet 中，主要包括以下几种应用。

①个人用户到 ISP 的虚拟拨号连接。

②路由器之间专线连接。

③基于 PPTP 建立 VPN 隧道，实现远程安全访问。

以下以中国电信提供的 FTTx＋LAN 的 Internet 接入服务为例认识 PPP 协议的应用。

FTTx＋LAN 是光纤加超五类双绞线方式，采用以太网技术提供宽带接入服务的一种方案，具有可扩展性、可升级、投资规模小、性能稳定和安装便捷等优点。

在以太网上传输 PPP 协议，即 PPPoE 协议可以利用 PPP 协议所具备的身份认证的功能，实现用户上网的计费和管理。

图 3.4 是用协议分析软件捕获的 PPPoE 数据包，可以帮助我们理解 PPP 协议的工作过程，包括前面讲到的 LCP 链路控制、PAP 身份认证和 IPCP（即 NCP）网络地址协商。

```
No. .   Time              Source           Destination       Protocol   Info
        3 0.020028         Send_02          Send_02           PPP LCP    Configuration Ack
        4 0.020028         Send_02          Send_02           PPP LCP    Configuration Request
        5 0.030043         Receive_02       Receive_02        PPP LCP    Configuration Ack
        6 0.040057         Send_02          Send_02           PPP LCP    Identification
        7 0.040057         Send_02          Send_02           PPP LCP    Identification
        8 0.040057         Send_02          Send_02           PPP PAP    Authenticate-Request
        9 0.080115         Receive_02       Receive_02        PPP PAP    Authenticate-Ack
       10 0.090129         Send_02          Send_02           PPP CCP    Configuration Request
       11 0.090129         Send_02          Send_02           PPP IPCP   Configuration Request
       12 0.090129         Send_02          Send_02           PPP IPCP   Configuration Ack
       13 0.100144         Receive_02       Receive_02        PPP LCP    Protocol Reject
       14 0.100144         Send_02          Send_02           PPP IPCP   Configuration Request
       15 0.110158         Receive_02       Receive_02        PPP IPCP   Configuration Nak
       16 0.110158         Send_02          Send_02           PPP IPCP   Configuration Request
       17 0.120172         Receive_02       Receive_02        PPP IPCP   Configuration Ack

⊞ Frame 17 (36 bytes on wire, 36 bytes captured)
⊞ Ethernet II, Src: Receive_02 (20:52:45:43:56:02), Dst: Receive_02 (20:52:45:43:56:02)
⊟ PPP IP Control Protocol
     Code: Configuration Ack (0x02)
     Identifier: 0x07
     Length: 22
  ⊟ Options: (18 bytes)
       IP address: 110.179.133.112
       Primary DNS server IP address: 219.149.135.188
       Secondary DNS server IP address: 219.150.32.132

0000   20 52 45 43 56 02 20 52  45 43 56 02 20 21 02 07    RECV. R ECV..!..
0010   00 16 03 06 6e b3 85 70  81 06 db 95 87 bc 83 06    ....n..p........
0020   db 96 20 84                                         .. .
```

图 3.4　PPPoE 协议分析

技术提示：

　　PPP 协议虽然定义的是一段结点到结点的链路层协议，但实际应用中通常都是在其他已建立的网络物理平台之上再建立新的连接，是一种网络之上的网络，如 PPPoE 就是以太网之上的 PPP 链路。

3.3　以太网及其应用

【知识导读】

1. 以太网技术的优势体现在哪些方面？

2. 人们常说的以太网与"TCP/IP 协议"有何关系？

3. 如果让我们规划和构建一个典型的企业网，应当如何根据业务或办公应用系统的实际需求部署和配置以太网交换机设备？

3.3.1　以太网基本原理

DIX Ethernet V2 是世界上第一个局域网产品（以太网）的规约。此外还有 IEEE 的 802.3 标准也是一种以太网标准，但 DIX Ethernet V2 标准与 IEEE 的 802.3 标准只有很小的差别，因此可以将 802.3 局域网简称为"以太网"。

1. CSMA/CD 协议

以太网采用具有冲突检测的载波监听多路访问 CSMA/CD（Carrier Sense Multiple Access with Collision Detect）。可以概括为：先听后发、边听边发、冲突停止、延时重发。

"多路访问"表示许多计算机以多点接入的方式连接在一根总线上。

（1）"载波监听"是指每一个站在发送数据之前先要检测一下总线上是否有其他计算机在发送数据，如果有，则暂时不要发送数据，以免发生碰撞。

（2）"载波监听"就是用电子技术检测总线上有没有其他计算机发送的数据信号。

（3）"冲突检测"就是计算机边发送数据边检测信道上的信号电压大小。

（4）当几个站同时在总线上发送数据时，总线上的信号电压摆动值将会增大（互相叠加）。

（5）当一个站检测到的信号电压摆动值超过一定的门限值时，就认为总线上至少有两个站同时在发送数据，表明产生了碰撞。

2. 以太网的基本 MAC 帧

常用的以太网 MAC 帧格式有两种标准：

（1）DIX Ethernet V2 标准。

（2）IEEE 的 802.3 标准。

最常用的 MAC 帧是以太网 V2 的格式，如图 3.5 所示。

前同步码（比特同步）	帧定界	目的地址	源地址	长度类型	数据部分	帧校验序列
7 字节	1 字节	6 字节	6 字节	2 字节	46~1 500 字节	4 字节

图 3.5　以太网 V2 的 MAC 帧格式

附加的前 8 字节是：

（1）前导码（Preamble,Pre），7 字节的 1 和 0 交替码序列，比特同步，当物理层采用同步信道时（如 SDH/SONET），不再需要前同步码。

（2）帧定界（Start-of-Frame Delimiter,SFD）。以太网的帧定界符只用于标识帧的开始，不必标识结束。

其他分别是：

（3）DA：目的 MAC 地址，6 字节。

（4）SA：源 MAC 地址，6 字节。

（5）Type：类型字段，上层协议类型，最常见的如 0x0800 指 IP 协议，把帧的数据部分交给 IP 协议栈处理。

（6）数据字段：长度在 46 字节到 1 500 字节之间可变的任意值序列。

（7）FCS，4 字节，采用 CRC 编码，用于差错校验。FCS 校验的计算不包括同步码、帧定界和 FCS 字段本身。

3. 以太网的 MAC 地址

以太网 MAC 地址是分配给每个网络接口卡的唯一标识,在网卡出厂时已经写入其只读存储器中,也被称为硬件地址、物理地址,不随所连接网段的变化而变化,编址空间由 IEEE 管理,采用 IEEE 的 EUI(Extended Unique Identifier)—48 格式,是一个 48 位二进制,6 字节数。

(1)IEEE 注册管理委员会为每个网卡生产商分配 Ethernet 物理地址的前三字节,即公司标识也称为机构唯一标识符;后面三字节由网卡的厂商自行分配。

(2)在网卡生产过程中,将该地址写入网卡的只读存储器(EPROM)。

(3)如果网卡的物理地址是 00—60—08—00—A6—38,那么不管它连接在哪个具体的局域网中,其物理地址都是不变的。

(4)世界上没有任何两块网卡的 Ethernet 物理地址是相同的。

如图 3.6 所示,可以在 DOS 窗口下用 ipconfig /all 命令查看当前计算机网卡 IP 地址和 MAC 地址,也就是 Physical Address,示例中的 MAC 地址是 00—D0—59—AB—65—EF。

图 3.6 查看计算机 MAC 地址

3.3.2 网桥与以太网交换技术

1. 传统以太网技术的缺陷

早期传统的以太网属于共享介质方式,采用 CSMA/CD 机制,总线式的拓扑结构,利用电缆(粗缆、细缆)作为传输媒介。

双绞线问世后,最先使用集线器作为互联设备。集线器是使用电子器件来模拟实际电缆线的工作,因此整个系统仍然像一个传统的以太网那样运行。使用集线器的以太网在逻辑上仍是一个总线网,各工作站使用的还是 CSMA/CD 协议,并共享逻辑上的总线。

随着计算机网络规模的扩大,使用集线器的以太网冲突域也增大,信道的利用率进一步降低,网络性能将显著下降。

2. 网桥技术的工作原理

应运而生的网桥技术彻底解决了共享式以太网的这些缺陷。

网桥是一种设备,它将两个网络连接起来,对网络数据的流通进行管理,不但能扩展网络的距离或范围,而且可提高网络的可靠性和安全性,如图 3.7 所示。

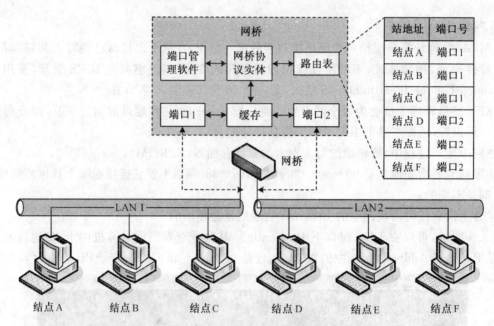

站地址	端口号
结点A	端口1
结点B	端口1
结点C	端口1
结点D	端口2
结点E	端口2
结点F	端口2

图 3.7　网桥的工作原理示意图

（1）网桥工作在数据链路层，它根据 MAC 帧的目的地址对收到的帧进行转发。

（2）网桥具有过滤帧的功能。当网桥收到一个帧时，并不是向所有的端口转发此帧，而是先检查此帧的目的 MAC 地址，然后再确定将该帧转发到哪一个端口。

3. 以太网交换技术的基本原理

以太网交换机实质上就是一个多端口的网桥，交换机早期也只是工作在数据链路层，即数据转发的依据只是以太网的 MAC 地址信息，随着需求的出现和技术的发展才出现了三层交换机，关于三层交换机的有关技术及配置方法，将在下一节介绍。

以太网交换技术的基本工作原理可以这样概括：

（1）以太网交换机的每个端口都直接与主机相连，并且一般都工作在全双工方式。

（2）交换机能同时连通许多对的端口，使每一对相互通信的主机都能像独占通信媒体那样，进行无碰撞地传输数据。

（3）以太网交换机由于使用了专用的交换结构芯片，其交换速率较高。

（4）对于传统的 10M bit/s 共享式以太网，若共有 N 个用户，则每个用户占有的平均带宽只有总带宽（10M bit/s）的 N 分之一。使用以太网交换机时，虽然在每个端口到主机的带宽还是 10M bit/s，但由于一个用户在通信时是独占而不是和其他网络用户共享传输媒体的带宽，因此对于拥有 N 对端口的交换机的总容量为 $N×10M$ bit/s，而在全双工模式下总容量是 $2×N×10M$ bit/s。这正是交换机的最大优点。

交换机的工作原理示意图如图 3.8 所示。

4. STP/RSTP/MSTP 协议

生成树协议主要是为了解决以下问题：消除桥接网络中可能存在的路径回环；对当前活动路径产生阻塞、断链等问题时提供冗余备份路径。

生成树算法的基本思想是：在网桥之间传递特殊的消息，使之能够据此来计算生成树。这种特殊的消息称为"Configuration Bridge Protocol Data Units（BPDUs）"或者"配置 BPDUs"。通过 BPDUs 信息的传送，首先在网络中选出根交换机（也称根桥），然后计算各路径的优劣，打开（处于 forwaring 状态）或者阻塞（discarding 状态）相应的链路。

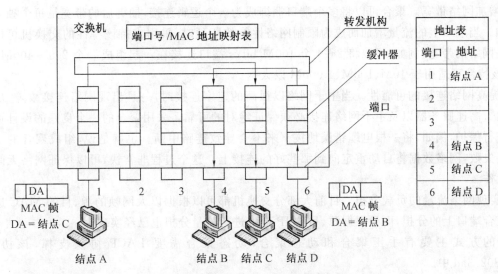

图 3.8　交换机的工作原理示意图

STP 是一种二层管理协议,它通过有选择地阻塞网络冗余链路来达到消除网络二层环路的目的,同时具备链路备份的功能。STP 掌管着端口的转发大权——"小树枝抖一抖,上层协议就得另谋生路"。

如图 3.9,BPDU 在各交换机之间传播。根据计算结果,交换机 A 被选为网络的根桥,交换机 B 和 C 之间、交换机 B 和 D 之间的链路被阻塞。最终,网络形成了以交换机 A 为根的一棵拓扑树,没有环路。假设交换机 A 和 C 之间链路断开,则原来处于阻塞状态的 B 和 C 之间链路将变成 forwarding,使交换机 C 可以通过 B 到达根桥。

STP:IEEE Std 802.1D−1998 定义,不能快速迁移。即使是在点对点链路或边缘端口,也必须等待 2 倍的 forward delay 的时间延迟,网络才能收敛。

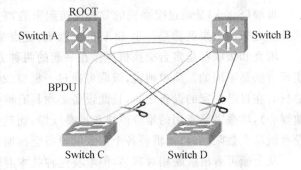

图 3.9　STP 阻塞网络环路

RSTP:IEEE Std 802.1w 定义,在 STP 基础上做了三点改进,使收敛速度更快:①引入了 Alternate 端口和 backup 端口角色;②引入点对点链路概念;③引入了边缘端口概念。RSTP 可以快速收敛,却存在以下缺陷:局域网内所有网桥共享一棵生成树,不能按 vlan 阻塞冗余链路。

MSTP:IEEE Std 802.1s 定义,一种新型多实例化生成树协议。它把支持 MSTP 的交换机和不支持 MSTP 的交换机划分为不同的区域,分别称为 MST 域和 SST 域。在 MST 域内部运行多实例的生成树,在 MST 域的边缘运行 RSTP 兼容的内部生成树。MSTP 具有 VLAN 认知能力,可以实现负载均衡,可以实现类似于 RSTP 的端口快速切换,可以捆绑多个 VLAN 到一个实例中以降低资源利用率。MSTP 可以很好地向下兼容 STP/RSTP 协议。它允许不同 VLAN 的流量沿各自的路径分发,从而为冗余链路提供了更好的负载分担机制。

5.端口聚合

聚合为交换机提供了端口捆绑的技术,允许两个交换机之间通过两个或多个端口并行连接同时传输数据以提供更高的带宽。聚合是目前许多交换机支持的一个高级特性。

采用聚合有很多优点:

（1）增加网络带宽。聚合可以将多个端口捆绑成为一个逻辑连接,捆绑后的带宽是每个独立端口的带宽总和。当端口上的流量增加而成为限制网络性能的瓶颈时,采用支持该特性的交换机可以轻而易举地增加网络的带宽(例如,可以将 2～4 个 100M bit/s 端口连接在一起组成一个 200～400M bit/s 的连接)。该特性可适用于 10M、100M、1 000M 以太网。

（2）提高网络连接的可靠性。当主干网络以很高的速率连接时,一旦出现网络连接故障,后果是不堪设想的。高速服务器以及主干网络连接必须保证绝对的可靠。采用聚合的一个良好的设计可以对这种故障进行保护,例如,将一根电缆错误地拔下来不会导致链路中断。也就是说,组成聚合的一个端口一旦连接失败,网络数据将自动重定向到那些好的连接上。这个过程非常快,可以保证网络无间断地继续正常工作。

（3）实现网络流量的负载分担。目前大部分交换机都可以根据以太网帧的源、目的 MAC 进行流量在各个聚合端口上的分担,而且根据源、目的 IP 地址进行流量分担也已经实现。

聚合的方式主要有手工聚合和动态聚合,动态聚合需要 LACP 协议支撑,该协议定义在 IEEE 802.3ad 中。

6. 以太网交换机级联与堆叠

级联(Uplink)是通过交换机的某个端口与其他交换机相连,如使用一个交换机 UPLINK 口到另一个的普通端口;堆叠是指将一台以上的交换机组合起来共同工作,以便在有限的空间内提供尽可能多的端口。多台交换机经过堆叠形成一个堆叠单元。

堆叠(Stack)是通过交换机的背板连接起来的,它是一种建立在芯片级上的连接,如 2 个 24 口交换机堆叠起来的效果就像是一个 48 口的交换机,优点是不会产生瓶颈的问题。

堆叠和级联都是多台交换机连接在一起的两种方式。它们的主要目的是增加端口密度,但它们的实现方法是不同的。简单地说,级联可通过一根双绞线在任何网络设备厂家的交换机之间完成。而堆叠只有在自己厂家的设备之间,且此设备必须具有堆叠功能才可实现。级联只需单做一根双绞线(或其他媒介),堆叠需要专用的堆叠模块和堆叠线缆,而这些设备需要单独购买。交换机的级联在理论上是没有级联个数限制的,而堆叠各个厂家的设备会标明最大堆叠个数。

从上面可看出级联相对容易,但堆叠这种技术有级联不可达到的优势。首先,多台交换机堆叠在一起,从逻辑上来说,它们属于同一个设备。这样,如果你想对这几台交换机进行设置,只要连接到任何一台设备上,就可看到堆叠中的其他交换机。而级联的设备逻辑上是独立的,如果想要用网管软件管理这些设备,必须依次连接到每个设备。

其次,多个设备级联会产生级联瓶颈。例如,两个百兆交换机通过一根双绞线级联,则它们的级联带宽是百兆。这样不同交换机之间的计算机要通信,都只能通过这百兆带宽。而两个交换机通过堆叠连接在一起,堆叠线缆将能提供高于 1G 的背板带宽,极大地降低了瓶颈。

级联也有一个堆叠达不到的目的,就是增加连接距离。比如,一台计算机离交换机较远,超过了单根双绞线的最长距离 100 m,则可在中间再放置一台交换机,使计算机与此交换机相连。堆叠线缆最长只有几米,所以堆叠时应予考虑。堆叠和级联各有优点,在实际的方案设计中经常同时出现,可灵活应用。

图 3.10 菊花链模式的交换机堆叠

菊花链模式是一种常用的交换机堆叠模式,如图 3.10 所示。其主要优点是提供集中管理的扩展端,对于多交换机之间的转发效率并没有提升,主要是因为菊花链模式是采用高速端口和软件来实现的。菊花链模式使用堆叠电缆将几台交换机以环路的方式组建成一个堆

叠组。但是最后一根从上到下的堆叠电缆只是冗余备份作用,从第一台交换机到最后一台交换机数据包还是要历经中间所有交换机。其效率较低,尤其是在堆叠层数较多时,堆叠端口会成为严重的系统瓶颈,所以建议堆叠层数不要太多。

可堆叠的交换机性能指标中有一个"最大可堆叠数"的参数,它是指一个堆叠单元中所能堆叠的最大交换机数,代表一个堆叠单元中所能提供的最大端口密度。堆叠与级联这两个概念既有区别又有联系。堆叠可以看作是级联的一种特殊形式。它们的不同之处在于:级联的交换机之间可以相距很远(在媒体许可范围内),而一个堆叠单元内的多台交换机之间的距离非常近,一般不超过几米;级联一般采用普通端口,而堆叠一般采用专用的堆叠模块和堆叠电缆。一般来说,不同厂家、不同型号的交换机可以互相级联,堆叠则不同,它必须在可堆叠的同类型交换机(至少应该是同一厂家的交换机)之间进行;级联仅仅是交换机之间的简单连接,堆叠则是将整个堆叠单元作为一台交换机来使用,这不但意味着端口密度的增加,而且意味着系统带宽的增加。

目前,市场上的主流交换机可以细分为可堆叠型和非堆叠型两大类。而号称可以堆叠的交换机中,又有虚拟堆叠和真正堆叠之分。所谓的虚拟堆叠,实际就是交换机之间的级联。交换机并不是通过专用堆叠模块和堆叠电缆,而是通过 Fast Ethernet 端口或 Giga Ethernet 端口进行堆叠,实际上这是一种变相的级联。即便如此,虚拟堆叠的多台交换机在网络中已经可以作为一个逻辑设备进行管理,从而使网络管理变得简单起来。

7. 以太网交换机主要特性指标

(1)端口/地址表大小。端口地址空间(如 8192,8K)决定各端口可连接的站数。

(2)背板(交换或传输)速率。无阻塞模式下,交换机背板传输数据的速率。

(3)端口能力。10/100MBaseT 自适应端口;支持 1G(1 000 MBaseT、GBIC)端口或其他类型端口。

(4)Cache 高速缓冲区大小。

(5)协议支持能力。生成树算法、端口认证、MAC 地址绑定。

(6)管理。管理界面、远程、SNMPV2/3、其他管理功能(接入带宽、访问控制)。

(7)堆叠功能。扩展交换端口。

(8)VLAN 功能。交换机灵活分组方法。

❖❖❖ 3.3.3　高速以太网与组网方案

1. 100M bit/s 快速以太网

IEEE 于 1995 年通过了 100M bit/s 快速以太网的 100Base-T 标准,并正式命名为 IEEE802.3u 标准,作为对 IEEE802.3 标准的补充。

在物理层,高速以太网采用同 10Base-T 一样的星形拓扑结构,但包含三种介质选项:100Base-TX、100Base-FX 和 100Base-T4。

与传统以太网相比,高速以太网的帧格式没有变化,介质访问控制方式也是一样的。不同的是:传输速率提高 10 倍,冲突域则减小为原来的 1/10。

(1) 100Base-TX。100Base-TX 使用的传输介质是两对非屏蔽 5 类双绞线,一对电缆用作从结点到 HUB 的传输信道,另一对则用作从 HUB 到结点的传输信道,结点和 HUB 之间的距离最大为 100 m。

(2) 100Base-FX。100Base-FX 使用的传输介质是两根光纤,一根用作从结点到 HUB 的传输信道,另一根则用作从 HUB 到结点的传输信道,结点和 HUB 之间的最大距离可达 2 000 m。信号的编码方式同 100Base-TX,即 4B/5B。

(3) 100Base-T4。100Base-T4 机制的设计初衷是避免重新布线的麻烦。它使用了 4 对 3 类非屏蔽双绞线作为传输介质。这种双绞线就是我们常用的电话线,其中两对是可以双向传输的,另外两对只能单向传输。也就是说,不论在哪个方向上都有三对电缆可以传输数据。

2. 千兆以太网

千兆以太网又称吉比特以太网(Gigabit Ethernet),使用原有以太网的帧结构、帧长及 CSMA/CD 介质访问控制方法,编码方式为 8B/10B,即将一组 8 位的二进制码编码成一组 10 位的二进制码。

千兆网使用的传输介质主要是光纤(1000Base-LX 和 1000Base-SX),也可以使用双绞线(1000Base-CX 和 1000Base-T)。组网时,千兆网通常连接核心服务器和高速局域网交换机,以作为高速以太网的主干网。

1000Base-LX 对应于 IEEE 802.3z 标准,既可以使用单模光纤也可以使用多模光纤。1000Base-LX 所使用的光纤主要有:62.5 μm 多模光纤、50 μm 多模光纤和 9 μm 单模光纤。其中使用多模光纤的最大传输距离为 550 m,使用单模光纤的最大传输距离为 3 000 km。1000Base-LX 采用 8B/10B 编码方式。

1000Base-SX 是单模光纤 1 000M bps 基带传输系统。1000Base-SX 也对应于 802.3z 标准,只能使用多模光纤。

1000Base-SX 所使用的光纤有:62.5 μm 多模光纤、50 μm 多模光纤。其中使用 62.5 μm 多模光纤的最大传输距离为 275 m,使用 50 μm 多模光纤的最大传输距离为 550 m。1000Base-SX 采用 8B/10B 编码方式。

1000Base-CX 对应于 802.3z 标准,采用的是 150 Ω 平衡屏蔽双绞线(STP)。最大传输距离 25 m,使用 9 芯 D 型连接器连接电缆。1000Base-CX 采用 8B/10B 编码方式。1000Base-CX 适用于交换机之间的连接,尤其适用于主干交换机和主服务器之间的短距离连接。

1000Base-T 使用非屏蔽双绞线作为传输介质传输的最长距离是 100 m。1000Base-T 不支持 8B/10B 编码方式,而是采用更加复杂的编码方式。1000Base-T 的优点是用户可以在原来 100Base-T 的基础上进行平滑升级到 1000Base-T。

3. 10 G 以太网

2000 年初 IEEE802.3 委员会发布了 10G bps 的以太网标准 802.3ae。10G bps 以太网也称为万兆以太网。

万兆以太网仍然使用 IEEE 802.3 以太网 MAC 协议,其帧格式和大小也符合 802.3 标准。但是与以往的以太网标准相比,还有一些显著不同的地方,如只支持双工模式,不支持单工模式;使用的媒体只能是光纤;不满足 CSMA/CD;使用 64B/66B 和 8B/10B 两种编码方式等。

万兆吉比特以太网还有一个重要的改进,即它具有支持局域网和广域网接口,且其有效距离可达 40 km。其有效作用距离的增大为万兆吉比特以太网在广域网中的应用打下了基础。

4. 以太网组网

以太网从 10M bps 到 10G bps 的演进证明了以太网的优点是:可兼容扩展(从 10M bps 到 10G bps)、灵活(光纤和双绞线等多种传输媒体、全/半双工、共享/交换)、易于安装、稳健性好。

图 3.11 是以太网组网的一种典型方案,体现了兼容性和可扩展性。

(1)在网络主干部分通常使用高性能的千兆 GE 或万兆 10G 主干交换机,以解决应用中的主干网络带宽的瓶颈问题。

(2)在网络支干部分考虑使用价格与性能相对较低的千兆 GE 支干交换机,以满足实际应用对网络带宽的需要。

(3)在楼层或部门一级,根据实际需要选择 100M bps 的 FE 交换机。

(4)在用户端使用 10/100M bps 网卡,将工作站连接到 100M bps 的 FE 交换机。

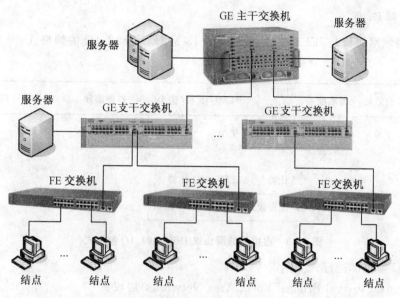

图 3.11 以太网组网方案

∵∷∴ 3.3.4 虚拟局域网技术

1. 虚拟局域网的基本概念

虚拟局域网 VLAN 是由一些局域网网段构成的与物理位置无关的逻辑组。这些网段具有某些共同的需求。每一个 VLAN 的帧都有一个明确的标识符,指明发送这个帧的工作站是属于哪一个 VLAN。虚拟局域网其实只是局域网给用户提供的一种服务,而并不是一种新型局域网。

图 3.12 是一个虚拟局域网的组成示意图。当 N1-1 向 VLAN1 工作组内成员发送数据时,工作站 N2-1 和 N3-1 将会收到广播的信息。

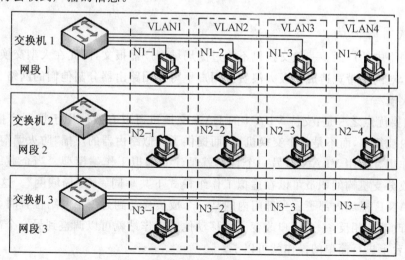

图 3.12 虚拟局域网示意图

而 N1-1 发送数据时,工作站 N1-2、N1-3 和 N1-4 都不会收到 N1-1 发出的广播信息。

虚拟局域网限制了接收广播信息的工作站数,使得网络不会因传播过多的广播信息(即"广播风暴")而引起性能恶化。

2.虚拟局域网标准

以太网虚拟局域网协议是 IEEE 802.1Q。图 3.13 是 IEEE 802.1Q 的帧格式。

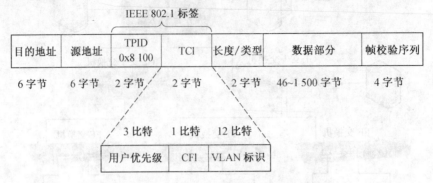

图 3.13　虚拟局域网协议 IEEE 802.1Q 帧格式

(1)扩展 MAC 帧首部进行——标识 VLAN。

(2)IEEE 802.1Q(Virtual Bridged Local Area Networks)协议。

(3)首部增加 4 个字节。

TPID (Tag Protocol Identifier),固定取值为 0x8100

TCI (Tag Control Information)包括

　　用户优先级,3 bit

　　CFI(Canonical Format Indicator),1 bit

　　VLAN ID, 12 bit

(4)802.1Q 数据帧传输对于用户是完全透明的。

(5)Trunk 上默认会转发交换机上存在的所有 VLAN 的数据。

(6)交换机在从 Trunk 口转发数据前会在数据上打个 Tag 标签,在到达另一交换机后,再剥去此标签。

3.虚拟局域网的优点

(1)限制了网络中的广播。一般交换机不能过滤局域网广播报文,因此在大型交换局域网环境中造成广播大量拥塞,对网络带宽造成了极大浪费。用户不得已用路由器分割他们的网络,此时路由器的作用是广播的"防火墙"。

VLAN 的主要优点之一是:支持 VLAN 的 LAN 交换机可以有效地用于控制广播流量,广播流量仅仅在 VLAN 内被复制,而不是整个交换机,从而提供了类似路由器的广播"防火墙"功能。

(2)虚拟工作组。使用 VLAN 的另一个目的就是建立虚拟工作站模型。当企业级的 VLAN 建成之后,某一部门或分支机构的职员可以在虚拟工作组模式下共享同一个"局域网"。这样绝大多数的网络都限制在 VLAN 广播域内部了。当部门内的某一个成员移动到另一个网络位置时,他所使用的工作站不需要做任何改动。相反,一个用户改变不用移动他的工作站就可以调整到另一个部门去,网络管理者只需要在控制台上进行简单的操作就可以了。

VLAN 的这种功能使人们以前曾设想过的动态网络组织结构成为可能,并在一定程度上大大推动了交叉工作组的形成。这就引出了虚拟工作组的定义。对一个公司而言,经常会针对某一个具体的开发项目临时组建一个由各部门的技术人员组成的工作组,他们可能分别来自经营部、网络部、技术服务部等。有了 VLAN,小组内的成员不用再集中到一个办公室了,他们只要坐在自己的计算机旁就可以了解到其他合作者的开放情况。另外,VLAN 为我们带来了巨大的灵活性。当有实际需要时,一个虚拟工作组可以应运而生。当项目结束后,虚拟工作组又可以随之消失。这样,无论是对用户还是对网络管理者来说,VLAN 都是十分吸引人的。

(3)安全性。由于配置了 VLAN 后,一个 VLAN 的数据包不会发送到另一个 VLAN,这样,其他 VLAN 的用户的网络上是收不到任何该 VLAN 的数据包,从而就确保了该 VLAN 的信息不会被其他 VLAN 的人窃听,从而实现了信息的保密。

(4)减少移动和改变的代价。即所说的动态管理网络,也就是当一个用户从一个位置移动到另一个位置时,他的网络属性不需要重新配置,而是动态地完成,这种动态管理网络给网络管理者和使用者都带来了极大的好处。一个用户,无论他到哪里,都能不做任何修改地接入网络,它的前景是非常美好的。当然,并不是所有的 VLAN 划分方法都能做到这一点。

4.虚拟局域网的划分方法

(1)根据端口定义。许多 VLAN 设备制造商都利用交换机的端口来划分 VLAN 成员,被设定的端口都在同一个广播域中。如图 3.14 所示,交换机上的端口被划分成了工程部、市场部、销售部三个 VLAN。这样可以允许 VLAN 内部各端口之间的通信。

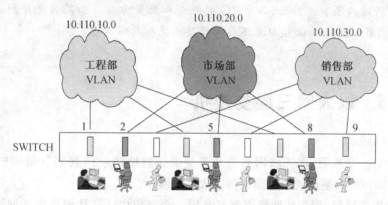

图 3.14 基于端口 VLAN 的划分

按交换机端口来划分 VLAN 成员,其配置过程简单明了。因此迄今为止,这仍然是最常用的一种方式。但是,这种方式不允许多个 VLAN 共享一个物理网段或交换机端口,而且,如果某一个用户从一个端口所在的虚拟局域网移动到另一个端口所在的虚拟局域网,网络管理者需要重新进行配置,这对于拥有众多移动用户的网络来说是难以实现的。

(2)根据 MAC 地址划分 VLAN。这种划分 VLAN 的方法是根据每个主机的 MAC 地址来划分,即对每个 MAC 地址的主机都配置它属于哪个组。这种划分 VLAN 的方法的最大优点就是当用户物理位置移动时,即从一个交换机换到其他的交换机时,VLAN 不用重新配置,所以,可以认为这种根据 MAC 地址的划分方法是基于用户的 VLAN。这种方法的缺点是初始化时,所有的用户都必须进行配置,如果有几百个甚至上千个用户的话,配置是非常累的。而且这种划分的方法也导致了交换机执行效率的降低,因为在每一个交换机的端口都可能存在很多个 VLAN 组的成员,这样就无法限制广播包了。另外,对于使用笔记本电脑的用户来说,他们的网卡可能经常更换,这样,VLAN 就必须不停地配置。

(3)根据网络层划分 VLAN。这种划分 VLAN 的方法是根据每个主机的网络层地址或协议类型(如果支持多协议)划分的,虽然这种划分方法可能是根据网络地址,比如 IP 地址,但它不是路由,不要与网络层的路由混淆。它虽然查看每个数据包的 IP 地址,但由于不是路由,所以没有 RIP、OSPF 等路由协议,而是根据生成树算法进行桥交换。

这种方法的优点是用户的物理位置改变了,不需要重新配置他所属的 VLAN,而且可以根据协议类型来划分 VLAN,这对网络管理者来说很重要,还有,这种方法不需要附加的帧标签来识别 VLAN,这样可以减少网络的通信量。

这种方法的缺点是效率低,因为检查每一个数据包的网络层地址是很费时的(相对于前面两种方法),一般的交换机芯片都可以自动检查网络上数据包的以太网帧头,但要让芯片能检查 IP 帧头,需要更高的技术,同时也更费时。当然,这也跟各个厂商的实现方法有关。

(4)IP 组播作为 VLAN。IP 组播实际上也是一种 VLAN 的定义,即认为一个组播组就是一个 VLAN,这种划分的方法将 VLAN 扩大到了广域网,因此这种方法具有更大的灵活性,而且也很容易通过路由器进行扩展,当然这种方法不适合局域网,主要是效率不高,对于局域网的组播,有二层组播协议 GMRP。

(5)基于组合策略划分 VLAN。即上述各种 VLAN 划分方式的组合。目前很少采用这种 VLAN 划分方式。

> **技术提示:**
>
> 虚拟局域网技术只有在跨交换机上配置,才能实现同一部门不同地理位置组成虚拟局域网的实际应用需求。所以必须掌握 IEEE 802.1Q 的概念和配置方法。如果只是分别在两台交换机上配置 VLAN,而没有配置 Trunk 接口是不能真正建立虚拟局域网的。

❖❖❖ 3.3.5 以太网三层交换机

1. 三层交换的提出

传统的网络界有一个规则,即局域网内的业务流类型遵循"80/20 规则":指用户数据流量的 80% 在本地网段,只有 20% 的数据流量通过路由器进入其他网段。

采用 80/20 规则的网络,用户的网络资源都在同一个网段内。这些资源包括网络服务器、打印机、共享目录和文件等。因此在这种网络内,路由器完全可以胜任且其构建网络的成本完全可以被用户接受。

但是,随着 Internet/Intranet 应用的兴起和服务器集群的出现,使得传统的 80/20 流量模式发生了转变。网络中大部分数据流经主干,逻辑子网内部数据流量不大,用户经常需要访问本子网以外的资源,"80/20 规则"对于多数企业网络已经不适用了。因此,现在局域网中的业务流有两个突出的特点:一是总的业务流在增加;二是子网络间的业务流在增加。

为了解释这一概念,假设网络业务流的总量不变,且网络业务流比例由 80/20 变为 20/80。这意味着需要在子网间进行路由的业务流增加到过去的 4 倍。这是否意味着网络中需要 4 倍的路由器呢? 答案是否定的,实际上需要比 4 倍更多的路由器。因为当路由器数量增加时,路由器之间的联系与合作占路由器全部工作的比重就会增加。所以随着子网络间业务流的增加,路由能力也相应地需要增加。

现在如果业务流类型改变的同时业务流的总量翻了一番,那么网络中所需的路由器总数为原来的 12 倍。如果按照传统的路由产品的成本进行计算,这对于大多数用户来说无疑都是一个难以接受的预算。所以局域网内子网络间业务流的适度增加伴随着总业务流的适度增加,都将使得采用传统的路由器来满足路由功能的需求在经济上不可行。

总结一下,三层交换技术和交换机的提出主要基于以下原因:

(1)二层交换技术极大地提升了以太网的性能,但仍然不能完全满足局域网的需要。

(2)为了将广播和本地流量限制在一定的范围内,交换式以太网采取划分逻辑子网(VLAN)的方式。

(3)VLAN 间的互通传统上需要由路由器来完成,但路由器配置复杂,造价昂贵,而且转发速度容

易成为网络的瓶颈。

(4)新 20/80 规则的兴起,80％的流量需要跨越 VLAN,路由器不堪重负。

2.三层交换机基本特征

应该说,三层交换机与传统路由器具有相同的功能:①根据 IP 地址进行选路。②进行三层的校验和。③使用生存时间(TTL)。④对路由表进行更新和维护。

二者最大的区别在于三层交换机采用 ASIC 硬件进行包转发,而传统路由器采用 CPU 进行包转发。所以,相比于传统路由器三层交换机具有以下优点:①基于硬件的包转发,转发效率高。②低时延。③低花费。

3.三层交换机的功能模型

为了便于大家对三层交换机有一个感性的了解,我们以图 3.15 为例来说明。

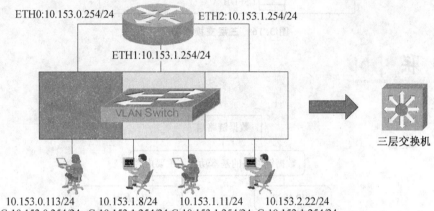

ETH0:10.153.0.254/24　　　　　ETH2:10.153.1.254/24

ETH1:10.153.1.254/24

VLAN Switch

三层交换机

10.153.0.113/24　　10.153.1.8/24　　10.153.1.11/24　　10.153.2.22/24
G:10.153.0.254/24　G:10.153.1.254/24 G:10.153.1.254/24 G:10.153.1.254/24

图 3.15　三层交换机功能模型

图 3.15 中,右边是一个三层交换机,其实现的功能等同于左边一个 VLAN 二层交换机和路由器组成的网络。也就是说,三层交换机把支持 VLAN 的二层交换机和路由器的功能集成在一起,既有二层交换功能,也有三层路由功能。因此,三层交换机也称为路由交换机。一般来说,三层交换机的功能分别通过二层 VLAN 转发引擎和三层转发引擎两个部分来实现:二层 VLAN 引擎与支持 VLAN 的二层交换机的二层转发引擎是相同的,是用硬件支持多个 VLAN 的二层转发;三层转发引擎使用硬件 ASIC 技术实现高速的 IP 转发。三层交换机对应到 IP 网络模型中,每个 VLAN 对应一个 IP 网段,三层交换机中的三层转发引擎在各个网段(VLAN)间转发报文,实现 VLAN 之间的互通,因此三层交换机的路由功能通常称为 VLAN 间路由(Inter-VLAN Routing)。

对应于二层交换引擎,三层交换引擎如图 3.16 所示。

在二层上,VLAN 之间是隔离的,VLAN 内主机可以互通,这一点跟二层交换机中的交换引擎的功能相同。一般来说,三层交换机的每个 VLAN 对应一个网段,不同的 IP 网段之间的访问要跨越 VLAN,要使用三层交换引擎提供的 VLAN 间路由功能(相当于路由器)。在使用二层交换机和路由器的组网中,每个需要与其他 IP 网段(VLAN)通信的 IP 网段(VLAN)都需要使用一个路由器接口做网关。三层交换机的应用也同样符合 IP 的组网模型,三层转发引擎就相当于传统组网中的路由器的功能,当需要与其他 VLAN 通信时也要为之在三层交换引擎上分配一个路由接口,用来做 VLAN 内主机的网关。三层交换机上的这个路由接口是通过配置转发芯片来实现的,与路由器的接口不同,这个接口不是直观可见的。给 VLAN 指定路由接口的操作,实际上就是为 VLAN 指定一个 IP 地址、子网掩码和 MAC 地址,MAC 地址是由设备制造过程中分配的,在配置过程中由交换机自动配置。

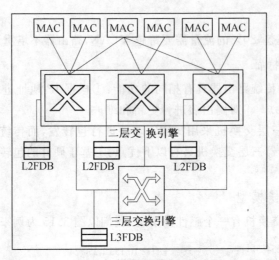

图 3.16　三层交换引擎

重点串联 ▶▶▶

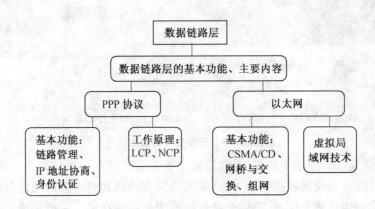

拓展与实训

基础训练 ····

1.选择题

(1)数据链路层的基本功能是将(　　)数据封装成帧。

A.传输层　　　　　　　B.应用层　　　　　　　C.会话层　　　　　　　D.网络层

(2)PPP协议网络地址协商是在(　　)阶段完成的。

A.LCP　　　　　　　　B.NCP　　　　　　　　C.PAP　　　　　　　　D.CHAP

(3)以太网MAC地址的二进制长度是(　　)。

A.16　　　　　　　　　B.32　　　　　　　　　C.128　　　　　　　　D.48

(4)高速以太网和传统以太网的共同之处是(　　)。

A.都采用 CSMA/CD 协议　　　　　　　　　B.帧格式相同

C.都采用时分复用技术　　　　　　　　　　D.都具有独占带宽特性

(5)以太网标准与 TCP/IP 协议的关系是(　　)。

A. 以太网为 IP 层协议服务
B. IP 层协议为以太网服务

C. 没有关系
D. 同一组织发布的

(6)（   ）限制了接收广播信息的工作站数,使得网络不会因传播过多的广播信息(即"广播风暴")而引起性能恶化。

A. 网桥
B. 集线器

C. 虚拟局域网(VLAN)
D. 生成树

(7)100M bps 快速以太网的 100Base—T 标准是（   ）。

A. IEEE802.3u   B. IEEE802.1q   C. IEEE802.3a   D. IEEE802.3z

(8)VLAN 间的路由（   ）。

A. 不可能实现
B. 用三层交换机可以实现

C. 用生成树可以实现
D. 用端口聚合可以实现

(9)（   ）协议可以消除桥接网络中可能存在的路径回环。

A. STP
B. IEEE802.1q

C. IEEE802.3u
D. CSMA/CD

(10)千兆以太网传输介质不包括（   ）。

A. 1000Base—LX
B. 1000Base—SX

C. 1000Base—CX
D. 1000Base—TX

2. 填空题

(1)数据链路层协议主要内容包括（   ）、（   ）、（   ）、（   ）和（   ）。

(2)（   ）是世界上第一个局域网产品(以太网)的规约,此外还有（   ）也是一种以太网标准。

(3)（   ）和（   ）都是多台交换机连接在一起的两种方式。它们的主要目的是（   ）。

(4)千兆以太网使用（   ）和（   ）两种光纤传输介质,以及（   ）和（   ）两种双绞线传输介质。

3. 判断题

(1)数据链路层是为传输层提供数据封装服务。（   ）

(2)PPP 协议可将 IP 数据报封装到串行链路。（   ）

(3)CSMA/CD 是一种同步时分复用技术。（   ）

(4)以太网交换机只能工作在数据链路层。（   ）

(5)聚合为交换机提供了端口捆绑的技术,允许两个交换机之间通过两个或多个端口并行连接同时传输数据以提供更高的带宽。（   ）

(6)网桥不但能扩展以太网的网络距离或范围,而且可提高网络的可靠性和安全性。（   ）

(7)堆叠和级联都是多台交换机连接在一起的两种方式。它们的主要目的是增加端口密度。（   ）

(8)虚拟局域网 VLAN 是由一些局域网网段构成的与物理位置有关的逻辑组。（   ）

4. 简答题

(1)数据链路层的基本功能是什么? 数据链路层的功能哪些是必须的,哪些不是必须的,为什么?

(2)PPP 协议有哪些实际应用?

(3)CSMA/CD 的工作原理是什么,有什么缺陷?

(4)以太网的主要性能指标有哪些?

(5)如何理解虚拟局域网的作用?

▶ 技能实训 ·▷·▷·▷·▷·

实训题目1　链路层简单协议分析

【实训要求】

按照如图3.17所示组建网络,将两台计算机的网络地址配置在相同的IP地址段,本例中将PC0和PC1分别设置为192.168.1.1/24和192.168.1.2/24。

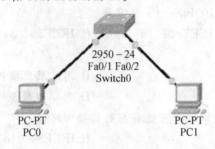

图3.17　组建网络

【实训环境】

计算机网络仿真软件Packet Tracer。

【参考操作方法】

由于这两台主机在一个网段,所以,此时在二层交换机上不需要做特殊设置,它们就可以PING通。

在PC0中PING PC1,然后切换到"Simulation"模式下,并点击"Auto Capture"按钮,则可以看到动画演示,请观察动画演示。在一侧还可以看到事件列表(Event List),如图3.18所示。在此可以看到事件发生时间、当前设备、前一个设备、协议类型及信息,此时可点击信息列下的矩形彩色方框,可弹出具体的协议分析。如这里点击类型为ARP旁的彩色矩形区域,则弹出如图3.19所示的对话框。忽略ARP的内容,重点分析本章所学的以太网包中的内容。

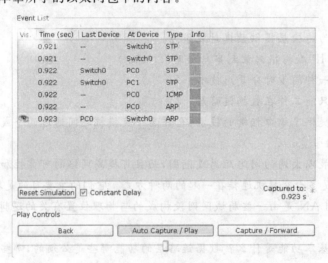

图3.18　捕获数据包

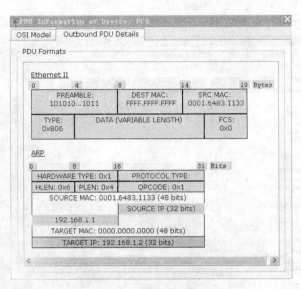

图 3.19 分析数据链路层协议

实训题目 2 交换机基本配置方法练习

交换机基本配置拓扑图如图 3.20 所示。这里我们只须将两台 PC 机置于一个 IP 网段,就可以 PING 通了。具体操作如下:

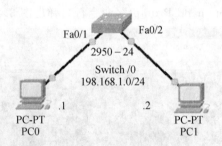

图 3.20 交换机基本配置拓扑图

点击 PC0,出现仿真电脑桌面功能选项,如图 3.21 所示。

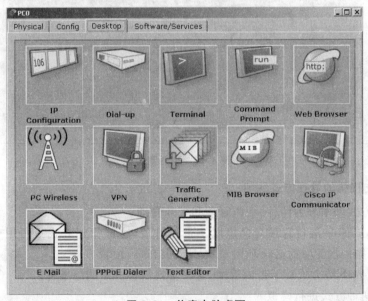

图 3.21 仿真电脑桌面

点击"IP Configuration"项(左上角第一个),弹出 IP 地址配置,如图 3.22 所示。

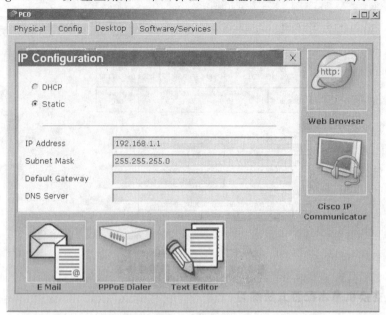

图 3.22　配置 IP 地址

同理配置好 PC1 的 IP:192.168.1.2/24。

此时,点击图 3.21 中的"Command Prompt"(命令行),弹出图 3.23,按图所示进行验证。

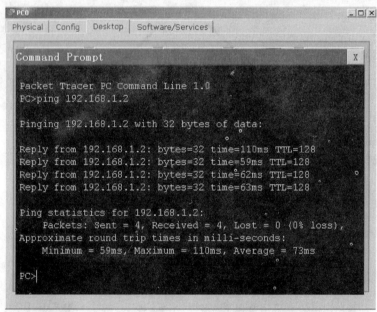

图 3.23　联通测试

实训题目 3　交换机的管理方式练习

交换机的管理方式基本分为两种:带内管理和带外管理。

通过交换机的 Console 端口管理交换机属于带外管理,这种管理方式不占用交换机的网络端口。当交换机买回来后,第一次配置时必须利用 Console 端口进行配置。

通过 Telnet 或 Web 等方式属于带内管理,这种方式需要占用网络带宽。

下面分别用这两种方式进行模拟。

1.Console 方式(超级终端)

超级终端拓扑结构如图 3.24 所示。

PC-PT
PC0

2950-24
Switch0

图 3.24　超级终端拓扑结构

点击图 3.21 中的"Terminal"项,弹出超级终端参数配置,如图 3.25 所示。

Terminal Configuration	
Port Configuration	
Bits Per Second:	9600
Data Bits:	8
Parity:	None
Stop Bits:	1
Flow Control:	None
	OK

图 3.25　超级终端参数配置

点"OK",进入配置界面,如图 3.26 所示。

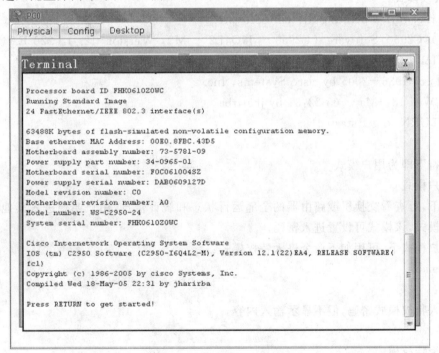

```
Processor board ID FHK0610Z0WC
Running Standard Image
24 FastEthernet/IEEE 802.3 interface(s)

63488K bytes of flash-simulated non-volatile configuration memory.
Base ethernet MAC Address: 00E0.8FBC.43D5
Motherboard assembly number: 73-5781-09
Power supply part number: 34-0965-01
Motherboard serial number: FOC061004SZ
Power supply serial number: DAB0609127D
Model revision number: C0
Motherboard revision number: A0
Model number: WS-C2950-24
System serial number: FHK0610Z0WC

Cisco Internetwork Operating System Software
IOS (tm) C2950 Software (C2950-I6Q4L2-M), Version 12.1(22)EA4, RELEASE SOFTWARE(
fc1)
Copyright (c) 1986-2005 by cisco Systems, Inc.
Compiled Wed 18-May-05 22:31 by jharirba

Press RETURN to get started!
```

图 3.26　超级终端配置界面

2.Telnet 方式

用 Telnet 方式对交换机进行配置,需设置交换机的管理 IP 和远程登录密码,相关设置见后面内容,这里我们设交换机的管理 IP 为 192.168.1.254/24。登录界面如图 3.27 所示。

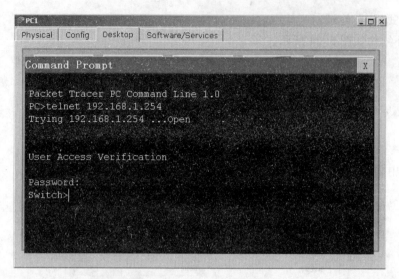

图 3.27 Telnet 登录验证

登录后就可以对交换机进行配置了。

实训题目 4 交换机的配置模式

交换机或路由器的配置模式采用分级保护方式,不同模式下执行各自不同的命令,以防止未授权的非法侵入。

1. 普通用户模式

该模式为普通用户模式,只包含少数命令,用于查看一些运行状态或统计信息,交换机(路由器)启动后,首先进入该模式。

Cisco Internetwork Operating System Software

IOS(tm)C2950 Software(C2950－I6Q4L2－M),Version 12.1(22)EA4,RELEASE SOFTWARE(fc1)

Copyright(c)1986－2005 by cisco Systems,Inc.

Compiled Wed 18－May－05 22:31 by jharirba

Press RETURN to get started!

Switch＞

//该提示符下即为用户模式

2. 特权用户模式

在该模式下,可查看交换机或路由器的全部运行状态和统计信息,用户要想进入其他配置模式,必须先进入特权模式,该模式可设置进入密码。

在普通用户模式下,可用如下命令进入特权模式:

Switch＞enable

Password:

//此处输入特权模式密码,但不显示输入内容。

Switch#

//现在即为特权模式

3. 全局配置模式

在该模式下可配置交换机或路由器的全局参数,如主机名、密码等。

在特权模式下可用如下命令进入全局配置模式:

Switch# config terminal

Enter configuration commands，one per line.　End with CNTL/Z.

Switch(config)♯

4. 接口配置模式

在该模式下可对交换机或路由器的各种接口进行配置，如配置 IP 地址等。

在全局配置模式下，命令"interface 端口号"可进入对应端口，例如，以下命令将进入交换机 Fastethernet 0/1 端口。

Switch(config)♯ int f0/1

Switch(config—if)♯　　　　　　//此处进入接口模式

5. 进程配置模式

在该模式下可配置 VTY 线路参数，如远程登录密码。

Switch(config)♯ line vty 0 4

//进入 VTY 线路配置接口，并开启 0～4 号共五个 VTY 端口供用户远程登录。

Switch(config—line)♯ exec—timeout 0 0

//设定 telnet 远程登录后，空闲永不超时。

Switch(config—line)♯

实训题目 5　交换机与路由器的基本配套命令

在保证命令唯一性的前提下支持命令的简写，如命令"enable"可简写为"en"。

使用"?"寻求命令帮助，如"copy("。

使用"Tab"键自动补全命令。

使用"control ＋ C"中断测试。

以下是一个交换机的配置，使用了一些常用命令，请参考其中注释部分。

```
Switch＞en                              //进入特权模式命令
Switch♯ conf t                         //进入全局配置模式命令
Enter configuration commands，one per line.　End with CNTL/Z.
Switch(config)♯ hostname chengjiaolou   //配置交换机名称
chengjiaolou(config)♯ int f0/1          //进入 f0/1 的接口配置模式
chengjiaolou(config—if)♯ speed          //使用命令帮助
   10    Force 10 Mbps operation        //命令帮助提示
   100   Force 100 Mbps operation       //命令帮助提示
   auto  Enable AUTO speed configuration //命令帮助提示
chengjiaolou(config—if)♯ speed 100      //配置端口速率为 100M bit/s
chengjiaolou(config—if)♯ no shutdown    //启用该端口
chengjiaolou(config—if)♯ end            //退回到特权模式
chengjiaolou♯
chengjiaolou♯ show running—config       //显示当前生效的配置
Building configuration...
Current configuration：1025 bytes
!
version 12.1
no service timestamps log datetime msec
no service timestamps debug datetime msec
```

no service password—encryption

!

hostname chengjiaolou

!

…略

chengjiaolou♯conf t

Enter configuration commands，one per line.　End with CNTL/Z.

chengjiaolou(config)♯exit　　　　　　　　/*/退回到上级目录

chengjiaolou♯

chengjiaolou♯

chengjiaolou♯show version　　　　　　　//显示交换机版本信息

Cisco Internetwork Operating System Software

　IOS（tm）C2950 Software（C2950—I6Q4L2—M），Version 12.1（22）EA4，RELEASE SOFTWARE(fc1)

　Copyright（c）1986—2005 by cisco Systems，Inc.

　Compiled Wed 18—May—05 22：31 by jharirba

　…略

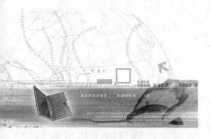

模块 4
网络层与 IP 协议

知识目标

◆理解数据报服务和虚电路服务的特点和区别,了解 Internet 采用数据报分组交换技术的原因。

◆正确理解路由器的作用。

◆掌握 IP 地址与 MAC 地址之间的关系以及地址解析协议 ARP 和逆向地址解析协议 RARP 的作用。

◆熟悉 IP 地址的基本概念,IP 分组格式,理解首部各字段的作用和意义。

◆掌握子网划分的方法以及子网掩码的作用。

◆掌握 CIDR 技术的基本概念,以及 CIDR 地址块的分配方法。

◆掌握 ICMP 协议的作用以及报文类别。

◆掌握路由选择算法的分类,以及因特网的主要路由协议(RIP、OSPF、BGP)。

◆了解 IPv6 与移动 IP 基本概念。

技能目标

◆掌握 IP 地址的分配、规划等方面的基本应用能力,熟练掌握 IP 地址的二进制与十进制之间的对应转换计算。

◆网络路由器各种基本配置命令、配置方式、配置模式。

◆动态、静态路由协议配置与测试分析。

◆IP 报文捕获与分析。

◆ICMP 协议即 PING 命令的使用方法。

课时建议

12 课时。

课堂随笔

4.1 数据报服务与虚电路服务的基本特点

【知识导读】

1. 虚电路为什么是"虚"的？

2. 数据报服务与虚电路服务有何差别？

3. 因特网采用哪种形式的服务类型？

网络层的根本任务是将源主机发出的分组经各种途径送到目的主机。从源主机到目的主机可能得经过许多中间结点。网络层为接在网络上的主机所提供的服务可以分为两大类，即无连接的网络服务和面向连接的网络服务。这两种服务的具体实现就是通常所谓的数据报服务和虚电路服务。

虚电路服务先建立连接，再按既定路径传送，数据报服务不用建立连接直接传送，数据报传送方式和虚电路传送方式的示意图如图4.1所示。

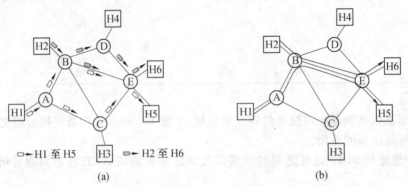

图 4.1 虚电路与数据报传输

在图4.1(a)中，由H1主机发出的多个数据分组沿不同路径到达目的主机H5，图中用带箭头的空方框表示。由H2主机发出的多个分组沿不同路径到达目的主机H6，图中用带箭头的虚线方框表示。这种自行选择传送路径的数据分组称为数据报，源主机不用与目的主机建立联系，直接将数据分组发送到通信网络上。由沿途各结点交换机根据数据分组中的目的地址、通信链路的"闲""忙"状态复制转发到相应的输出链路上，各个数据分组通过不同的路径到达目的主机。

这种数据报传送方式的好处至少有两个：一是不用预先建立源、目的主机之间的联系，省去建立连接的时间，比较经济；二是各个分组自行选择路径，可灵活、迅速到达主机，通信链路出现局部故障也不影响数据通信，这对通信可靠性要求较高的场合，如军用通信中，显得非常重要。但数据报传送方式存在分组无序到达、丢失、重复等问题，这也是在所难免的，因而数据报方式与面向连接的虚电路方式相比，通信质量要差一些，适合于小批量、短时间的突发式通信。

在图4.1(b)中，源主机H1要向目的主机H5发送数据，先建立通往H5的通信链路，H1→A→B→E→H5，然后，数据分组按顺序沿既定路径经过指定交换机到达目的主机，通信完毕，还要拆除所建立的通信链路，释放资源；同理，源主机H2向目的主机H6的通信链路是H2→B→E→H6。

这种虚电路传送数据分组的过程与电路交换方式的过程完全相同，都是建立连接、传送数据、拆除连接三个步骤。但是，虚电路方式对通信链路的占用是逐段进行的，当它传送数据在某一段链路上时，其他各段链路仍可为其他通信所用；因此，通信过程与电路方式一样，但在通信期间又不独占全部通信链路资源，因此称之为"虚电路"。

用虚电路方式通信时，各个数据分组是按预定线顺序传送的，没有失序、重复、丢失数据分组等问题出现，通信质量比较高；但虚电路方式也有其固有缺点：对小批量、短时间的突发式通信，建立、拆除连接相对费时、不经济，当预定链路故障时，整个通信失败。因此，虚电路方式适合于长时间、大批量的数据通信，当租用专线接入网络时，常采用所谓的"永久虚电路"方式进行通信。

虚电路分组交换适用于两端之间的长时间数据交换,尤其是在交互式会话中每次传送数据很短的情况下,可免去每个分组要有地址信息的额外开销。它提供了更可靠的通信功能,保证每个分组正确到达,且保持原来顺序。还可以对两个数据端点的流量进行控制,接收方在来不及接收数据时,可以通知发送方暂缓发送分组。但虚电路有一个弱点,当某个结点或某条链路出现故障而彻底失效时,则所有经过故障点的虚电路将立即破坏。数据报分组交换省去了呼叫建立阶段,它传输少量分组时比虚电路方式简便灵活。在数据报方式中,分组可以绕开故障区而到达目的地,因此故障的影响面要比虚电路方式小很多。但数据报不保证分组的按序到达,数据的丢失也不会立即知晓。将虚电路与数据报作一比较,如表 4.1 所示。

表 4.1 虚电路、数据报服务的基本特点

对比的方面	虚电路	数据报
连接的建立	必须有	不需要
目的站地址	仅在连接建立阶段使用,每个分组使用短的虚电路号	每个分组都有目的站的全地址
路由选择	在虚电路连接建立时进行,所有分组均按同一路由	每个分组独立选择路由
当路由器出故障	所有通过了出故障的路由器的虚电路均不能工作	出故障的路由器可能会丢失分组,一些路由可能会发生变化
分组的顺序	总是按发送顺序到达目的站	到达目的站时可能不按发送顺序
端到端的差错处理	由通信子网负责	由主机负责
端到端的流量控制	由通信子网负责	由主机负责

技术提示:

   网络上传送的报文长度,在很多情况下都很短。用数据报既迅速又经济,若用虚电路,为了传送一个分组而建立虚电路和释放虚电路就显得太浪费网络资源了。基于 IP 协议的因特网是无连接的,只提供尽最大努力交付的数据报服务,无服务质量可言。

4.2 用路由器实现网络互联的基本原理

【知识导读】

1. 什么是网络互联?

2. 路由器的主要功能是什么?

3. 路由器如何转发数据包?

网络互连(Internetworking)如图 4.2 所示,是指将分布在不同地理位置的网络、设备相连接,以构成更大规模的互联网络系统,实现互联网络中的资源共享。互连的网络和设备可以是同种类型的网络、不同类型的网络,以及运行不同网络协议的设备与系统。

路由器(Router)是用于连接多个逻辑上分开的网络,它能将不同网络之间的数据信息进行"翻译",以使它们能够相互"读"懂对方的数据,从而构成一个更大的网络,逻辑网络是指一个单独的网络或一个子网。当数据从一个子网传输到另一个子网时,可通过路由器来完成。因此,路由器具有判断网络地址和选择路径的功能,它能在多网络互联环境中建立灵活的连接,可用完全不同的数据分组和介质访问方

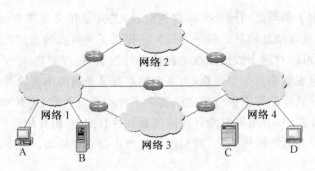

图 4.2　网络互联

法连接各种子网。

　　图 4.3 所示的互联网络中,当主机 A 要向另一个主机 B 发送数据报时,先要检查目的主机 B 是否与源主机 A 连接在同一个网络上。如果是,就将数据报直接交付给目的主机 B 而不需要通过路由器。

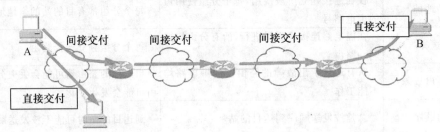

图 4.3　直接交付与间接交付

　　但如果目的主机与源主机 A 不是连接在同一个网络上,则应将数据报发送给本网络上的某个路由器,由该路由器按照转发表指出的路由将数据报转发给下一个路由器。这就叫作间接交付。

>>>

技术提示：
直接交付不需要使用路由器,但间接交付就必须使用路由器。

4.3　网络层协议簇

【知识导读】

1. 网络层在网络体系结构中的基本功能是什么?

2. 网络层协议的主要内容有哪些?

3. 常用的网络层协议有哪些?

4. 为什么 ICMP 只能与源端进行通信?

❖❖❖ 4.3.1　IP 协议

　　IP 协议位于网络层,是因特网的核心协议,网络层协议有 IGMP、ICMP、IP、ARP 及 RARP 协议,如图 4.4 所示。除了 ARP 和 RARP 报文外,几乎所有的数据都要经过 IP 协议进行发送。由于 IP 协议在网络层中具有重要地位,人们又将 TCP/IP 协议的网络层称为 IP 层。IP 协议是不可靠的无连接数据报协议,提高尽力而为的传输服务。

　　IP(Internet Protocol)互联网是当前最通用的互联网络,它是使用 IP 协议构建的 。IP 定义了统一的地址表示法——IP 地址和统一的数据表示法——IP 数据报,使得各种物理网络以及各种帧格式的差异性对高层协议不复存在。

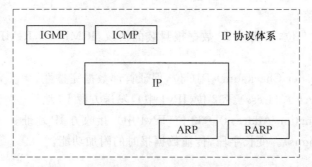

图 4.4 IP 协议体系

IP 协议的数据报传送服务是不可靠的。

(1)不能保证 IP 数据报能成功地到达目的地。

(2)省略了复杂的可靠性传输机制,所以 IP 协议能尽量高效率地进行传送,减轻了网关的负担,提高了网关的吞吐率。

(3)有可靠性方面的要求,必须使用上层的协议(如 TCP)或自己编写软件去完成。

如图 4.5,IP 数据报由首部和数据两部分组成,首部又分为定长部分和变长部分。

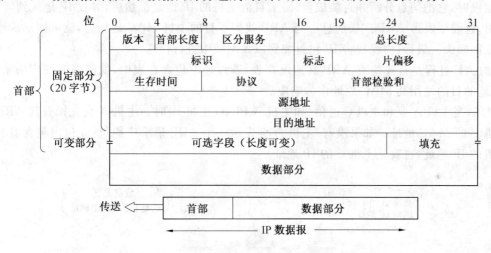

图 4.5 IP 数据报格式

(1)版本(Ver)。4 位,表示数据报的 IP 协议版本,当前的 IP 协议版本号为 4,即 IPv4;下一代网络协议 IPv6,版本号为 6。

(2)首部长度(Hlen)。4 位,表示以字长(4 字节)为单位的数据报首部长度。

(3)服务类型(Service Type)。8 位,规定本数据报的处理方式。前三位是优先级,0～7,0 表示最低,7 最高(最重要),但目前的 IPv4 没有使用优先级。后 4 位是 TOS,表示本数据报在传输过程中所希望得到的服务,D——最小延迟(Minimize Delay);T——最大吞吐率(Maximize Throughout);R——最高可靠性(Maximize Reliability);C——最低成本(Minimize Cost)。

(4)数据报总长度。在 IP 数据报封装到以太网帧中进行传输时很有用。

(5)标识(Identification)。16 位,每个 IP 数据报都有一个本地唯一的标识符,它由信源机赋予 IP 数据报。每次自动加 1。

(6)标志(Flags)。3 位,表示该 IP 数据报是否允许分片以及是否是最后一片。

(7)片偏移(Fragmentation Offset)。表示本片数据在他所属原始数据报数据区的偏移量。

(8)生存时间(Time to Live,TTL)。8 位 0,每当经过一次路由转发时都会减 1,当减到 0 时,数据包将会丢弃,丢弃者会发送一个 ICMP 数据包,通知发送者,主要用来防止出现路由环路时,数据包无限循环转发,而造成网络拥堵。

(9)协议(Protocol)。8 位,指明被 IP 数据报封装的协议:ICMP=1,IGMP=2,TCP=6,EGP=8,UDP=17,OSPF=89。

(10)首部校验和(Header Checksum)。16 位,保证首部数据完整性。

(11)源 IP 地址(Source Address)。32 位(IPv4 中),发送方源 IP 地址。

(12)目的地址(Destination Address)。32 位(IPv4 中),接收方 IP 地址。

(13)IP 选项(IP Options)。变长字段,传输数据报时的附加功能。

4.3.2 ARP 与 RARP

计算机网络中各主机之间要进行通信时,必须要知道彼此的物理地址(OSI 模型中数据链路层的地址)。因此,在 TCP/IP 的网际层有 ARP 协议和 RARP 协议,它们的作用是将源主机和目的主机的 IP 地址与它们的物理地址相匹配。

地址解析协议(Address Resolution Protocol,ARP)是一个位于 TCP/IP 协议栈中的低层协议,负责将某个 IP 地址解析成对应的 MAC 地址。一个基于 TCP/IP 的应用程序需要从一台主机发送数据给另一台主机时,它把信息分割并封装成包,附上目的主机的 IP 地址。然后,寻找 IP 地址到实际 MAC 地址的映射,这需要发送 ARP 广播消息。当 ARP 找到了目的主机 MAC 地址后,就可以形成待发送帧的完整以太网帧头。最后,协议栈将 IP 包封装到以太网帧中进行传送。

ARP 的执行过程是首先检查 ARP 高速缓存表,若地址不包含在表中,就向网上发广播来寻找,具有该 IP 地址的目的站用其 MAC 地址作为响应。

如图 4.6,当主机 A 要和主机 C 通信(如主机 A PING 主机 B)时。主机 A 会先检查其 ARP 缓存内是否有主机 C 的 MAC 地址。如果没有,主机 A 会发送一个 ARP 请求广播包,此包内包含着其欲与之通信的主机的 IP 地址,也就是主机 C 的 IP 地址。

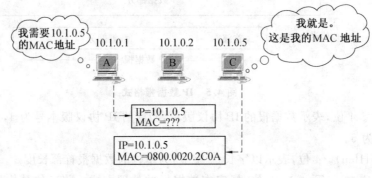

图 4.6 ARP 协议

当主机 C 收到此广播后,会将自己的 MAC 地址利用 ARP 协议响应包传给主机 A,并更新自己的 ARP 缓存,也就是同时将主机 A 的 IP 地址/MAC 地址对保存起来,以供后面使用。主机 A 在得到主机 C 的 MAC 地址后,就可以与主机 C 通信了。同时,主机 A 也将主机 C 的 IP 地址/MAC 地址对保存在自己的 ARP 协议缓存内。

反向地址解析协议(Reversed ARP,RARP),用于将一个已知的 MAC 地址映射到 IP 地址,如图 4.7 所示,RARP 要依赖于 RARP 服务器,该服务器中有一张 MAC 地址与 IP 地址的映射表。需要查找自己 IP 地址的站点向网上发送包含有其 MAC 地址的 RARP 广播,RARP 服务器收到后将该 MAC 地址翻译成 IP 地址予以响应。RARP 同样只能用于具有广播能力的网络。

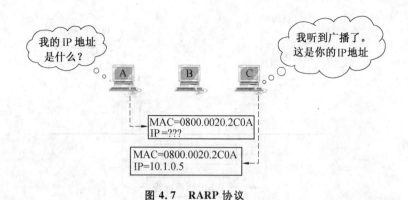

图 4.7　RARP 协议

4.3.3　ICMP

　　IP 提供的尽力数据报通信服务无连接服务,而并不能解决网络低层的数据报丢失、重复、延迟或乱序等问题,TCP 在 IP 基础建立有连接服务解决以上问题,不能解决网络故障或其他网络原因无法传输的包的问题。ICMP 设计的本意就是希望对 IP 包无法传输时提供报告,这些差错报告帮助了发送方了解为什么无法传递,网络发生了什么问题,确定应用程序后续操作。ICMP 报文的种类有两种,即 ICMP 差错报告报文和 ICMP 询问报文。

　　例如,如图 4.8,如果某台设备不能将一个 IP 数据包转发到另一个网络,它就向发送数据包的源主机发送一个消息,并通过 ICMP 解释这个错误。ICMP 能够报告的一些普通错误类型有:目标无法到达、阻塞、回波请求和回波应答等。

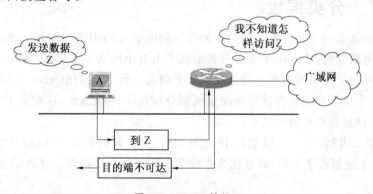

图 4.8　ICMP 协议

　　ICMP 本身是网络层的一个协议差错报告采用路由器－源主机的模式,路由器在发现数据报传输出现错误时只向源主机报告差错原因,ICMP 差错报告报文共有五种,即:①目的站不可达;②源站抑制;③时间超过;④参数问题;⑤改变路由(重定向)。

　　ICMP 不能纠正差错,它只是报告差错。差错处理需要由高层协议去完成。

　　我们广泛使用的 PING 命令其原理如图 4.9 所示,使用 ICMP 回送和应答消息来确定一台主机是否可达。

技术提示:
ARP、RARP 只能用于具有广播能力的网络。

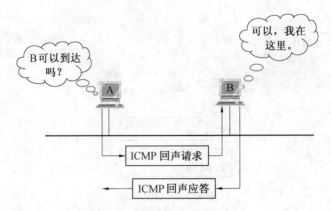

图 4.9　PING 命令原理示意图

4.4 IPv4 编址规则及其演变过程

【知识导读】

1. IP 地址的作用是什么？

2. IP 地址如何分类？

3. 子网掩码有何作用？

4. 为什么要进行子网划分？

5. 如何进行子网划分？

4.4.1　分类编址

正如每部电话必须有一个由邮电部门分配的唯一的电话号码用户才能与之通话一样，IP 地址相当于 Internet 系统的电话号码。Internet 将世界各地成千上万个网络互连起来，这些网络上又各有许多计算机接入。为了使用户上网后能方便快捷地找到网上的某一台主机，Internet 采用所谓"IP 地址"的方法，即为网上的每一个网络和每台提供服务的主机都分配一个网络地址，这就是 IP 地址。对于因特网上的主机而言，这个地址是全球唯一的。

IP 地址为 32 位二进制，32 位二进制的 IP 地址很难记忆，我们常将 32 位的 IP 地址分为 4 段，每段 8 位，每段用等效的十进制数字表示，并且在这些数字之间加上一个圆点。这种记法叫做"点分十进制"记法。

例如，IP 地址：11010100.01110000.00000000.00100100

用以上方法记为：202.112.0.36（中国教育科研网的 IP 地址）

为了确保 IP 地址在 Internet 上的唯一性，IP 地址统一由各级网络信息中心（Network Information Center，NIC）分配。NIC 面向服务和用户，在其管辖范围内设置各类服务器。

正如电话号码，IP 地址是一种分等级的地址结构。IP 地址是由网络号（net ID）与主机号（host ID）两部分组成的，如图 4.10 所示。分两个等级的好处是：

图 4.10　IP 地址结构

第一，IP 地址管理机构在分配 IP 地址时只分配网络号，而剩下的主机号则由得到该网络号的单位自行分配。这样就方便了 IP 地址的管理。

第二,路由器仅根据目的主机所连接的网络号来转发分组(而不考虑目的主机号),这样就可以使路由表中的项目数大幅度减少,从而减小了路由表所占的存储空间。

如图 4.11,IP 的编址方案将 IP 地址分为 A 到 E 五类,其中 A、B、C 类称为基本类,用于主机地址,D 类用于组播,E 类为保留不用。

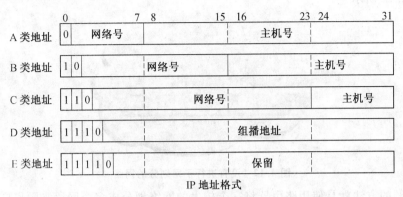

图 4.11　IP 地址分类

1. A 类 IP 地址

一个 A 类 IP 地址是指,在 IP 地址的四段号码中,第一段号码为网络号码,剩下的三段号码为本地计算机的号码。如果用二进制表示 IP 地址的话,A 类 IP 地址就由 1 字节的网络地址和 3 字节的主机地址组成,网络地址的最高位必须是"0"。A 类 IP 地址中网络的标识长度为 7 位,主机标识的长度为 24 位,A 类网络地址数量较少,可以用于主机数达 1 600 多万台的大型网络。

2. B 类 IP 地址

一个 B 类 IP 地址是指,在 IP 地址的四段号码中,前两段号码为网络号码,剩下的两段号码为本地计算机的号码。如果用二进制表示 IP 地址的话,B 类 IP 地址就由 2 字节的网络地址和 2 字节的主机地址组成,网络地址的最高位必须是"10"。B 类 IP 地址中网络的标识长度为 14 位,主机标识的长度为 16 位,B 类网络地址适用于中等规模的网络,每个网络所能容纳的计算机数为 6 万多台。

3. C 类 IP 地址

一个 C 类 IP 地址是指,在 IP 地址的四段号码中,前三段号码为网络号码,剩下的一段号码为本地计算机的号码。如果用二进制表示 IP 地址的话,C 类 IP 地址就由 3 字节的网络地址和 1 字节的主机地址组成,网络地址的最高位必须是"110"。C 类 IP 地址中网络的标识长度为 21 位,主机标识的长度为 8 位,C 类网络地址数量较多,适用于小规模的局域网络,每个网络最多只能包含 254 台计算机。

区分各类地址的最简单方法是看它的第一个十进制整数。

IP 地址通常和子网掩码(Subnet Mask Code)一起使用,子网掩码有两个作用:一是与 IP 地址进行"与"运算,得出网络号;二是用于划分子网。

子网掩码是一个与 IP 地址等长(即 32 bit)的二进制编码,将 IP 地址的网络号部分(包括子网部分)设置为全"1",主机号部分设置为全"0",就得到子网掩码。因此,A 类网络的缺省的子网掩码是 255.0.0.0,B 类网络的缺省的子网掩码是 255.255.0.0,C 类网络的缺省子网掩码是 255.255.255.0,将子网掩码和 IP 地址按位进行逻辑"与"运算,得到 IP 地址的网络地址。 子网掩码常用点分十进制表示,我们还可以用网络前缀表示子网掩码,即/<网络地址位数>,如 130.40.0.0/16 表示 B 类网络 130.40.0.0 的子网掩码为 255.255.0.0。

同一网络内的所有主机使用相同的网络号,同一网络内的主机号是唯一的。

4.4.2 子网划分与无分类编址

在一个大的网络环境中,如果所有主机都将在一个广播域内,这样会由于广播而带来一些不必要的带宽浪费,如图 4.12 所示。

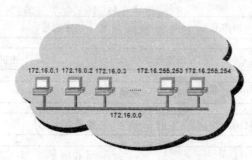

图 4.12 没有进行子网划分的网络

解决这个问题的方法就是使用路由器将一个较大的网络划分成多个网段来隔离广播的扩散以提高网络带宽,更好地发挥网络的作用,如图 4.13 所示。

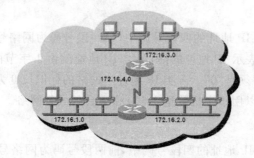

图 4.13 划分三个子网的网络

划分子网就是把一个较大的网络划分成几个较小的子网,而每个子网都有自己的子网地址。减少广播扩散的范围,提高网络安全,也有利于对网络进行分层管理,可以提高 IP 地址的利用率。如图 4.14,子网划分思路是从 IP 地址的 Host ID 中借若干位表示子网号。

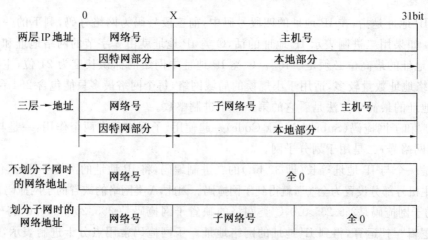

图 4.14 子网划分 IP 结构

子网划分有等长子网掩码与变长子网掩码划分两种方式。等长子网掩码长度是相同的,这也意味着每个子网的规模是一样的,即容纳的主机数目是相同的,这种划分子网的方式称为定长子网掩码。

下面结合一个具体的实例,来介绍等长子网划分。某公司现使用一个 C 类网地址 210.41.237.0/

24.公司有四个不同的部门,为了不让各个部门之间相互干扰,需要将原来给出的一个网络划分为四个子网,以使得各个子网间互不影响。

将给定的 IP 地址,写成二进制表示为:11010010.00101001.11101101.xxxxxxxx

我们将 IP 地址的主机部分中(8 位)xxxxxxxx 拿出前面 2 位来作为我们的子网网络号部分,因此用作主机的位数就只有剩下的 6 位。

00xxxxxx:00000001～00111110　1～62

01xxxxxx:01000001～01111110　65～126

10xxxxxx:10000001～10111110　129～190

11xxxxxx:11000001～11111110　193～254

由于我们将原来 IP 地址中主机号的前两位用来作为子网位,因此,为了让计算机能知道这两位是,我们需要将相应的子网掩码中对应的这两位设置为 1。

IP:11010010.00101001.11101101.00001010

M :11111111.11111111.11111111.11000000

最后我们得到的子网掩码即为:255.255.255.192(非标准类型)

第一个子网:

IP:210.41.237.(1～62)

M:255.255.255.192

第二个子网:

IP:210.41.237.(65～126)

M:255.255.255.192

第三个子网:

IP:210.41.237.(129～190)

M:255.255.255.192

第四个子网:

IP:210.41.237.(193～254)

M:255.255.255.192

某些场合下,定长子网掩码方式不能解决问题。在变长子网掩码方案中,不同子网使用的子网掩码长度是不同的。

1987 年 IETF 提出了一个方案,这就是 RFC1009。这个文件主要用来规范如何在一个网络中使用多个不同的子网掩码。这样每一个网络中所能够提供的主机地址数目可能是不同的,这与原来所讲的在一个网络中只允许使用相同的子网掩码完全不同,所以这种技术又被称为可变长子网掩码(Variable Length Subnet Mask,VLSM)。

例如,一个公司有一个 C 类网络 200.1.1.0,并且希望建立 4 个部门的子网,其中部门 A 有 72 台主机,B 有 35 台主机,C 有 20 台主机,D 有 18 台主机,共有 145 台主机。

确定主机号的长度:

对于部门 A,有 $2^{n_1}-27=72$ 得到 $n_1 \geqslant 7$,取 $n_1=7$,子网 ID 长度为 1,其取值范围:

0xxxxxxx:00000001～01111110　　1～126

对于部门 B,有 $2^{n_2}-2 \geqslant 35$,得到 $n_2 \geqslant 6$,取 $n_2=6$,子网 ID 长度为 2,其取值范围:

10xxxxxx:　10000001～10111110　129～190

对于部门 C,有 $2^{n_3}-2 \geqslant 20$,得到 $n_3 \geqslant 6$,取 $n_3=6$,子网 ID 长度为 3,其取值范围:

110xxxxx:11000001～11011110　　　193～222

对于部门 D,有 $2^{n_4}-2 \geqslant 20$,得到 $n_4 \geqslant 6$,取 $n_4=6$,子网 ID 长度为 3,其取值范围:

111xxxxx：11100001～11111110　225～254

A 部门：

IP：200.1.1.(1～126)

M：255.255.255.128

B 部门：

IP：200.1.1.(129～190)

M：255.255.255.192

C 部门：

IP：200.1.1.(193～222)

M：255.255.255.224

D 部门：

IP：200.1.1.(224～254)

M：255.255.255.224

无类域间路由(Classless Inter-Domain Routing，CIDR)的基本思想是取消 IP 地址的分类结构，将多个地址块聚合在一起生成一个更大的网络，以包含更多的主机。CIDR 支持路由聚合，能够将路由表中的许多路由条目合并为成更少的数目，因此可以限制路由器中路由表的增大，减少路由通告。同时，CIDR 有助于 IPv4 地址的充分利用。

例如，路由选择表中存储了如下网络：

172.16.12.0/24

172.16.13.0/24

172.16.14.0/24

172.16.15.0/24

要计算路由器的汇总路由，需判断这些地址最左边的多少位是相同的。计算汇总路由的步骤如下：

第一步：将地址转换为二进制格式，并将它们对齐。

第二步：找到所有地址中都相同的最后一位，在它后面划一条竖线可能会有所帮助。

第三步：计算有多少位是相同的。汇总路由为第 1 个 IP 地址加上斜线可能会有所帮助。

172.16.12.0/24＝172.16.000011 00.00000000

172.16.13.0/24＝172.16.000011 01.00000000

172.16.14.0/24＝172.16.000011 10.00000000

172.16.15.0/24＝172.16.000011 11.00000000

172.16.15.255/24＝172.16.000011 11.11111111

IP 地址 172.16.12.0～172.16.15.255 的前 22 位相同，因此最佳的汇总路由为 172.16.12.0/22。

技术提示：

同一网络内的所有主机使用相同的网络号，网络号同网络信息中心分配，同一网络内的主机号是唯一的，主机号由网络管理员分配，网络管理员一般需要根据网络使用实际情况使用 VLSM 划分子网，分配 IP 地址。

4.5 路由选择协议

【知识导读】

1.路由选择协议分为哪几类？

2.向量—距离路由选择算法的基本思想是什么？

3.链路状态路由协议算法的基本思想是什么？

路由选择协议是一种网络层协议，它通过提供一种共享路由选择信息的机制，允许路由器与其他路由器通信以更新和维护自己的路由表，并确定最佳的路由选择路径。通过路由选择协议，路由器可以了解未直接连接的网络的状态，当网络发生变化时，路由表中的信息可以随时更新，以保证网络上的路由选择路径处于可用状态。

通常，按路由选择算法的不同，路由协议被分为距离矢量路由协议、链路状态路由协议和混合型路由协议三大类。表 4.2 给出了距离矢量路由协议、链路状态路由协议的比较。距离矢量路由协议的典型例子包括路由消息协议（Routing Information Protocol，RIP）和内部网关路由协议（Interior Gateway Routing Protocol，IGRP）等；链路状态路由协议的典型例子则是开放最短路径优先协议（Open Shortest Path First，OSPF）。混合型路由协议是综合了距离矢量路由协议和链路状态路由协议的优点而设计出来的路由协议，如 IS－IS（intermediate system－intermediate system）和增强型内部网关路由协议（Enhanced Interior Gateway Routing Protocol，EIGRP）都属于此类路由协议。

表 4.2　距离矢量路由协议、链路状态路由协议的比较

距离矢量路由选择	链路状态路由选择
从网络邻居的角度观察网络拓扑结构	得到整个网络的拓扑结构图
路由器转换时增加距离矢量	计算出通往其他路由器的最短路径
频繁、周期地更新；慢速收敛	由事件触发来更新，快速收敛
把整个路由表发送到相邻路由器	只把链路状态路由选择地更新传送到其他路由器上

向量—距离路由选择算法的基本思想如图 4.15 所示，路由器周期性地向其相邻路由器广播自己知道的路由信息，用于通知相邻路由器自己可以到达的网络以及到达该网络的距离，相邻路由器可以根据收到的路由信息修改和刷新自己的路由表。

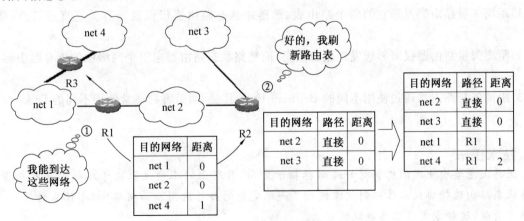

图 4.15　距离向量路由选择

向量—距离路由选择算法不需要路由器了解整个互联网的拓扑结构，而是通过相邻的路由器了解到达每个网络的可能路径。

链路状态路由协议思想如图 4.16 所示,互联网上的每个路由器周期性地向其他路由器广播自己与相邻路由器的连接关系,互联网上的每个路由器利用收到的路由信息画出一张互联网拓扑结构图,利用画出的拓扑结构图和最短路径优先算法,计算自己到达各个网络的最短路径。

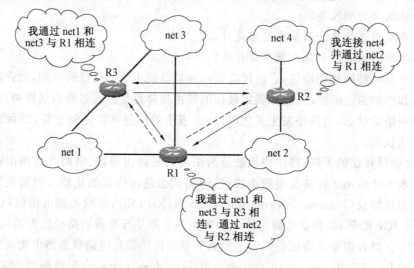

图 4.16　链路状态路由算法

链路状态路由协议,依赖于整个互联网的拓扑结构图,利用整个互联网的拓扑结构图得到 SPF 树,进而由 SPF 树生成路由表,如图 4.17 所示。

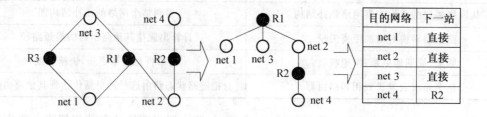

图 4.17　SPF 树

距离矢量路由选择协议与链路状态路由选择协议的区别如下:

(1)距离矢量路由器发送它的整个路由表,而链路状态路由器仅仅发送有关它直连链路(邻居)的信息。

(2)距离矢量路由器仅向邻居发送路由信息,而链路状态路由器向整个网络中的所有路由器发送邻居信息。

(3)距离矢量路由器通过使用不同的 Bellman-Ford 算法,而后者则通常使用不同的 Dijkstra 算法。

技术提示:

　　距离矢量路由使用的机制就好像路标指示方向,其路由的正确性取决于路标的正确与否。而链路状态路由选择协议工作机制就像使用了一副完整的公路地图。如何路由,走什么路线,一开始就非常清楚,这种方式不容易被欺骗。

4.6 IP 多播与 IGMP 协议

【知识导读】

1. 为什么需要组播？

2. 一台主机如何加入或离开多播群组？

3. 一般 IP 地址与多播地址之间的区别是什么？

随着数据通信技术的不断发展，传统的数据通信业务已不能满足人们对信息的需求。视频点播、网络电视、视频会议等点到多点业务已经被广泛地应用起来。解决点到多点的通信，最有效的方式是使用组播方式来实现。

如图 4.18 所示的多播通信，发送方仅发一份数据包，此后数据包只是在需要复制分发的地方才会被复制分发，每一个网段中都将保持只有一份数据流。这样就可以减轻发送方的负担，也节省网络带宽。

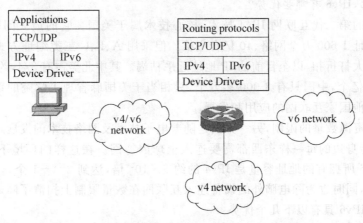

图 4.18 多播通信

为了使路由器知道多播组成员的信息，需要利用网际组管理协议（Internet Group Management Protocol，IGMP）。IGMP 协议是让连接在本地局域网上的多播路由器知道本局域网上是否有主机（严格讲，是主机上的某个进程）参加或退出了某个多播组，路由器之间通过与主机交互 IGMP 报文，及时掌握多播成员的最新信息。IGMP 目前有 3 个版本，目前广泛使用的是 Ver 2。在我们的实现中，全面支持 IGMP v2，同时考虑到向前兼容性，能够接收 IGMP v1 的报文。多播组使用 D 类 IP 地址标识：0xE0000000/4（224.0.0.0～239.255.255.255），多播的 L2 MAC 地址是通过 L3 IP 映射出来的，L2 MAC 的前 3 个字节总是 0x01－00－5E。

IGMP 分为两个阶段：

第一阶段：当某个主机加入新的多播组时，该主机应向组播组的多播地址发送一个 IGMP 报文，声明自己要成为该组的成员。本地的多播路由器收到 IGMP 报文后，将组成员关系转发给因特网上的其他多播路由器。

第二阶段：因为组成员关系是动态的，因此本地多播路由器要周期性地探询本地局域网上的主机，以便知道这些主机是否还继续是组的成员。只要对某个组有一个主机响应，那么多播路由器就认为这个组是活跃的。但一个组在经过多次的探询后仍然没有一个主机响应，则多播路由器就认为本网络上的主机已经都离开这个组了，因此就不再将该组的成员关系转发给其他的多播路由器。

技术提示：

当一个主机运行了一个处理某一个多播 IP 的进程的时候，这个进程会给网卡绑定一个虚拟的多播 MAC 地址，并做出来一个多播 IP。这样，网卡就会让带有这个多播 MAC 地址的数据进来，从而实现通信，而那些没有监听这些数据的主机就会把这些数据过滤掉。

4.7 IPv6 协议

【知识导读】

1. 为什么需要 IPv6？

2. IPv6 地址如何表示？

3. 与 IPv4 相比，IPv6 有哪些优势？

目前我们使用的第二代互联网 IPv4 技术，核心技术属于美国。它的最大问题是网络地址资源有限，从理论上讲，编址 1 600 万个网络、40 亿台主机。但采用 A、B、C 三类编址方式后，可用的网络地址和主机地址的数目大打折扣，以至目前的 IP 地址近乎枯竭。其中北美占有 3/4，约 30 亿个，而人口最多的亚洲只有不到 4 亿个，中国只有 3 000 多万个，只相当于美国麻省理工学院的数量。地址不足，严重地制约了我国及其他国家互联网的应用和发展。

一方面是地址资源数量的限制，另一方面是随着电子技术及网络技术的发展，计算机网络将进入人们的日常生活，可能身边的每一样东西都需要连入全球因特网。在这样的环境下，IPv6 应运而生。单从数字上来说，IPv6 所拥有的地址容量是 IPv4 的约 8×10^{28} 倍，达到 $2^{128} - 1$ 个。这不但解决了网络地址资源数量的问题，同时也为除电脑外的设备连入互联网在数量限制上扫清了障碍。

与 IPv4 相比，IPv6 具有以下几个优势：

(1)IPv6 具有更大的地址空间。IPv4 中规定 IP 地址长度为 32，即有 $2^{32} - 1$ 个地址；而 IPv6 中 IP 地址的长度为 128，即有 $2^{128} - 1$ 个地址。

(2)IPv6 使用更小的路由表。IPv6 的地址分配一开始就遵循聚类（Aggregation）的原则，这使得路由器能在路由表中用一条记录（Entry）表示一片子网，大大减小了路由器中路由表的长度，提高了路由器转发数据包的速度。

(3)IPv6 增加了增强的组播（Multicast）支持以及对流的支持（Flow Control），这使得网络上的多媒体应用有了长足发展的机会，为服务质量（Quality of Service，QoS）控制提供了良好的网络平台。

(4)IPv6 加入了对自动配置（Auto Configuration）的支持。这是对 DHCP 协议的改进和扩展，使得网络（尤其是局域网）的管理更加方便和快捷。

(5)IPv6 具有更高的安全性。在使用 IPv6 网络中用户可以对网络层的数据进行加密并对 IP 报文进行校验，极大地增强了网络的安全性。

4.7.1 将 IPv6 地址表示为文本字符串的三种常规形式

以下是将 IPv6 地址表示为文本字符串的三种常规形式：

1. 冒号十六进制形式

这是首选形式 n:n:n:n:n:n:n:n。每个 n 都表示八个 16 位地址元素之一的十六进制值。例如：3FFE:FFFF:7654:FEDA:1245:BA98:3210:4562。

2. 压缩形式

由于地址长度要求，地址包含由零组成的长字符串的情况十分常见。为了简化对这些地址的写入，

可以使用压缩形式,在这一压缩形式中,多个 0 块的单个连续序列由双冒号符号(∷)表示。此符号只能在地址中出现一次。例如,多路广播地址 FFED:0:0:0:0:BA98:3210:4562 的压缩形式为 FFED∷BA98:3210:4562。单播地址 3FFE:FFFF:0:0:8:800:20C4:0 的压缩形式为 3FFE:FFFF∷8:800:20C4:0。环回地址 0:0:0:0:0:0:0:1 的压缩形式为 ∷1。未指定的地址 0:0:0:0:0:0:0:0 的压缩形式为∷。

3. 混合形式

此形式组合 IPv4 和 IPv6 地址。在此情况下,地址格式为 n:n:n:n:n:n:d. d. d. d,其中每个 n 都表示六个 IPv6 高序位 16 位地址元素之一的十六进制值,每个 d 都表示 IPv4 地址的十进制值。

由于 Internet 的规模以及目前网络中数量庞大的 IPv4 用户和设备,IPv4 到 IPv6 的过渡不可能一次性实现。而且,目前许多企业和用户的日常工作越来越依赖于 Internet,它们无法容忍在协议过渡过程中出现的问题。所以 IPv4 到 IPv6 的过渡必须是一个循序渐进的过程,在体验 IPv6 带来的好处的同时仍能与网络中其余的 IPv4 用户通信。能否顺利地实现从 IPv4 到 IPv6 的过渡也是 IPv6 能否取得成功的一个重要因素。

4.7.2 IPv4 向 IPv6 技术的演进策略

对于 IPv4 向 IPv6 技术的演进策略,业界提出了许多解决方案。特别是 IETF 组织专门成立了一个研究此演变的研究小组 NGTRANS,已提交了各种演进策略草案,并力图使之成为标准。纵观各种演进策略,主流技术大致可分如下几类:

1. 双栈策略

实现 IPv6 结点与 IPv4 结点互通的最直接的方式是在 IPv6 结点中加入 IPv4 协议栈,如图 4.19 所示。具有双协议栈的结点称作“IPv6/v4 结点”,这些结点既可以收发 IPv4 分组,也可以收发 IPv6 分组。它们可以使用 IPv4 与 IPv4 结点互通,也可以直接使用 IPv6 与 IPv6 结点互通。双栈技术不需要构造隧道,但后文介绍的隧道技术中要用到双栈。IPv6/v4 结点可以只支持手工配置隧道,也可以既支持手工配置也支持自动隧道。

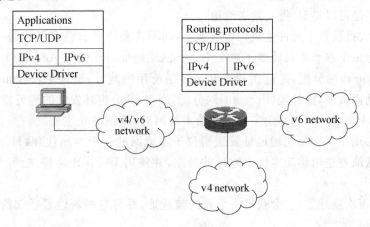

图 4.19 双栈策略

2. 隧道技术

在 IPv6 发展初期,必然有许多局部的纯 IPv6 网络,这些 IPv6 网络被 IPv4 骨干网络隔离开来,为了使这些孤立的“IPv6 岛”互通,就采取隧道技术的方式来解决,如图 4.20 所示。利用穿越现存 IPv4 因特网的隧道技术将许多个“IPv6 孤岛”连接起来,逐步扩大 IPv6 的实现范围,这就是目前国际 IPv6 试验床 6Bone 的计划。

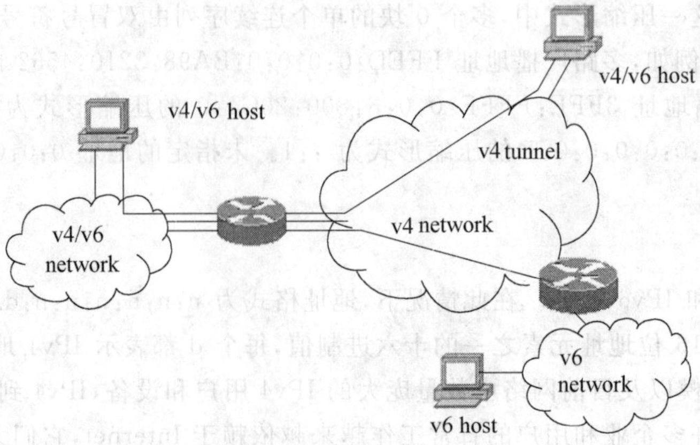

图 4.20 隧道技术

技术提示：

IPv6 提供很多新的、重要的特征，但是演进到 IPv6 需要更改 IPv4 上的应用程序、主机和路由器，例如，动态主机配置协议（DHCP）、BOOTP 和域名系统（DNS）等，而这种更改是一项巨大的系统工程。

4.8 移动 IP

【知识导读】

1. 为什么需要移动 IP？

2. 每个移动主机有几个地址？

3. 移动 IP 工作过程是什么？

移动 IP 要解决的问题是不改变用户机器的 IP 地址，当用户从一个地方移动到另外一个地方时，通过原来的 IP 地址还是可以将 IP 报文发送给他。

可移动性的最大挑战在于允许主机保留其地址，而不需要给所有路由器传播一个特定于主机的路由。为此移动 IP 为每个移动主机设置了两个 IP 地址：主地址（Primary Address），永久固定的、传统的 IP 地址，由本地（Home）网分配，是应用程序和运输层所用的地址；辅地址（Secondary Address），临时的，随着主机的移动而改变，由外地（Foreign）网分配，用于 IP 分组转发时的隧道传输。

工作过程如图 4.21 所示，当移动主机在原始本地网时，获得的是主地址。当它移动到一个外地网并获得辅地址时，移动主机必须把辅地址发送给位于本地网的一个本地代理（Home Agent，HA）进行登记，该代理随后截取发送给移动主机主地址的分组，并使用 IP-in-IP 封装，把每个分组以隧道方式传输到辅地址。

如果移动主机再次换地方，它会获得一个新的辅地址，并将它的新位置通知给 HA，以便 HA 使用上面的方式转发分组。

当移动主机返回到本地网，它必须与 HA 进行联系，以撤销登记，使 HA 停止截取分组。同样，移动主机可以选择在任何时候撤销登记（如当离开一个远程位置时）。

由此可见，移动 IP 是为宏观移动性设计的，而不是为高速移动设计的。因此，使用移动 IP 的情况：主机移动并不频繁，并在一个给定位置停留相对较长的一段时期。

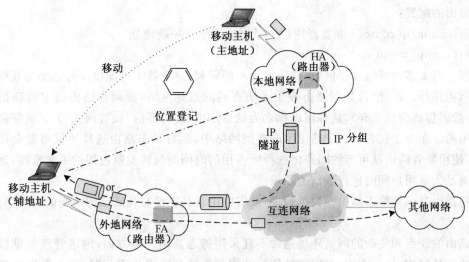

图 4.21　移动 IP

>>>

技术提示：

目前，移动 IP 协议还不是很成熟，一些相关的机制还需要进一步完善，在传输层的可靠性和安全性上有待进一步加强。

4.9 路由选择协议的配置与应用

【知识导读】

1. 路由器如何转发数据包？

2. 直连路由如何添加到路由表？

3. 非直连路由如何添加到路由表？

路由器根据路由表做出路径选择，如图 4.22 所示，一条路由信息应包含以下内容：目标网络（与报文的目的地址进行匹配，进行路由选择）、下一跳地址（指明路由的发送路径）、Metric 和管理距离。

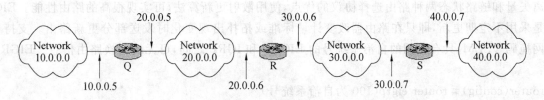

图 4.22　路由表

路由表建立的三种途径：直连网络、静态路由协议和动态路由。

对于直连的网络，当在路由器中配置了接口的 IP 地址，并且接口状态为 up 的时候，该接口所在的网络就会作为直接相加网络而加入路由表。

对于不直连的网络，需要静态路由或动态路由将网段添加到路由表中。网络管理员手工配置的路由称之为静态（Static）路由，它不会随未来网络拓扑结构的改变自动改变。静态路由适合于小型网络及网络拓扑结构相对稳定的场合。

在小型网络中适宜设置静态路由。使用静态路由可有效保障网络安全、节约带宽，但当网络改变时，静态路由不会自动改变，必须要有网络管理员的介入，静态路由必须在参与通信的两端路由器上进行双向配置。

静态路由的配置：

Router(config)ip route ＋非直连网段＋子网掩码＋下一跳地址

Router(config)♯exit

互联网上有太多的网络和子网,受路由表大小的限制,路由器不可能也没有必要为互联网上所有网络和子网指明路径。因此,凡是在路由表中无法查到的目标网络,必须在路由表中明确指定一个出口(否则这些数据包将会被丢弃),这种路由称之为缺省路由(路由器的"缺省网关")。缺省路由在网络中是非常有用的。在一个包含上百个路由器的典型网络中,运行动态路由选择协议可能会耗费较大量的带宽资源,使用缺省路由就可节约因路由选择所占用的时间与包转发所占用的带宽资源,这样就能在一定程度上满足大量用户同时进行通信的需求。

缺省路由也是一种静态路由。简单地说,缺省路由就是在没有找到任何匹配的路由项情况下,才使用的路由。

静态路由的缺点和复杂的网络环境通常不宜采用静态路由。一方面,网络管理员难以全面地了解整个网络的拓扑结构;另一方面,当网络的拓扑结构和链路状态发生变化时,路由器中的静态路由信息需要大范围地调整,这一工作的难度和复杂程度非常高。此时需要使用动态路由协议,如 RIP、OSPF。

RIP 的配置：

Router(config)♯router rip

Router(config－router)♯network network－number

network－number 为路由器的直连网段

随着 Internet 技术在全球范围的飞速发展,OSPF 已成为目前 Internet 广域网和 Intranet 企业网采用最多、应用最广泛的路由协议之一。OSPF 路由协议是一种典型的链路状态(Link-state)的路由协议,一般用于同一个路由域内。在这里,路由域是指一个自治系统(Autonomous System, AS),它是指一组通过统一的路由政策或路由协议互相交换路由信息的网络。在这个 AS 中,所有的 OSPF 路由器都维护一个相同的描述这个 AS 结构的数据库,该数据库中存放的是路由域中相应链路的状态信息,OSPF 路由器正是通过这个数据库计算出其 OSPF 路由表的。

Router(config)♯router ospf process－id

Router(config－router)♯network address wild－mask area area－id

EIGRP(Enhanced Interoor Gateway Routing Protocol)是最典型的平衡混合路由选择协议,它融合了距离矢量和链路状态两种路由选择协议的优点,使用散射更新算法,可实现很高的路由性能。EIGRP 特点是采用不定期更新,即只在路由器改变计量标准或拓扑出现变化时发送部分更新路由。支持可变长子网掩码 VSLM,具有相同的自治系统号的 EIGRP 和 IGRP 之间,可无缝交换路由信息。EIGRP 的配置：

router(config)♯router eigrp(100 为自治系统号)

router(config－router)♯network

network－number router(config－router)♯exit

技术提示：

直连路由对于路由起着重要作用,如果路由没有直接相连网络,也就不会有静态和动态路由的存在。

4.10 常用互联网接入技术

【知识导读】

1. 什么是 Internet 接入技术?

2. 接入 Internet 时,需要解决哪些主要问题?

4.10.1 ADSL

网络接入技术通常是指一个 PC 机或局域网与 Internet 相互连接的技术,或者是两个远程局域网之间的相互连接技术,我国最广泛使用的 Internet 接入技术是非对称数字用户线技术(Asymmetrical Digital Subscriber Line,ADSL),仅使用一对双绞线,可直接利用用户原有的电话线接入 Internet,其上行速率与下行速率不相同("非对称")上行 640K~1M bit/s,下行 1.5M~8M bit/s,与因特网访问特点相适应(要求的下传速率高),语音和数据同时传输,互不干扰。上网时不用拨号,永远在线(打电话仍需拨号)。

如图 4.23,一个基本的 ADSL 系统由局端收发机和用户端收发机两部分组成,收发机实际上是一种高速调制解调器(ADSL Modem),由其产生上下行的不同速率。

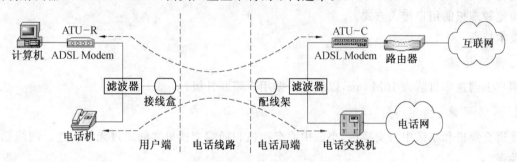

图 4.23 ADSL 接入 Internet

4.10.2 FTTX＋LAN

随着企业的网络规模越来越大,一条 ADSL 线路已经不能满足企业的高速上网的需求,在这种情况下,企业可以使用 FTTX＋LAN 上网方式。

FTTX＋LAN 技术是一种利用光纤加五类网络线方式实现宽带接入方案,FTTX 的英文翻译为 Fiber To The,"X"是指任何地方,具体解释就是光纤可以接入到任何地方,LAN 是指局域网,光纤用户网是用户接入网技术的发展方向,是指局端与用户之间完全以光纤作为传输媒体的接入网。用户网光纤化有很多方案,如表 4.3 所示。

表 4.3 FTTX 类型

FTTB	Fiber to The Building	光纤到楼
FTTC	Fiber to The Curb	光纤到路边
FTTH	Fiber to The Home	光纤到家
FTTO	Fiber to The Office	光纤到办公室
FSA	Fiber to the Serving Area	光纤到服务区

如图 4.24,FTTX＋LAN 一般采用千兆光纤到小区(大楼)中心交换机,中心交换机和楼道交换机以百兆光纤或五类网络线相连,楼道内采用综合布线,用户上网速率可达 10M bps,网络可扩展性强,投

资规模小。

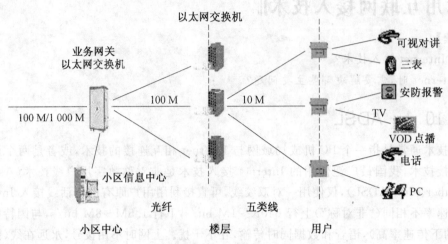

图 4.24　FTTX＋LAN

因 FTTX 接入方式成本较高,就我国目前普通人群的经济承受能力和网络应用水平而言,并不适合。而将 FTTX 与 LAN 结合,大大降低了接入成本,同时可以提供高达 100M bps 的用户端接入带宽,是目前比较理想的用户接入方式。

技术特点:

1. 高速传输

用户上网速率目前为 10M bps,以后可根据用户需要升级。

2. 网络可靠、稳定

楼道交换机和小区中心交换机、小区中心交换机和局端交换机之间通过光纤相连。网络稳定性高,可靠性强。

3. 用户投资少、价格便宜

用户只需要一台带有网络接口卡(NIC)的 PC 机即可上网。

4. 安装方便

小区、大厦、写字楼内采用综合布线,用户端采用五类网络线方式接入,即插即用。

5. 应用广泛

通过 FTTX＋LAN 方式可以实现高速上网、远程办公、VOD 点播、VPN 等多种业务。

❖❖❖ 4.10.3　无线接入技术

无线接入技术指从交换结点到用户终端之间的部分采用无线传输的接入技术。根据覆盖范围,分为无线个人局域网 WPAN、无线局域网 WLAN、无线城域网 WMAN、无线广域网 WWAN。

相比有线网络,无线网络建设周期短,省去了挖坑埋缆,或竖杆架线等线路施工过程。在通信距离较长时,具有较好的经济性,节省建设投资和维护费用。抗灾变能力强,不容易被自然灾害所中断,恢复时间也较短,能同时向用户提供固定接入和移动接入,能向用户提供移动性业务是无线接入网区别于有线接入网的最重要标志。支持个人通信,个人通信的特点是用户与终端的移动性。

802.11 是 IEEE 最初制定的一个无线局域网标准,主要用于解决办公室局域网和校园网中用户与用户终端的无线接入,业务主要限于数据存取,速率最高只能达到 2M bps。由于它在速率和传输距离上都不能满足人们的需要,因此,IEEE 小组又相继推出了 802.11b 和 802.11a 两个新标准,前者已经成为目前的主流标准,而后者也被很多厂商看好。

802.11a(Wi-Fi5)标准是得到广泛应用的 802.11b 标准的后续标准。它工作在 5GHzU-NII 频带,物理层速率可达 54M bps,传输层可达 25M bps。可提供 25M bps 的无线 ATM 接口和 10M bps 的以太网无线帧结构接口,以及 TDD/TDMA 的空中接口;支持语音、数据、图像业务;一个扇区可接入多个用户,每个用户可带多个用户终端。

重点串联 ▶▶▶

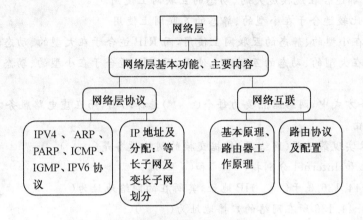

拓展与实训

▶ 基础训练 ⋅⋅⋅⋅

1.选择题

(1)关于 IP 提供的服务,下列哪种说法是正确的(　　)

A.IP 提供不可靠的数据投递服务,因此数据报投递不能受到保障

B.IP 提供不可靠的数据投递服务,因此它可以随意丢弃报文

C.IP 提供可靠的数据投递服务,因此数据报投递可以受到保障

D.IP 提供可靠的数据投递服务,因此它不能随意丢弃报文

(2)IP 地址的主机号有(　　)作用

A.它指定了主机所属的网络　　　　　　　B.它指定了网络上主机的标识

C.它指定了被寻址的子网中的某个结点　　D.它指定了设备能够进行通信的网络

(3)Class B 网络的子网掩码若为 255.255.224.0,则代表主机地址长度为(　　)

A.8Bits　　　　　　B.10 Bits　　　　　　C.13 Bits　　　　　　D.16 Bits

(4)以设备功能来看,路由器工作在 OSI 模型中的(　　)

A.第一层　　　　　B.第二层　　　　　　C.第三层　　　　　D.第四层

(5)某对等局域网中有 X、Y、Z 三台计算机,其 IP 地址分别为 192.168.0.1、192.168.0.2 和 192.168.1.1,子网掩码均为 255.255.0.0,则(　　)

A.X 和 Y 不能 PING 通　　　　　　　　B.Y 和 Z 不能 PING 通

C.X、Y 和 Z 两两均能 PING 通　　　　　D.X、Y 和 Z 两两均不能 PING 通

(6)一个 C 类地址,最多能容纳的主机数目为(　　)。

A. 64516　　　　　　B. 254　　　　　　　C. 64518　　　　　　D. 256

(7)能够使主机或路由器报告差错情况和提供有关异常情况的报告是下列哪种协议的功能(　　　)

A. IP　　　　　　　B. HTTP　　　　　　C. ICMP　　　　　　D. TCP

(8)路由选择是(　　　)的功能。

A. 网络层　　　　　B. 传输层　　　　　C. 应用层　　　　　D. 数据链路层

(9)下列 IP 地址中属于 B 类地址的是(　　　)

A. 98.62.53.6　　　B. 130.53.42.1　　　C. 200.245.20.11　　D. 221.121.16.12

(10)关于 OSPF 和 RIP,下列哪种说法是正确的(　　　)

A. OSPF 和 RIP 都适合在规模庞大的、动态的互联网上使用

B. OSPF 和 RIP 比较适合于在小型的、静态的互联网上使用

C. OSPF 适合于在小型的、静态的互联网上使用,而 RIP 适合于在大型的、动态的互联网上使用

D. OSPF 适合于在大型的、动态的互联网上使用,而 RIP 适合于在小型的、动态的互联网上使用

2.填空题

(1)在数据报服务方式中,网络结点要为每个(　　　)选择路由,而在虚电路服务方式中,网络结点只在连接(　　　)选择路由。

(2)通过路由技术实现第三层(网络层)数据交换的网络设备是(　　　)。

(3)名词 internet 和 Internet 分别指(　　　)和(　　　)。

(4)主机 210.16.44.136 属于(　　　)IP 地址,其所在的网络地址为(　　　)。

(5)主机 212.111.44.136 所在网络的广播地址为(　　　)。

(6)ARP(地址解析协议)的主要功能是实现(　　　)到(　　　)的转换。

(7)RARP(逆向地址解析协议)的主要功能是实现(　　　)到(　　　)的转换。

(8)在 IP 互联网中,路由通常可以分为(　　　)路由和(　　　)路由。

(9)IP 路由表通常包括三项内容,他们是子网掩码、(　　　)和(　　　)。

3.判断题

(1)子网划分是从网络号借用若干个比特作为子网号。(　　　)

(2)无论是什么网络,其网络协议都是 TCP/IP 协议。(　　　)

(3)计算机网络协议是一种网络操作系统,它可以确保网络资源的充分利用。(　　　)

(4)路由表中即有源站地址又有目的站地址。(　　　)

(5)所谓互联网,指的是同种类型的网络及其产品相互联结起来。(　　　)

(6)为了能在网络上正确地传送信息,制定了一整套关于传输顺序、格式、内容和方式的约定,称为通信协议。(　　　)

(7)Internet 上有许多不同的复杂网络和许多不同类型的计算机,它们之间互相通信的基础是 TCP/IP 协议。(　　　)

(8)分组交换只能提供无连接的服务。(　　　)

(9)一个路由器的路由表通常包含目的网络和到达该目的网络的路径上的下一个路由器的 IP 地址。(　　　)

(10)路由选择是网络层的主要功能之一,路由选择策略不同,直接影响网络的性能。(　　　)

4.简答题

(1)网络层的协议有哪些? 简要说明其作用是什么?

(2)试比较面向连接服务与无连接服务的不同点。

(3)IP 地址是由多少位二进制组成的? 根据网络号所占的位数,把 IP 地址分为哪几类? 并画图表示。

（4）某单位局域采用 C 类地址（已有一固定 IP 为 210.2.5.0），并计划将所有计算机划分为 8 个子网，请求出子网掩码和这 8 个子网的网络号及 IP 地址范围。

（5）IP 地址的编址方案是什么样的？目前 IPv4 地址面临的问题有哪些？如何解决？

▶ 技能实训

实训题目 1　网络层简单协议分析

【实训要求】

按照如图 4.25 组建网络，将两台计算机的网络地址配置在相同的 IP 地址段，本例中将 PC0 和 PC1 分别设置为 192.168.1.1/24 和 192.168.1.2/24。

【实训环境】

计算机网络仿真软件 Packet Tracer。

【参考操作方法】

在 PC0 中 PING PC1，然后切换到"simulation"模式下，并点击"auto capture"按钮，则可以看到动画演示，请观察动画演示，如图 4.26 所示。在一侧的事件列表（Event List）中，如图 4.27 所示。点击类型为 ICMP 旁的矩形区域，则弹出如图 4.28 所示的对话框。观察其协议内容。点击其他如 ARP 协议，试分析其 PDU 内容。

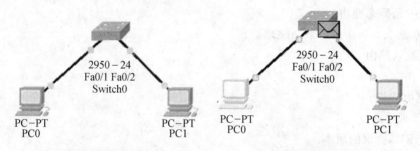

| 图 4.25　组建网络 | 图 4.26　捕获数据包 |

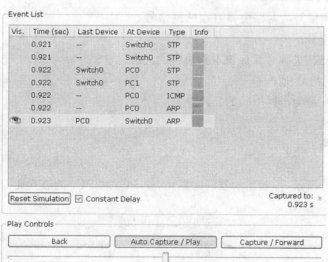

图 4.27　选择 ICMP 数据包

PDU Information at Device: PC0

OSI Model | Outbound PDU Details

PDU Formats

IP

0	4	8		16	19		31 Bit
4	IHL	DSCP: 0x0			TL: 128		
ID: 0x1			0x0		0x0		
TTL: 128		PRO: 0x1		CHKSUM			
SRC IP: 192.168.1.1							
DST IP: 192.168.1.2							
OPT: 0x0					0x0		
DATA (VARIABLE LENGTH)							

ICMP

0	8	16	31 Bits
TYPE: 0x8	CODE: 0x0	CHECKSUM	
ID: 0x2		SEQ NUMBER: 1	

图 4.28 网络层协议分析

实训题目 2 路由配置

1. 基本命令

(1) ip route 目的网络地址 子网掩码 下一跳地址;

本命令设置一条静态路由。

(2) ip route 0.0.0.0 0.0.0.0 下一跳地址;

本命令设置默认路由。

(3) router rip;

启动 RIP 路由协议。

(4) version 1 或 2;

该命令设置 RIP 协议的版本。

(5) network 网络号;

宣布直连网络,该网络号为与路由器直连的网络号。

(6) router ospf 进程号;

启用 OSPF 路由协议,进程号只标识本路由器的进程号。

(7) network 直连网络号 通配符 area 区域号;

宣布直连网络,通配符为子网掩码的反码。

(8) show ip route;

显示本设备的 IP 路由。

2. 配置静态路由

拓扑结构如图 4.29 所示,配置路由器静态路由,使 PC0 和 PC1 能够互通。IP 信息如表 4.4 所示。

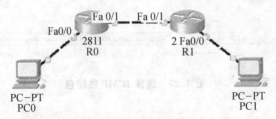

图 4.29 静态路由配置

表 4.4

名称	IP 地址	子网掩码	网关
PC0	192.168.1.1	255.255.255.0	192.168.1.254
R0—Fa0/0	192.168.1.254	255.255.255.0	
R0—Fa0/1	192.168.2.1	255.255.255.0	
R1—Fa0/1	192.168.2.2	255.255.255.0	
R1—Fa0/0	192.168.3.254	255.255.255.0	
PC1	192.168.3.1	255.255.255.0	192.168.3.254

R0 配置如下：

Router＞enable

Router＃configure terminal

Enter configuration commands, one per line. End with CNTL/Z.

Router(config)＃interface FastEthernet0/0

Router(config—if)＃ip address 192.168.1.254 255.255.255.0

Router(config—if)＃no shutdown

Router(config—if)＃

Router(config—if)＃exit

Router(config)＃interface FastEthernet0/1

Router(config—if)＃ip address 192.168.2.1 255.255.255.0

Router(config—if)＃no shutdown

Router(config—if)＃

Router(config—if)＃exit

Router(config)＃ip route 192.168.3.0 255.255.255.0 192.168.2.2

Router(config)＃

R1 中静态路由配置如下：

Router(config)＃ip route 192.168.1.0 255.255.255.0 192.168.2.1

其余配置请参考 R0。

验证：PC0 和 PC1 应能相互 PING 通。

请自行验证。

3. 配置 RIP 动态路由

在图 4.29 所示的静态路由实验中，将 R0 的静态路由删掉，命令行如下：

Router(config)＃no ip route 192.168.3.0 255.255.255.0 192.168.2.2

然后再添加如下命令：

Router(config)＃router rip

Router(config—router)＃version 2

Router(config—router)＃network 192.168.1.0

Router(config—router)＃network 192.168.2.0

Router(config—router)＃exit

Router(config)＃

同理，在 R1 中删掉静态路由，命令如下：

Router(config)♯no ip route 192.168.1.0 255.255.255.0 192.168.2.1

然后再添加如下命令：

Router(config)♯router rip

Router(config－router)♯version 2

Router(config－router)♯network 192.168.2.0

Router(config－router)♯network 192.168.3.0

Router(config－router)♯exit

Router(config)♯

验证：PC0 和 PC1 应能相互 PING 通。

请自行验证。

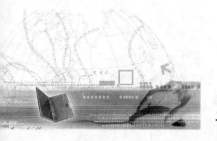

模块 5

传输层协议

知识目标

◆掌握传输层两种协议 TCP 与 UDP 的特点和区别。

◆熟练掌握滑动窗口协议，以及如何使用滑动窗口协议进行差错控制和流量控制。

◆了解 TCP 协议的首部中的重要字段的含义及作用。

◆掌握 TCP 协议中使用可变滑动窗口进行流量控制的方法。

◆理解拥塞控制与流量控制的含义与区别。

◆掌握 TCP 协议中进行连接建立时使用的三次握手的过程，以及连接释放过程。

技能目标

◆掌握 TCP 与 UDP 协议的报文捕获与分析方法。

◆学会验证应用进程与协议端口之间的映射关系。

◆学会使用 netstat 命令查看计算机上启动的网络服务端口和已建立的网络连接，分析可能存在的网络攻击。

◆掌握各类系统环境下基于端口的网络访问控制技术。

课时建议

8 课时。

课堂随笔

5.1 传输层的基本概念

【知识导读】

1. 传输层既不像 web 服务或电子邮件那样是一种具体的网络应用,也不像网络层那样解决网络之间的互联,那么它有什么独特的作用? 能够解决计算机网络通信中的什么问题?

2. 我们常用的那些网络服务与传输层协议之间有什么联系?

3. 计算机网络中端口有什么特殊含义?

在 TCP/IP 网络体系结构中,网络层提供的服务是一种无连接的、尽最大努力实现主机到主机之间数据传送的服务,通信的主体是以 IP 地址为标识的主机。这种服务不保证传送的数据一定可以到达对方(数据可能会丢失),不保证发送数据的次序和接收数据的次序一致(数据可能先发后至),也不保证接收到的数据是没有被损坏的(数据可能在传送过程中发生变化)。

而应用层协议往往要求数据能够准确无误地在应用进程之间相互传递。单靠网络层既不能解决一台主机上可能运行的多进程间的通信,更不能保证通信的可靠性。

传输层就是利用网络层提供的服务向应用层提供有效的、可靠的端到端即进程到进程之间的通信服务,所以传输层协议也被称为端到端协议(end-to-end protocol)。

❖❖❖ 5.1.1 传输层的基本功能

传输层的基本服务又可分成两种:面向连接的服务和无连接的服务。面向连接的服务具有基于连接的流量控制、差错控制和分组排序功能,数据在这种服务方式下的传递是有序的和可靠的,但是这种服务的实现需要进行连接的建立、维护和终止,所耗开销较大。面向连接服务以电话系统为模式。例如,要和某个人通话,首先拿起电话,拨号码,通话,然后挂断。同样在使用面向连接的服务时,用户首先要建立连接,使用连接,然后释放连接。连接本质上像个管道:发送者在管道的一端放入物体,接收者在另一端按同样的次序取出物体;其特点是收发的数据不仅顺序一致,而且内容也相同。

无连接的服务相对地不保证可靠地按顺序提交,开销较小。因此在选择这两种服务时要根据具体的应用需求来决定。比如,当用户之间传输的数据量很大或者数据传输准确性要求很高时,就需要采用面向连接的服务。反之,对于数据传递量小、传递准确性要求不是很高的情况则可采用无连接的服务。无连接服务以邮政系统为模式。每个报文(信件)带有完整的目的地址,并且每一个报文都独立于其他报文,由系统选定的路线传递。在正常情况下,当两个报文发往同一目的地时,先发的先到。但是,也有可能先发的报文在途中延误了,后发的报文反而先收到;而这种情况在面向连接的服务中是不会出现的。

传输层的基本功能可以概括为以下几点:

(1)实现端到端即进程到进程的数据通信。

(2)数据的封装/解封。

(3)可靠数据传输即差错控制,避免报文出错、丢失、延迟时间紊乱、重复、乱序。

(4)流量控制、拥塞控制。

(5)连接的建立与释放。

❖❖❖ 5.1.2 传输层的端口与套接字

传输层的重要功能之一就是提供了面向进程的通信机制。因此,传输层协议必须提供某种方法来标识通信应用进程。TCP/UDP 协议采用端口(Port)概念来标识通信应用进程,如图 5.1 所示。

端口用一个 16 位端口号进行标志。

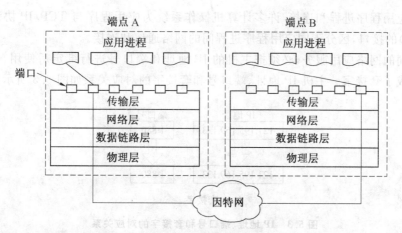

图 5.1 端到端的通信

端口号只具有本地意义,即端口号只是为了标志本计算机应用层中的各进程。在因特网中不同计算机的相同端口号是没有联系的。

(1)熟知端口,其数值一般为 0~1 023。当一种新的应用程序出现时,必须为它指派一个熟知端口。

(2)登记端口,其数值为 1 024~49 151。这类端口是 ICANN 控制的,使用这个范围的端口必须在 ICANN 登记,以防止重复。

(3)动态端口,其数值为 49 151~65 535。这类端口是留给客户进程选择作为临时端口。

传输层最常用的熟知端口是 TCP 20 文件传输协议(FTP)的数据连接、TCP 21 文件传输协议的控制连接、TCP 23 远程登录服务(Telnet)、TCP 25 简单邮件传输(SMTP)、TCP 80 HTTP、TCP 110 电子邮件接收(POP3)、UDP 23 域名服务(DNS)等。读者可以在 Windows XP 的系统文件目录 c:\windows\system32\drivers\etc 中找到 services 这个文件,用记事本程序打开即可了解到更多常用端口的服务类型。

查看本机正在运行的服务和已经建立的连接,以及对应的端口,可以在命令窗口(运行 cmd)下用 netstat - an,如图 5.2 所示。

其中 TCP 0.0.0.0:23 0.0.0.0 LISTENING 显示本机正在运行 Telnet 服务,端口是 23,TCP 110. 179.129.241:1218 211.103.159.151:80 ESTABLISHED 是本机已经连接了 Internet 的 WEB 服务器,端口是 80。

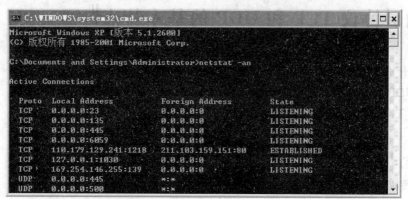

图 5.2 查看本机正在运行的服务

应用层通过传输层进行数据通信时,TCP 和 UDP 会遇到同时为多个主机上的应用程序进程提供并发服务的问题。多个 TCP 连接或多个应用程序进程可能需要通过同一个 TCP 协议端口传输数据。

为了区别不同的应用程序进程和连接,许多计算机操作系统为应用程序与 TCP/IP 协议交互提供了称为套接字(Socket)的接口,区分不同应用程序进程间的网络通信和连接。

为了区分不同的网络应用服务,必须把主机的 IP 地址和端口号进行绑定后使用。主机 IP 地址和端口号的绑定组成了套接字。主机 IP 地址、端口号和套接字的对应关系如图 5.3 所示。

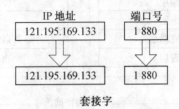

图 5.3　IP 地址、端口号和套接字的对应关系

网络通信应用进程在开始任何通信之前都必须要创建套接字。就像电话的插口一样,没有它就完全没办法通信。

生成套接字,主要有 3 个参数:通信的目的 IP 地址、使用的传输层协议(TCP 或 UDP)和使用的端口号。Socket 原意是"插座"。通过将这 3 个参数结合起来,与一个"插座"Socket 绑定,应用层就可以和传输层通过套接字接口,区分来自不同应用程序进程或网络连接的通信,实现数据传输的并发服务。

Socket 可以看成在两个通信进程进行通信连接中的一个端点,一个程序将一段信息写入 Socket 中,该 Socket 将这段信息发送给另外一个 Socket 中,使这段信息能传送到其他通信进程中。

> **技术提示:**
>
> 　　同一台主机通常只有一个 IP 地址,在双宿主主机上可以设置两个,但这并不普遍。而同一台主机上并发执行多个通信进程却很常见。比如,用户可以一边观赏网络电视、一边下载发表个人评论,甚至与朋友在网上聊天。这些并发通信进程就成为同时存在于一台主机上的多个发送端和接收端。因此传输层的任务也就是解决并发多进程通信问题的,即所谓端到端通信的。这些问题主要包括可靠性数据传输、进程寻址、流量控制等。

5.2　传输层协议 TCP 和 UDP 的基本特点

【知识导读】

1. 传输层为什么定义了两种不同的协议?

2. TCP 和 UDP 协议分别适用于何种应用?

3. 如何理解 TCP 和 UDP 协议的报文结构?

5.2.1　TCP 和 UDP 协议的比较

TCP/IP 的传输层有两个不同的协议:

(1) 用户数据报协议 UDP (User Datagram Protocol)。

(2) 传输控制协议 TCP (Transmission Control Protocol)。

两种协议共同构成 TCP/IP 协议的传输层,如图 5.4 所示。

TCP 提供面向连接的服务。TCP 不提供广播或多播服务。由于 TCP 要提供可靠的、面向连接的

图 5.4 传输层的两种协议

传输服务,因此不可避免地增加了许多的开销。这不仅使协议数据单元的首部增大很多,还要占用许多的处理机资源。

TCP 协议有以下一些的主要特点:

(1)通信是全双工方式。

(2)发送方的应用进程按照自己产生数据的规律,不断地把数据块陆续写入到 TCP 的发送缓存中。TCP 再从发送缓存中取出一定数量的数据,将其组成 TCP 报文段(Segment)逐个传送给 IP 层,然后发送出去。

(3)接收方从 IP 层收到 TCP 报文段后,先把它暂存在接收缓存中,然后让接收方的应用进程从接收缓存中将数据块逐个读取。

(4)由于运输层的通信是面向连接的,因此 TCP 每一条连接上的通信只能是一对一的,而不可能是一对多、多对一或多对多的。

(5)TCP 的报文段的长度是不确定的。

(6)TCP 可以在发送自己的数据报文段的同时,捎带地把确认信息附上。

(7)为了提高通信传输效率,发送数据报文段的一方,可以连续发送多个数据报文段,而不需要在收到一个确认后才发送下一个报文段。

UDP 协议有以下一些与 TCP 协议不同的主要特点:

(1)UDP 在传送数据之前不需要先建立连接。对方的运输层在收到 UDP 报文后,不需要给出任何确认。虽然 UDP 不提供可靠交付,但在某些情况下 UDP 是一种最有效的工作方式。UDP 只在 IP 的数据报服务之上增加了很少的功能,即端口的功能和差错检测的功能。

(2)由于 UDP 没有拥塞控制,因此网络出现的拥塞不会使源主机的发送速率降低。这对某些实时应用是很重要的。很多的实时应用(如 IP 电话、实时视频会议等)要求源主机以恒定的速率发送数据,并且允许在网络发生拥塞时丢失一些数据,但却不允许数据有太大的时延。UDP 正好适合这种要求。

(3)UDP 是面向报文的。这就是说,UDP 对应用程序交下来的报文不再划分为若干个分组来发送,也不把收到的若干个报文合并后再交付给应用程序。应用程序交给 UDP 一个报文,UDP 就发送这个报文;而 UDP 收到一个报文,就把它交付给应用程序。应用程序必须选择合适大小的报文。

(4)UDP 支持一对一、一对多、多对一和多对多的交互通信。用户数据报只有 8 个字节的首部开销,比 TCP 的 20 个字节的首部要短。

5.2.2 TCP 和 UDP 协议的报文结构

1. TCP 协议的报文结构

TCP 数据报结构如图 5.5 所示。

下面是对 TCP 协议报文结构主要字段的解释。

(1)端口。端口的含义在本章 5.1.2 中已经介绍过,包含在每个 TCP 段中的源端和目的端的端口

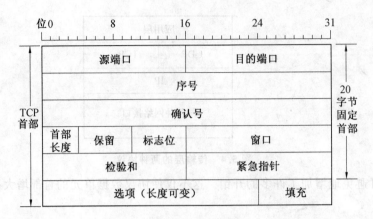

位0　　　8　　　16　　　24　　　31

图 5.5　TCP 数据报结构

号,就是用于对应发送端和接收端应用进程。这两个值加上 IP 首部中的源端 IP 地址和目的端 IP 地址就可以唯一确定一个 TCP 连接。

(2)序号。在每条 TCP 通信连接上传送的每个数据字节都有一个与之相对应的序号,这是 TCP 协议实体的重要概念之一。以字节为单位递增的 TCP 序号主要用于数据排序、重复检测、差错处理及流量控制窗口等 TCP 协议机制,从而保证了传输任何数据字节都是可靠的。

TCP 序号不仅用于保证数据传送的可靠性,还用于保证建立连接(SYN 请求)和拆除连接(FIN 请求)的可靠性,每个 SYN 和 FIN 段都要占一个单位的序号空间。

当建立一个新的连接时,SYN 标志变为 1。序号字段包含由这个主机选择的该连接的初始序号(Initial Sequence Number,ISN)。

既然每个传输的字节都被计数,因此要确认序号是发送确认的一端所期望收到的下一个序号。因此,确认序号应当是上次已成功收到的数据字节序号加 1。只有 ACK 标志为 1 时,确认序号字段才有效。发送 ACK 无需任何代价,因为 32 位的确认序号字段和 ACK 标志一样,总是 TCP 首部的一部分。因此,可以看到一旦一个连接建立起来,这个字段总是被设置,ACK 标志也总是被设置为 1。

TCP 为应用层提供全双工服务,这意味数据能在两个方向上独立地进行传输。因此,连接的每一端必须保持每个方向上的传输数据序号。

(3)确认号。确认号字段占 4 字节,是期望收到对方的下一个报文段的数据的第一个字节的序号。

(4)首部长度。首部长度占 4 位,它指出 TCP 报文段的数据起始处距离 TCP 报文段的起始处有多远,单位是字。

(5)标志位。TCP 协议根据报文的不同功能设置 6 个标志位 UAPRSF。

①U 表示紧急位 URG;

当 URG=1 时,表明紧急指针字段有效。它告诉系统此报文段中有紧急数据,应尽快传送(相当于高优先级的数据)。

②A 表示确认位 ACK;

只有当 ACK=1 时确认号字段才有效。当 ACK=0 时,确认号无效。

③P 表示推送位 PSH(PuSH);

接收 TCP 收到 PSH=1 的报文段,就尽快地交付给接收应用进程,而不再等到整个缓存都填满了后再向上交付。

④R 表示复位位 RST(ReSeT);

当 RST=1 时,表明 TCP 连接中出现严重差错(如由于主机崩溃或其他原因),必须释放连接,然后再重新建立运输连接。

⑤S 表示同步位 SYN；

当 SYN＝1 时,表示这是一个连接请求或连接接受报文。

⑥F 表示终止位 FIN (FINal)；

用来释放连接。当 FIN＝1 时,表明此报文段的发送方的数据已发送完毕,并要求释放运输连接。

(6)窗口。2 个字节,由接收方通知发送方自己目前能够接收数据量(由缓冲空间限制),发送方据此设置发送窗口。

窗口是 TCP 实现流量控制的依据,将在本章 5.4 节详细介绍。在数据传输过程中,发送方按接收方通告的窗口尺寸和序号发送一定的数据量。接收方可根据接收缓冲区的使用状况动态地调整接收窗口,并在输出数据段或确认段时捎带着将新的窗口尺寸和起始序号(在确认号字段中指出)通告给发送方。

发送方将按新的起始序号和新的接收窗口尺寸来调整发送窗口,接收方也用新的起始序号和新的接收窗口大小来验证每一个输入数据段的可接收性。

(7)检验和。检验和覆盖了整个的 TCP 报文段:TCP 首部和 TCP 数据。这是一个强制性的字段,必须是由发送端计算和存储,由接收端进行验证。

(8)紧急指针字段。紧急指针字段占 16 位。紧急指针指出在本报文段中的紧急数据的最后一个字节的序号。

(9)选项字段。选项字段长度可变。TCP 只规定了一种选项,即最大报文段长度(Maximum Segment Size,MSS)。

(10)填充字段。填充字段是为了使整个首部长度是 4 字节的整数倍。

2. UDP 数据报结构

UDP 协议的报文结构如图 5.6 所示。

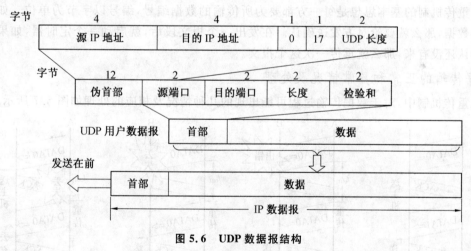

图 5.6 UDP 数据报结构

用户数据报 UDP 有两个字段:数据字段和首部字段。首部字段有 8 个字节,由 4 个字段组成,每个字段都是 2 个字节。

在计算检验和时,临时把"伪首部"和 UDP 用户数据报连接在一起。伪首部仅仅是为了计算检验和。

> **技术提示：**
> 传输层定义了两种完全不同的协议，其中 TCP 协议实现了面向连接的可靠性数据传输，因此其报文结构就更加复杂，很多字段都是为实现可靠性，防止数据丢失、乱序、出错等问题的出现。下一节会进一步深入讨论。UDP 协议虽然与 IP 协议在无连接、不保证可靠性方面具有相同之处，但扩展了数据校验范围，也就提高了数据的差错检测能力。

5.3 TCP 协议可靠性传输的实现

【知识导读】

1. 在基于 TCP/IP 协议的计算机网络体系中，包括 Internet，传输层协议 TCP 是唯一承担数据传输可靠性保证的协议层，如何认识其可靠性实现的机制？

2. TCP 协议的流量控制与拥塞控制有何不同？

3. 如何理解窗口的概念？窗口在 TCP 协议中有什么作用？

数据传输的可靠性就是要实现差错控制，避免报文在传输过程中出错、丢失、延迟时间紊乱、重复、乱序等。TCP 协议实现可靠性传输的基本方法是除了上一节已经提到的"检验和"进行报文差错检测外，就是本节要介绍的确认重传、连接管理、流量控制和拥塞控制机制。

5.3.1 确认与重传机制

1.确认与重传机制的基本原理

确认与重传机制的基本思想是每一方都要为所传输的数据编号，编号以字节为单位。如果收到了编号正确的数据，那么就要给对方发送确认。在发出一个报文段后，就启动一个定时器，如果定时器时间到了但确认还没有来，那么就重传一次这个报文。

2.数据传输的正常和异常情况及处理

在确认重传机制中，对于数据传输过程可能出现的几种情况及相应的处理如图 5.7 所示。

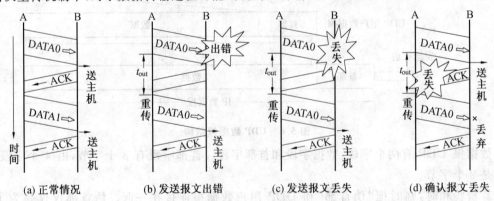

图 5.7 TCP 数据传输的情况和处理

（1）正常情况。接收端正常数据报文向发送端发回确认报文，发送端收到后继续发送下一数据报文。

（2）报文段丢失。发送方定时器超时，重传。

（3）报文段里的数据出错。接收方丢弃出错报文段，不发送确认。发送方定时器超时，重传。

(4)确认报文在中途丢失,从而造成发送方无法收到确认的情况。发送方定时器超时,重传,接收方将收到重复的报文段。接收方直接丢弃重复报文段,同时发送确认。

3.重传定时器

在发送一个报文后,就会启动重传定时器。如果在定时器截止时间之前收到了确认,就将这个定时器复位。如果定时器时间到了,确认还没有收到,就重传该报文并将定时器复位。随着网络情况不断发生变化,重传定时器的时间设定也会随之变化。

5.3.2 TCP 协议的连接管理机制

TCP 是一个面向连接的协议,通信双方不论哪一方发送报文段,都必须首先建立一条连接,并在双方数据通信结束后关闭连接。

1.建立连接

TCP 连接采用三次握手方法,所谓三次握手是指通信双方三次交换报文,如图 5.8 所示。首先发送方向接收方发送报文,报文中的同步位 SYN=1,表示向接收方提出连接请求,同时报文中的初始序号 SEQ=x,是发送方为自己选取的初始序列号。接收方收到此报文后,若同意连接,作为第 2 次握手,接收方向发送方回送同步位 SYN=1、确认位 ACK=1、初始序列号 SEQ=y,以及确认序号 ack=x+1 的报文段,对发送方的连接请求进行确认。最后一次握手,发送方向接收方发送确认位 ACK=1,确认序号 ack=y+1 的报文段,对第 2 次握手时接收方发来的 SYN=1 的报文进行确认,完成连接的建立。通常接收方主机的 TCP 服务器进程被动地等待连接建立请求,而发送方主机的 TCP 客户进程主动地发出建立连接的请求。

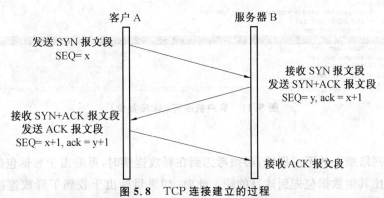

图 5.8　TCP 连接建立的过程

下面图 5.9～图 5.11 是用协议分析软件 Wireshark 记录的 TCP 连接建立过程的实例。客户机 IP 地址是 110.179.150.113,源端口是 1139,服务器 IP 地址是 180.149.131.31,目的端口是 80。

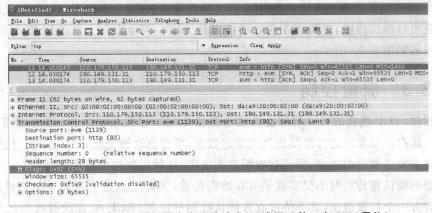

图 5.9　客户机向服务器发出连接请求(三次握手第一步 SYN 置位)

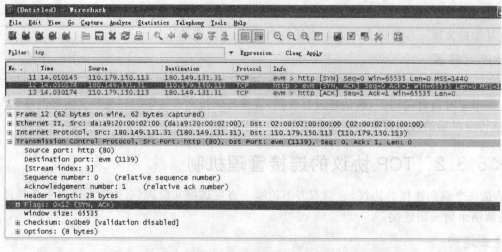

图 5.10　服务器应答（三次握手第二步 SYN、ACK 置位）

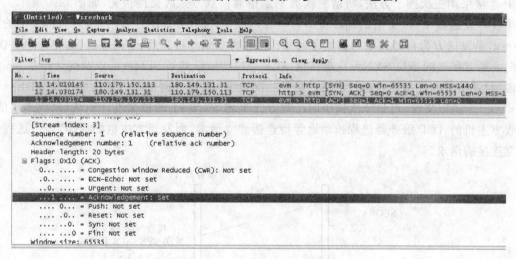

图 5.11　客户机应答（ACK 置位）

2.关闭连接

同样也是基于网络服务的不可靠性,必须考虑到在释放连接时,可能由于数据包的失序而使释放连接请求的数据包会比其他数据包先到达目的端。此时,如果目标由于收到了释放连接请求的数据包而立即释放该连接,则势必造成那些先发而后至的数据包丢失。为了解决这些问题,可以把 TCP 看成是一对单工来处理连接的释放,每个单工连接独立地释放。当一方想释放连接时,向对方发送一个 FIN＝1 的报文段,表示本方已无数据可发送。当 FIN 报文段被确认后,那个方向上的连接就关闭。但在另一个方向上数据还可以继续传输,直到该方向的连接也被关闭。两个方向上的连接都关闭后,TCP 连接就被释放。其过程如图 5.12 所示。

5.3.3　流量控制

在建立连接时,TCP 连接的每一端都会为这个连接分配一定数量的缓存。当收到正确的字节后,就会将数据放入缓存。如果发送方继续快速地发送数据,缓存就会被充满,最后溢出。因此需要有一种机制来控制发送方发送数据的速度,保证接收缓存不溢出,这种机制称为流量控制。

上一节介绍的确认重传机制不仅实现了可靠数据传输,实际上也是一种简单的流量控制协议。发送方每发给接收方一个数据报文,就等待接收方确认收到的应答(ACK),在没有收到这个 ACK 之前,

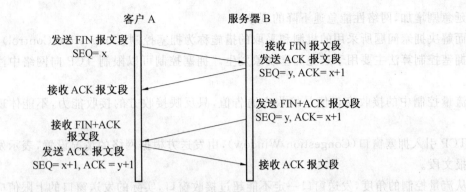

图 5.12　关闭连接的过程

发送方不能发送第 2 个数据包。对发送方而言,如果 ACK 在一段设定的时间内没有收到,则重新发送数据包。虽然这种方式传输数据可靠,但对带宽的利用率不高。

因此 TCP 协议按以下所谓滑动窗口方式一次发送一组数据包,更加有效地利用了带宽。

(1)发送方可以连续发送窗口中的所有数据包而不必等待 ACK,同时每发送一个数据包启动一个计时器。

(2)接收方每当成功接收一个数据包时,要向发送方发送一个 ACK。

(3)对于发送方而言,每收到一个 ACK 则窗口将滑动一次。

在图 5.13 中,一个窗口大小为 5 的滑动窗口,在连续发送 5 个数据包时不必等待应答信号。若在连续发送时收到了 ACK1,则窗口向前移动一格,此时可以发送第 6 个数据包。

如果第 2 个数据包在发送过程中丢失,而其他数据包都顺利发送,那么接收方只发出 ACK2,对于成功接收到的第 3、4、5、6 个数据包,对发送方的应答也是 ACK2,也就是说,接收方只对连续收到的数据包进行应答。发送方一直等待 ACK3,直到定时器超时,重新发送第 2 个数据包。当第 2 个数据包成功发送给接收方后,接收方将直接产生并发送 ACK7,发送方的滑动窗口移动到 seq7 以后,如图5.14 所示。

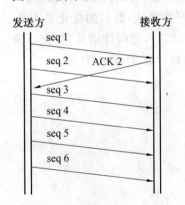

图 5.13　滑动窗口正常变化　　图 5.14　数据丢失滑动窗口停止变化,丢失的数据超时重传

TCP 协议利用首部中的窗口字段动态通知对方自己的接收缓存大小,使发送窗口根据接收方的调节而变化。窗口通告值增大时,发送方扩大发送窗口的大小,以便发送更多的数据。

窗口通告值减小时,发送方缩小发送窗口的大小,以便接收方能够来得及接收数据。

窗口通告值减小至零时,发送方将停止发送数据,直到窗口通告值重新调整为大于零的数值。

❖❖❖ 5.3.4　拥塞控制

拥塞(Congestion)是指因特网中的数据报过多,超过了中间结点(如路由器等)的最大容量,从而导致时延急剧增加,网络性能急速下降的现象。

而解决拥塞问题所采用的机制和采取的措施称为拥塞控制(Congestion Control)。

拥塞控制算法主要用于避免拥塞现象发生。拥塞控制可以限制 TCP 向网络中注入数据的大小和速率。

流量控制中的接收窗口值是接收方通告值,只反映接收方的接收能力,不能体现中间结点的处理能力。

TCP 引入拥塞窗口(Congestion Window),由发送方根据网络的情况设置,表示发送方允许发送的最大报文段。

从流量控制的角度,发送窗口一定不能超过接收窗口,实际的发送窗口的上限值应该等于接收窗口(Rwnd)与拥塞窗口(Cwnd)中最小的一个:min(Rwnd,Cwnd)。

Rwnd 与 Cwnd 中较小的一个限制发送端的报文发送速率。

TCP 通常综合采用慢开始、拥塞避免、快速重传和快速恢复等拥塞控制算法。下面只对慢开始和拥塞避免算法作简要介绍。

慢开始算法要点:

建立连接后,准备发送数据时,拥塞窗口的大小初始值设置为1(1 个报文段);

收到确认后,将拥塞窗口大小设为2;收到 2 个确认后,将拥塞窗口大小设为4;

随后慢开始算法中的拥塞窗口 Cwnd 会以指数方式快速增长,所以慢开始只是初值小,增长速度却很快。

为避免 Cwnd 过快增长引起网络拥塞,设置慢开始阈值(Ssthresh)。Cwnd<Ssthresh 时采用慢开始算法;Cwnd>Ssthresh 时采用拥塞避免算法,减慢窗口增长速度。

拥塞避免算法:

每经过一个往返时延 RTT,只有当发送方收到对所有报文段的确认后,才将拥塞窗口的大小增加一个报文段。

拥塞避免算法按照线性方式缓慢增长,与慢开始算法相比,其增长速度放慢,直到网络出现拥塞。

图 5.15 是一个拥塞控制实例,初始设定阈值为 16,前 5 次往返用慢开始算法,窗口的变化是 1、2、4、8、16,接着改用拥塞避免算法,窗口的值依次变成 17、18、19、20、21、22、23、24,是线性增长,当窗口值达到 24 时出现超时,重新采用慢开始算法,但新的阈值改为出现超时时的窗口值 24 的一半 12。

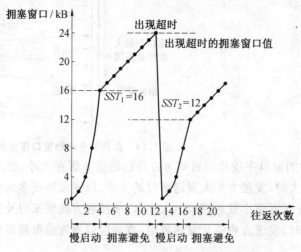

图 5.15　拥塞控制实例

技术提示：

　　传输层 TCP 协议运行在主机上，解决了 IP 层无连接服务、无可靠性保证带来的问题，从而为应用进程提供端到端的可靠性数据传输服务，下一章将会讲到在 Internet 上那些对数据可靠性有严格要求的应用，如文件传输、邮件收发等基本都采用了 TCP 协议。

5.4 TCP 协议的安全漏洞

　　TCP 存在多种安全漏洞，对网络造成潜在的危害。这里以 Syn Flood 攻击为例加以说明。这是一种利用 TCP 协议的固有漏洞对目标实施拒绝服务攻击（DoS）的一个典型实例。

　　面向连接的 TCP 三次握手是 Syn Flood 存在的基础。TCP 连接的三次握手过程如图 5.16 所示。在第一步中，客户端向服务端提出连接请求。这时 TCP SYN 标志位置。客户端告诉服务端序列号区域合法，需要检查。客户端在 TCP 报头的序列号区中插入自己的 ISN。服务端收到该 TCP 分段后，在第二步以自己的 ISN 回应（SYN 标志位置），同时确认收到客户端的第一个 TCP 分段（ACK 标志位置）。在第三步中，客户端确认收到服务端的 ISN（ACK 标志位置）。到此为止建立完整的 TCP 连接，开始全双工模式的数据传输过程。

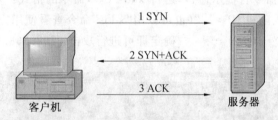

图 5.16　TCP 三次握手

　　如图 5.17，假设一个用户向服务器发送了 SYN 报文后突然死机或掉线，那么服务器在发出 SYN＋ACK 应答报文后是无法收到客户端的 ACK 报文的（第三次握手无法完成），这种情况下服务器端一般会重试（再次发送 SYN＋ACK 给客户端），并等待一段时间后丢弃这个未完成的连接，这段时间的长度称为 SYN Timeout，一般来说，这个时间是分钟的数量级（大约为 30 s～2 min）；一个用户出现异常导致服务器的一个线程等待 1 min 并不是什么很大的问题，但如果有一个恶意的攻击者大量模拟这种情况，服务器端将为了维护一个非常大的半连接列表而消耗非常多的资源，即使是简单的保存并遍历也会消耗非常多的 CPU 时间和内存，何况还要不断对这个列表中的 IP 进行 SYN＋ACK 的重试。实际上如果服务器的 TCP/IP 栈不够强大，最后的结果往往是堆栈溢出崩溃。即使服务器端的系统足够强大，服务器端也将忙于处理攻击者伪造的 TCP 连接请求而无暇理睬客户的正常请求（毕竟客户端的正常请求比率非常之小）。此时从正常客户的角度看来，服务器失去响应，这种情况就是服务器端受到了 SYN

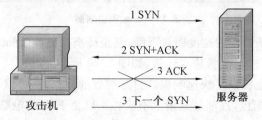

图 5.17　Syn Flood 恶意地不完成三次握手

Flood 攻击。

以下是用攻击软件 xdos.exe 和网络监听软件 Sniffer pro 4.7 对这种网络攻击进行的测试。

(1)计算机 A 打开 Sniffer Pro,在 Sniffer Pro 中配置好捕捉从任意主机发送给本机的 IP 数据包,并启动捕捉进程,如图 5.18 是目标计算机在未受到攻击时的状况。

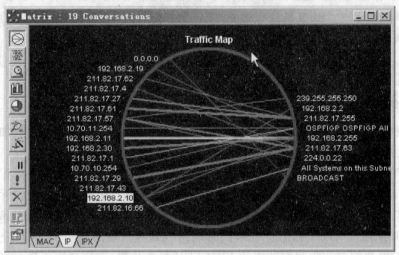

图 5.18　未攻击前与 A 连接的主机数

(2) 在计算机 B 上打开命令行提示窗口,运行 xdos.exe,命令的格式:"xdos <目标主机 IP> 端口号 −t 线程数 [−s ＊<插入随机 IP>']"(也可以用"xdos"命令查看使用方法),如图 5.19 所示。输入命令:xdos 192.168.2.10 80 −t 200 −s ＊　确定即可进行攻击,192.168.2.10 是计算机 A 的地址。

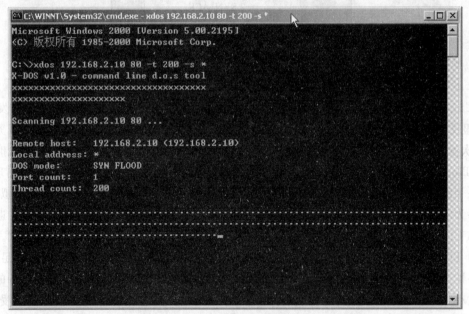

图 5.19　xdos 攻击端图

(3) 在 A 端可以看到电脑的处理速度明显下降,甚至瘫痪死机,在 Sniffer Pro 的 Traffic Map 中看到大量伪造 IP 的主机请求与 A 的电脑建立连接,如图 5.20 所示。

(4) B 停止攻击后,A 的电脑恢复快速响应。打开捕捉的数据包,可以看到有大量伪造 IP 地址的主机请求与 A 的电脑连接的数据包,且都是只请求不应答。以至于 A 的电脑保持有大量的半开连接。运行速度下降直至瘫痪死机,拒绝为合法的请求服务。

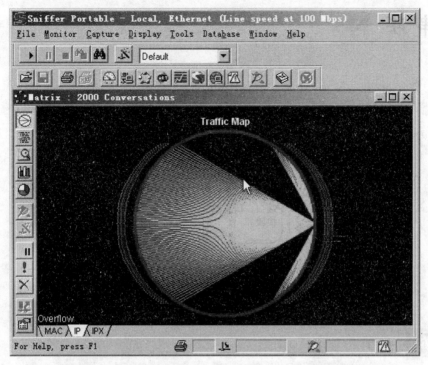

图 5.20　攻击时在 Traffic Map 中看到与主机 A 的连接情况

网络中有一些服务器需要向外提供 WWW 服务,因而不可避免地成为 DoS 的攻击目标,可以从主机与网络设备两个角度去考虑防御这种 DoS 攻击。

1. 主机上的设置

几乎所有的主机平台都有防御 DoS 的设置,总结一下,基本有以下几种:

(1)关闭不必要的服务。

(2)限制同时打开的 Syn 半连接数目。

(3)缩短 Syn 半连接的 time out 时间。

(4)及时更新系统补丁。

2. 网络设备上的设置

企业网的网络设备可以从防火墙与路由器上考虑。这两个设备都是到外界的接口设备,在进行防 DoS 设置的同时,要注意一下这是以多大的效率牺牲为代价的,是否值得。

(1)防火墙。

①禁止对主机的非开放服务的访问。

②限制同时打开的 SYN 最大连接数。

③限制特定 IP 地址的访问。

④启用防火墙的防 DDoS 的属性。

⑤严格限制对外开放的服务器的向外访问。

(2)路由器。

①访问控制列表(ACL)过滤。

②设置 SYN 数据包流量速率。

③升级版本过低的 ISO。

重点串联 ▶▶▶

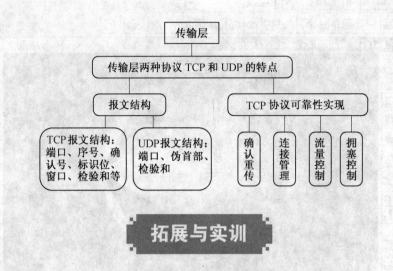

拓展与实训

▶ 基础训练 ◆◆◆

1.选择题

(1)传输层的基本功能是将( )数据封装传输层报文。

A.数据链路层   B.应用层   C.会话层   D.网络层

(2)( )是面向连接的服务。

A.TCP   B.UDP   C.IP   D.以太网

(3)传输层的端口是指( )。

A.服务器的端口   B.路由器的端口   C.应用进程的标识   D.交换机的端口

(4)TCP协议用滑动窗口实现( )。

A.流量控制   B.拥塞控制   C.连接建立   D.差错改正

(5)拥塞控制是根据( )的状况决定发送端向网络注入的数据大小和速率。

A.网络   B.应用进程   C.接收端   D.网卡

(6)接收端在收到数据字节序号为100的报文后将向发送端发送确认号为( )的确认报文。

A.100   B.101   C.0   D.1

(7)下面关于传输控制协议表述不正确的是( )

A.主机寻址   B.进程寻址   C.流量控制   D.差错检测

(8)TCP协议采取的保证数据包可靠传递的措施不包括( )

A.超时重传机制   B.确认应答机制

C.校验和机制   D.用户认证与加密机制

(9)滑动窗口的作用是( )

A.流量控制   B.拥塞控制   C.路由控制   D.差错控制

(10)慢开始和拥塞避免算法的作用是( )

A.流量控制   B.拥塞控制   C.路由控制   D.差错控制

2.填空题

(1)传输层的基本服务又可分成两种,分别是( )服务和( )服务。

(2)( )和( )的绑定组成了套接字。

(3)从流量控制的角度,发送窗口一定不能超过接收窗口,实际的发送窗口的上限值应该等于( )与( )中最小的一个。

(4)TCP 连接采用三次握手方法。首先发送方向接收方发送报文,报文中的同步位 SYN＝( ),表示向接收方提出连接请求,同时报文中的初始序号 SEQ＝x,是发送方为自己选取的初始序列号。接收方收到此报文后,若同意连接,作为第二次握手,接收方向发送方回送同步位 SYN＝( )、确认位 ACK＝( )、初始序列号 SEQ＝y,以及确认序号 ack＝( )的报文段,对发送方的连接请求进行确认。最后一次握手,发送方向接收方发送确认位 ACK＝( )、确认序号 ack＝( )的报文段,对第二次握手时接收方发来的报文进行确认,完成连接的建立。

3.判断题

(1)用户数据报协议(UDP)属于应用层协议。( )

(2)传输层用进程编号(PID)来标识主机间通信的应用进程。( )

(3)TCP 和 UDP 都具有差错检测功能。( )

(4)TCP 和 UDP 都使用端口来标识主机间通信的应用进程。( )

(5)流量控制也就是拥塞控制。( )

(6)UDP 协议是为 TCP 协议提供的一种服务。( )

(7)DNS 使用 UDP 53 端口。( )

(8)只有 TCP 协议才使用 SYN 标志位。( )

(9)TCP 的连接分请求和应答两个阶段。( )

(10)到目前为止尚未发现 TCP 协议的任何安全漏洞。( )

4.简答题

(1)试说明传输层在协议栈中的地位和作用,运输层的通信和网络层的通信有什么重要区别?为什么运输层是必不可少的?

(2)端口的作用是什么??

(3)TCP 协议实现可靠性数据传输的方法有哪些?

(4)如何理解 TCP 协议中的滑动窗口?

(5)UDP 协议针对哪些数据计算检验和?

(6)拥塞控制的常用算法有哪些?

(7)设 TCP 的 ssthresh 的初始值为 8(单位为报文段)。当拥塞窗口上升到 12 时网络发生了超时,TCP 使用慢开始和拥塞避免。试分别求出第 1 次到第 15 次传输的各拥塞窗口大小。

▶ 技能实训 ▶▶▶▶

实训题目 基于端口的网络访问控制实验

【实训要求】

通过本实训能够正确理解 TCP 协议的端口与通信应用进程的关系,掌握创建基于端口的网络访问控制策略,实现对计算机网络服务系统的安全管理。

【实训环境】

两台安装 Windows XP 的 PC 机。

【参考操作方法】

1.在安装 Windows XP 的电脑 PC1 上启动 Telnet 网络服务,PC1 的 IP 地址设置为 10.90.1.42。操作过程如图 5.21~图 5.23 所示。

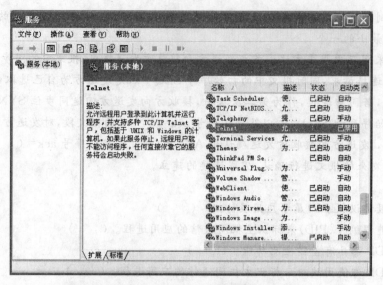

图 5.21　在管理工具下进入服务管理找到 Telnet

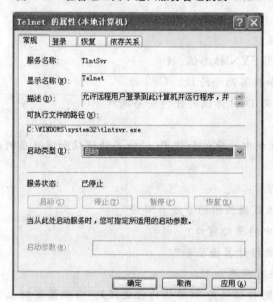

图 5.22　在属性设置中将禁用改为自动

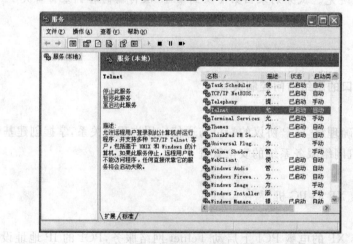

图 5.23　点右键启动 Telnet 服务

2. 验证在创建并加载安全策略前 PC2 能够执行 Telnet 命令远程登录到 PC1 上。操作过程如图 5.24～图 5.26 所示,注意要在 Telnet 服务器,也就是 PC1 上先创建一个用户,如 123,设置密码,并将其隶属于管理员。

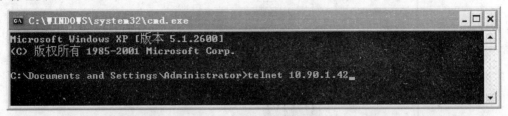

图 5.24　进入命令提示符窗口下(运行 cmd 即可)输入 telnet 10.90.1.42 命令

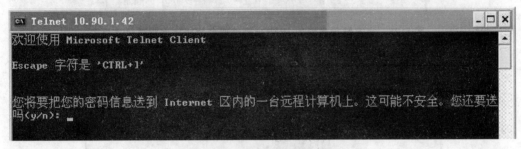

图 5.25　提示密码发送方式选 y

图 5.26　输入用户名和密码后成功登录到 PC1 上

3. 创建并加载基于 Telnet 服务端口 TCP 23 的访问控制策略。如图 5.27～5.37 所示。

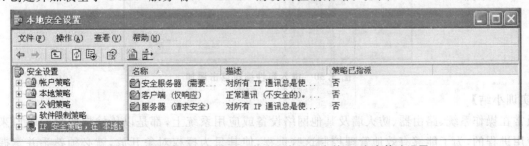

图 5.27　在管理工具中进入本地安全设置中的 IP 安全策略设置

4. 验证访问控制策略生效后 PC2 不再能够登录到 PC1 上。如图 5.38 所示。

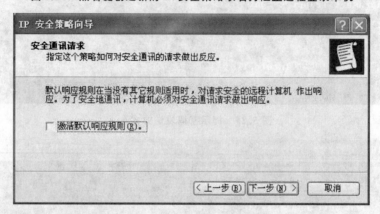

图 5.28　点右键创建新的 IP 安全策略取名为阻止远程登录本机

图 5.29　取消激活默认响应规则

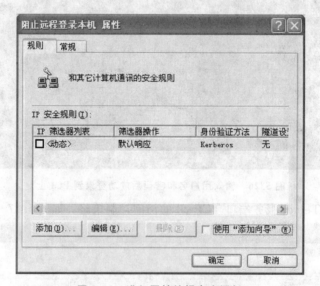

图 5.30　进入属性编辑点击添加

【实训小结】

通常在操作系统、路由器、防火墙及其他网络设备或应用系统上,都是以传输层协议的端口来标识通信应用进程的,为了能够有效地管理控制这些进程,使其只为授权对象开放,就必须熟悉并掌握基于端口的网络访问控制技术。

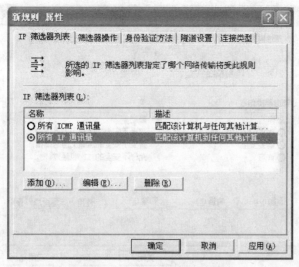

图 5.31　选择所有 IP 通信量

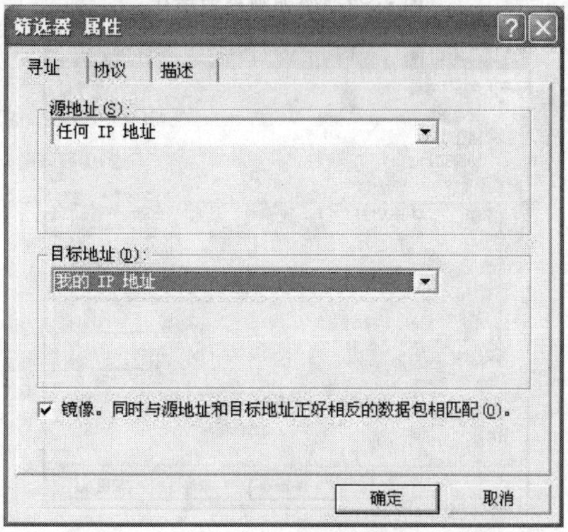

图 5.32　编辑 IP 筛选器列表寻址属性

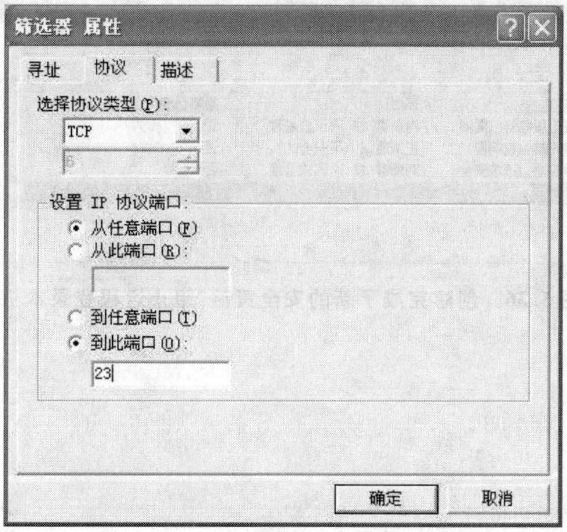

图 5.33　编辑 IP 筛选器列表协议属性

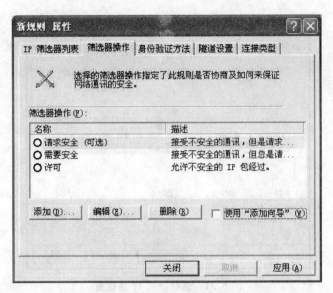

图 5.34　添加筛选器操作

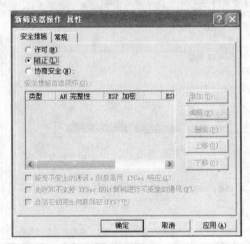

图 5.35　选定阻止操作

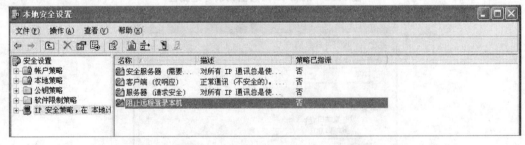

图 5.36　创建完成了新的安全策略"阻止远程登录本机"

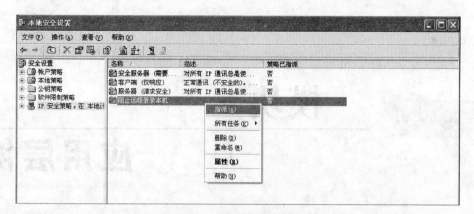

图 5.37　指派新安全策略

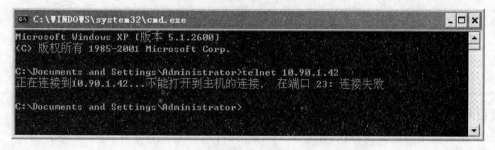

图 5.38　指派安全策略后远程登录失败

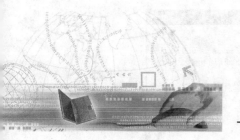

模块 6

应用层协议

知识目标

◆了解常用的应用层服务及协议,如 DNS、FTP、SMTP、POP3、WWW、DHCP 等。

◆掌握域名服务器的工作过程。

◆掌握电子邮件协议 SMTP 和 POP3 的作用。

◆掌握 WWW 中涉及的基本技术和术语,HTTP 协议功能。

◆掌握 DHCP 的作用。

技能目标

◆掌握常用各类基本的网络服务器配置方法。

◆掌握常用各类网络访问技术及其配置操作方法。

课时建议

8 课时。

课堂随笔

6.1 网络应用简介

【知识导读】

1. 网络应用软件和应用层的协议是什么关系？

2. 应用层和下面几层是什么关系？

3. 如何理解应用层协议？

4. 如何理解客户服务器方式？

随着计算机网络的飞速发展，计算机网络的应用也变得越来越丰富。对于用户来说，更多的是对网络软件的使用。这些网络软件使用了应用层的协议，而应用层协议则直接或间接地调用了下面几层的功能。

每个应用层协议都是为了解决某一类应用问题。比如，我们上网时常用的 Web 服务，它就使用了应用层的 http 协议，而文件传输服务则使用了 ftp 协议。

应用层中这些应用问题的解决往往是通过位于不同主机中的多个应用进程之间的通信和协同工作来完成的，当然，这是由具体协议所规定的。

应用层的许多协议都是基于客户服务器方式。客户(Client)和服务器(Server)是指通信中所涉及的两个应用进程。客户服务器方式所描述的是进程之间服务和被服务的关系。客户是服务请求方，服务器是服务提供方。如图 6.1 所示。

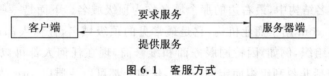

图 6.1 客服方式

技术提示：

在这里，客户是指运行客户端应用程序的主机，服务器则是指运行服务器应用程序的主机，比如安装了 mysql 数据库服务器软件，则这台主机就能提供对应的数据库服务，它就是一台数据库服务器。

6.2 常用的基本网络服务

【知识导读】

1. 应用层协议 DNS、FTP、SMTP、POP3、WWW、DHCP 的功能是什么？

2. 如何架设 DNS、FTP、SMTP、WWW、DHCP 服务器来实现这些功能？

6.2.1 域名系统 DNS

1. 域名系统 DNS 及其作用

域名系统(Domain Name System, DNS)是一种命名方案，它采用分层次的域名结构来表达主机名，并且用分布式数据库系统来实现。任何一个连接在因特网上的主机或路由器都有一个层次结构的名字，也就是域名。例如，www.baidu.com 就是一个域名。

DNS 的主要用途是将域名解析成为一个 IP 地址。

2. 域名结构

因特网采用层次结构的命名树作为主机的名字,如图 6.2 所示。

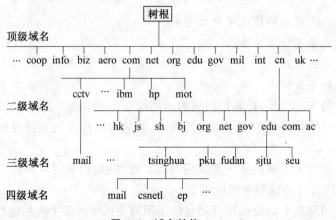

图 6.2 域名结构

域名分为顶级域名、二级域名和三级域名,等等,中间用"."隔开(是英文小数点的点),书写格式为:……三级域名.二级域名.顶级域名。每一级域名都由英文字母和数字组成,不区分大小写,不超过 63 个字符,完整域名不超过 255 个字符。

(1)顶级域名。在域名结构中,最右边的那个域名称为顶级域名。下面是一些常见的顶级域名:

①通用顶级域名:如.com 用于商业机构,它是最常见的顶级域名,任何人都可以注册.com 形式的域名;.net 最初用于网络组织,例如,因特网服务商和维修商,现在任何人都可以注册以.net 结尾的域名;.org 是为各种组织包括非盈利组织而定的,现在,任何人都可以注册以.org 结尾的域名。

②国家级顶级域名:如.cn 是表示中国的顶级域名,.uk 表示英国,.us 表示美国。

③国际顶级域名:如.int。一些国际性组织可在.int 下注册他们的域名。

(2)二级域名。在国家顶级域名下注册的二级域名由该国自行确定,其规则和政策与不同国家的政策有关。如日本,其教育和企业机构的二级域名定为.ac 和.co,而不是.edu 和.com。在我国则将二级域名划分为类别域名和行政区域名两大类。如.edu 表示教育机构,.gov 表示政府部门,.bj 为北京市,.sh 为上海市。

(3)三级域名。三级域名是二级域名的下一级,在我国,凡在某一个二级域名下注册的单位就可以获得一个三级域名,一旦某个单位拥有了一个域名,它就可以自己决定是否要进一步划分其下属的子域,并且不必将子域的划分情况报告上级机构。

域名结构树的叶子结点就是某台主机,到此就不能再往下划分子域了。而且,域名结构表达了因特网的名字空间,和具体网络或者子网没有关系。

3. 域名服务器

名字到 IP 地址的解析是由若干个域名服务器完成的。域名服务器按照域名的层次划分,它们管理域名体系中的一部分。有以下几种域名服务器:

(1)本地域名服务器。一般的,本地域名服务器是离用户比较近的 DNS 服务器,由 ISP 提供。对于局域网来说,建议架设自己的 DNS 服务器,这类服务器都称为本地服务器。

我们在主机的 IP 设置里面有一项 DNS 服务器的地址,这里填入的就是本地域名服务器的 IP 地址。

(2)根域名服务器。这是最高层次的域名服务器,它知道其他顶级域名服务器的地址,通常用来回答其他域名服务器的查询。

（3）顶级域名服务器。顶级域名服务器负责管理在该顶级域名服务器下注册的所有二级域名。

4．名称解析方向

（1）正向解析。是指从主机域名到 IP 地址的解析，如可将 www.163.com 解析为一个 IP 地址，这也是大多数的应用。

（2）逆向解析。是指从 IP 地址到域名的解析，和正向解析相反。

以上解析须在 DNS 服务器中配置。

5．域名解析过程

（1）迭代查询。客户端向某 DNS 服务器发出查询请求时，该 DNS 服务器将在其高速缓存和数据库中查找相应记录，如果有满足客户端请求的主机地址，则返回给客户端一个主机地址，如果 DNS 服务器不能够直接查询到主机地址，则给客户端提供一个指针，该指针指向域名称空间中另一层次的 DNS 服务器。接着，客户端会向该指针指向的新的 DNS 服务器发出查询请求。客户端与 DNS 服务器之间不断重复这一过程，直到服务器给出的提示中包含所需要查询的主机地址为止，一般的，每次指引都会更靠近根服务器（向上），查寻到根域名服务器后，则会再次根据提示向下查找。该过程会在查找成功、出现错误或超时后终止，如图 6.3 所示。

（2）递归查询。客户端向某个 DNS 服务器发出查询请求后，该 DNS 服务器即承担了此后的全部的查询工作。该服务器将作为客户端向其他服务器发送一些独立的迭代查询，最后向客户端返回一个主机地址。如果出现错误或超时，该过程也会终止，如图 6.4 所示。

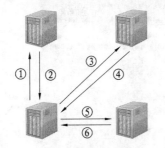

图 6.3　迭代查询

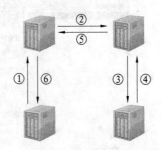

图 6.4　递归查询

6．架设 DNS 服务器

本书中所有应用层服务器的架设都是基于 windows server 2008 操作系统环境下。

（1）安装 DNS 服务器。

①在服务器中选择"开始"→"服务器管理器"命令打开服务器管理器窗口，选择左侧"角色"一项之后，单击右侧的"添加角色"链接，打开如图 6.5 所示的对话框，选中"DNS 服务"复选框，然后单击"下一步"按钮。

②在图 6.6 所示的 DNS 服务器对话框中，单击"下一步"按钮继续操作。

③进入如图 6.7 所示的"确认安装选择"对话框，显示了需要安装的服务器角色信息，此时单击"安装"按钮开始 DNS 服务器的安装。

④DNS 服务器安装完成后会自动出现如图 6.8 所示"安装结果"对话框，此时单击"关闭"按钮结束向导操作。

默认情况下，Windows Server 2008 系统中没有安装 DNS 服务器，因此管理员需要手工进行 DNS 服务器的安装操作。

DNS 服务器安装成功后会自动启动，并且会在系统目录％systemroot％\system32\下生成一个 dns 文件夹，其中默认包含了缓存文件、日志文件、模板文件夹、备份文件夹等与 DNS 相关的文件，如果创建了 DNS 区域，还会生成相应的区域数据库文件。

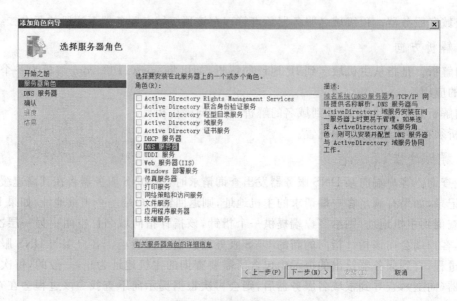

图 6.5　选择服务器角色

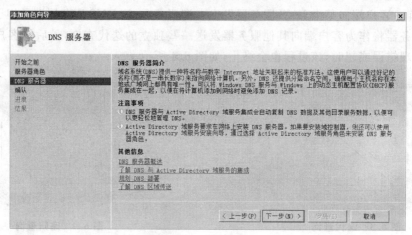

图 6.6　DNS 介绍

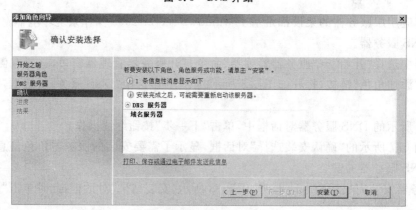

图 6.7　确认安装

　　(2)配置 DNS 服务器。DNS 服务器安装之后,需要进行一系列的配置,才能使其提供域名解析的服务。

　　①创建正向查找区域。完成安装 DNS 服务的工作后,管理工具会增加一个"DNS"选项,具体的操作步骤如下:

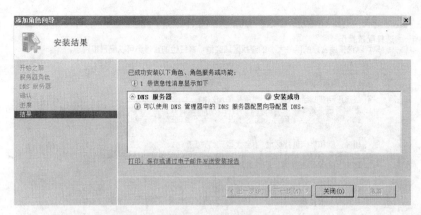

图 6.8　安装结果

　　a. 选择"开始"→"程序"→"管理工具"→"DNS"命令,在 DNS 管理器窗口中右键单击当前计算机名称一项,从弹出快捷菜单中选择"配置 DNS 服务器"命令激活 DNS 服务器配置向导,如图 6.9 所示。

图 6.9　DNS 管理器

　　b. 进入"欢迎使用 DNS 服务器配置向导"对话框,说明该向导的配置的内容,如图 6.10 所示,单击"下一步"按钮。

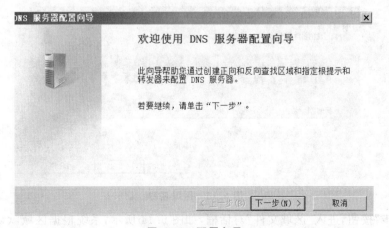

图 6.10　配置向导

　　c. 进入"选择配置操作"对话框,可以设置网络查找区域的类型,在默认的情况下系统自动选择"创建正向查找区域(适合小型网络使用)"单选按钮,单击"下一步"按钮继续操作。

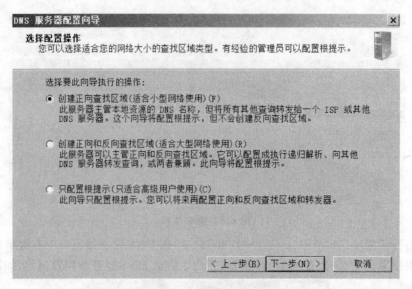

图 6.11 选择配置操作

d. 进入"主服务器位置"对话框,如图 6.12 所示,如果当前所设置的 DNS 服务器是网络中的第一台 DNS 服务器,选择"这台服务器维护该区域"单选按钮,将该 DNS 服务器作为主 DNS 服务器使用,否则可以选择"ISP 维护该区域,一份只读的次要副本常驻在这台服务器上"单选按钮。

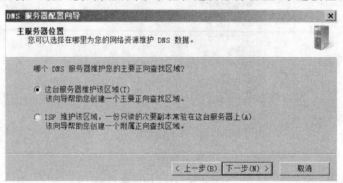

图 6.12 主服务器位置

e. 单击"下一步"按钮,进入"区域名称"对话框,如图 6.13 所示,在文本框中输入一个区域的名称。

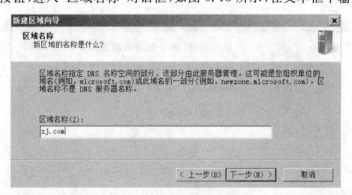

图 6.13 区域名称

f. 单击"下一步"按钮,进入"区域文件"对话框,如图 6.14 所示,系统根据区域默认填入了一个文件名,通常情况下此处不需要更改默认值。

g. 单击"下一步"按钮,进入"动态更新"对话框,如图 6.15 所示,选择"不允许动态更新"单选按钮,表示以安全的手动方式更新 DNS 记录,比较安全。

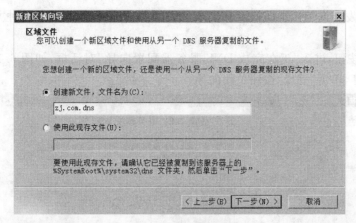

图 6.14　区域文件

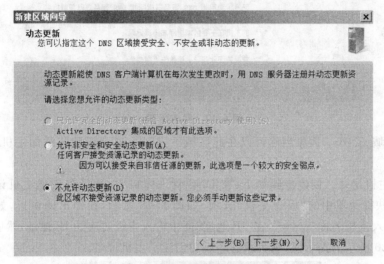

图 6.15　动态更新

h. 单击"下一步"按钮,进入"转发器"对话框,如图 6.16 所示,选择"是,应当将查询转送到有下列 IP 地址的 DNS 服务器上"默认设置,此时需要填入 ISP 给你的 DNS 服务器的 IP 地址,当本服务器没有相应记录时就向这里填入上级 DNS 服务器查询。

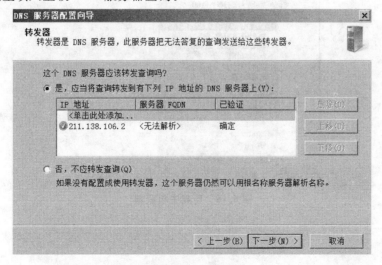

图 6.16　转发器

选择"否,不应转发查询"时,则即使没有记录,也不向上级服务器查询。这种方式适合局域网的内部解析。

i.单击"下一步"按钮,进入"正在完成 DNS 服务器配置向导"对话框,如图 6.17 所示,可以查看到有关 DNS 配置的信息,单击"完成"按钮关闭向导。

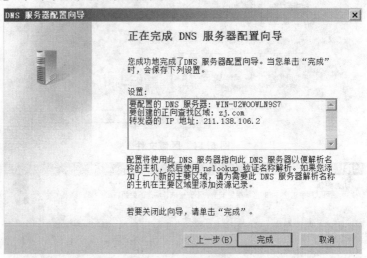

图 6.17　完成配置

上面创建了区域 zj.com,大家当然可以在此区域下进一步划分子域或添加主机,如下面就是添加主机记录。

②添加 DNS 主机记录。创建步骤如下:在 DNS 管理窗口中,选择要创建主机记录的区域(如 zj.com),右击并选择快捷菜单中的"新建主机"选项,如图 6.18 所示,在弹出的窗口,如图 6.19 所示,在"名称"文本框中输入主机名称"www",在"IP 地址"框中输入主机对应的 IP 地址,然后单击"添加主机"按钮,弹出如图 6.20 所示的提示框,则表示已经成功创建了主机记录。

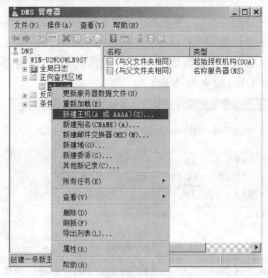

图 6.18　新建主机菜单

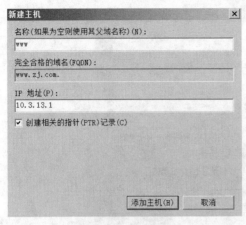

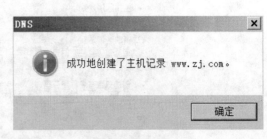

图 6.19　新建主机　　　　　　　　　　　　　　图 6.20　成功创建

③添加反向查找区域。这里我们创建一个 IP 地址为 10.3.13 的反向查找区域,具体的操作步骤如下:

a. 选择"开始"→"程序"→"管理工具"→"DNS 服务器"命令,在 DNS 管理器窗口中左侧目录树中右击"反向查找区域"项,如图 6.21 所示,选择快捷菜单中的"新建区域"选项,显示新建区域向导,如图 6.22 所示,单击"下一步"按钮,弹出如图 6.23 所示"区域类型"窗口,选择"主要区域"选项。

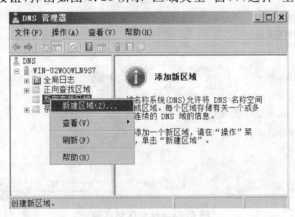

图 6.21　新建区域菜单

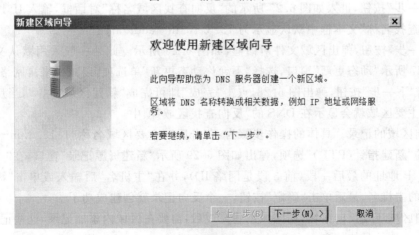

图 6.22　新建区域向导

b. 单击"下一步"按钮,进入"Active Directory 区域传送作用域"对话框,选择"至此域中所有域控制器(为了与 Windows 2000 兼容):zj.com"单选按钮。

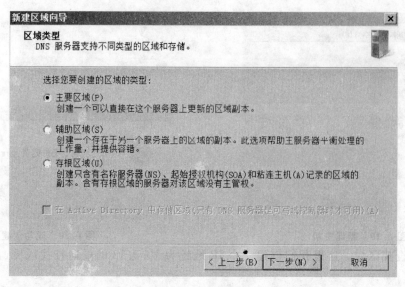

图 6.23　区域类型

c.单击"下一步"按钮,进入如图 6.24 所示的"反向查找区域名称"对话框,根据目前网络的状况,一般建议选择"IPv4 反向查找区域"。

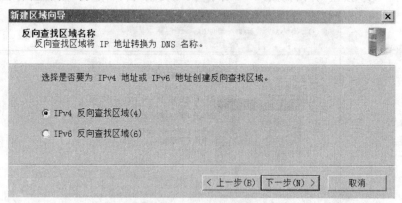

图 6.24　反向区域名称

d.单击"下一步"按钮,进入如图 6.25 所示的"反向查找区域名称"对话框,输入 IP 地址 10.3.13,同时它会在"反向查找名称"文本框中默认显示为 13.3.10.in—addr.arpa。

e.单击"下一步"按钮,弹出区域文件对话框,如图 6.26 所示。此处一般采用默认文件名,单击"下一步",如图 6.27 所示"动态更新"窗口,选择"不允许动态更新"单选项,以减少来自网络的攻击。

f.继续单击"下一步"按钮,弹出图 6.28,点击"完成"即可完成"新建区域向导",当反向区域创建完成以后,该反向主要区域就会显示在 DNS 的"反向查找区域"项中。

④添加反向区域的记录。具体的操作步骤为:右击反向主要区域名称"1.13.3.in—addr.arpa",选择快捷菜单中的"新建指针(PTR)"选项,弹出如图 6.29 所示"新建资源记录"窗口,在"主机 IP 号"文本框中,输入主机 IP 地址的最后一段(前 3 段是网络 ID),并在"主机名"后输入或单击"浏览"按钮,选择该 IP 地址对应的主机名,最后单击"确定"按钮,一个反向记录就创建成功了。

不管是正向区域还是反向区域,在区域创建完成后,需要在区域内添加记录,这些记录才是 DNS 服务器在解析时要查询的具体信息。

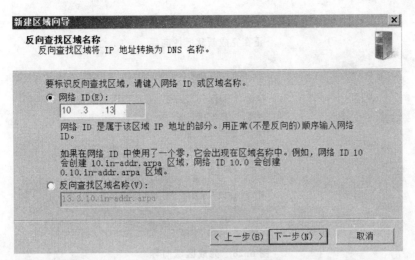

图 6.25　反向区域名称

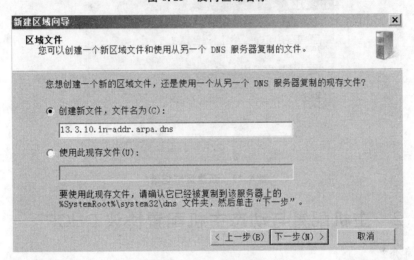

图 6.26　区域文件

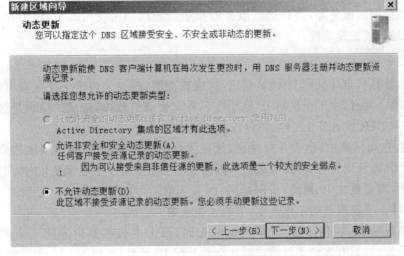

图 6.27　动态更新

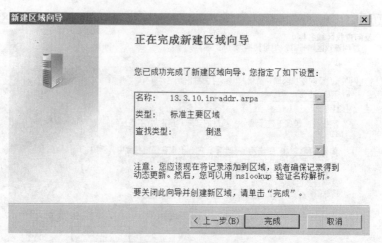

图 6.28　完成区域向导

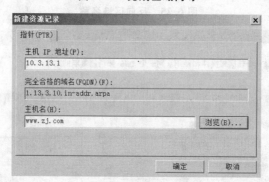

图 6.29　新建区域记录

6.2.2　主机配置与动态主机配置协议 DHCP

1. DHCP 简介

DHCP 服务器采用了动态主机配置协议(Dynamic Host Configuration Protocol),对网络中的 IP 地址进行自动动态分配的服务器,旨在通过服务器集中管理网络上使用的 IP 地址和其他相关配置信息,以减少管理地址配置的复杂性。

2. DHCP 优点

(1)提高效率,计算机自动获取 IP 地址信息,并完成配置,减少了由于手工配置可能经常出现的错误,提高了工作效率。而且,由于主机的 IP 地址很容易就会被更改掉,造成的结果是经常会出现 IP 地址冲突的问题,使用 DHCP 动态分配时,就可以改变这种情况。

(2)便于管理,在局域网中,出于各种考虑,往往要划分成许多网络,甚至要继续划分出一些子网。由于这些原因,在 IP 地址规划时,需要考虑很多因素。当网络中的主机经常变化时,比如从一个子网移动到另一个子网中,需要更改 IP 地址、子网掩码、网关等值。而如果使用 DHCP 就可以自动给这些主机进行相应配置,减小了管理员的工作强度,节约了企业的人力成本。

(3)节约 IP 地址资源,当使用静态 IP 地址分配时,每个主机都要给分配一个 IP 地址。当采用 DHCP 服务动态分配时,只有客户主机请求时才会给分配 IP 地址(Address Pool),而计算机关闭后,所请求到的 IP 地址就会释放掉。由于网络内的主机通常不会同时开机,所以,地址池里的地址数往往能提供大于这个数量的主机数。

3.DHCP 使用客户服务器方式

如果网络中安装并配置了 DHCP 服务器,则在该网络中的主机可以以租借的形式租用 DHCP 服务器地址池中 IP 地址。这时,网络中接受 DHCP 服务器服务的主机就是 DHCP 客户端,需要 IP 地址的主机在启动时就向 DHCP 服务器广播发送发现报文(DHCPDISCOVER),这时该主机就成为 DHCP 客户。本地网络上所有主机都能收到此广播报文,但只有 DHCP 服务器才回答此广播报文。DHCP 服务器先在其数据库中查找该计算机的配置信息。若找到,则返回找到的信息。若找不到,则从服务器的 IP 地址池中取一个地址分配给该计算机。DHCP 服务器的回答报文叫做提供报文(Dhcpoffer)。

4.DHCP 的租期

当一台 DHCP 客户端租到一个 IP 地址后,该 IP 地址不可能长期被它占用,它会有一个使用期,即租期。

当 DHCP 客户端的 IP 地址使用时间达到租期的一半时,它就向 DHCP 服务器发送一个新的 DHCP 请求,若服务器在接收到该信息后并没有理由拒绝该请求时,便回送一个 DHCP 应答信息,当 DHCP 客户端收到该应答信息后,就重新开始一个新的租用周期。

DHCP 协议在传输层使用 UDP 服务,并使用熟知端口号 68。

5.架设 DHCP 服务器

(1)安装 DHCP 服务器。与 DNS 服务一样,用"添加角色"向导可以安装 DHCP 服务,这个向导可以通过"服务器管理器"或"初始化配置任务"应用程序打开。安装 DHCP 服务的具体操作步骤如下:

①在服务器中选择"开始"→"服务器管理器"命令打开服务器管理器窗口,选择左侧"角色"一项之后,单击右侧的"添加角色"链接,在如图 6.30 所示的对话框中勾选"DHCP 服务器"复选框,然后单击"下一步"按钮。

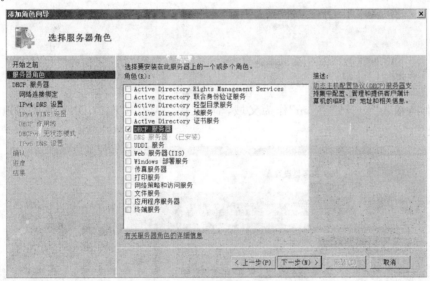

图 6.30 选择服务器角色

②在如图 6.31 所示的对话框中,对 DHCP 服务器进行了简要介绍,在此单击"下一步"按钮继续操作。

③系统会检测当前系统中已经具有静态 IP 地址的网络连接,每个网络连接都可以用于为单独子网上的 DHCP 客户端计算机提供服务,如图 6.32 所示,在此勾选需要提供 DHCP 服务的网络连接后,单击"下一步"按钮继续操作。

④如果服务器中安装了 DNS 服务,就需要在如图 6.33 所示的对话框中需要设置 IPv4 类型的 DNS

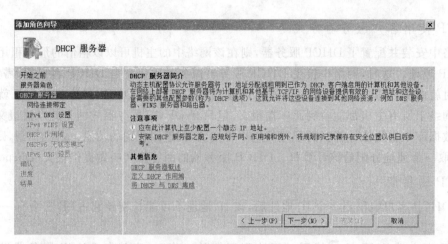

图 6.31　DHCP 服务器

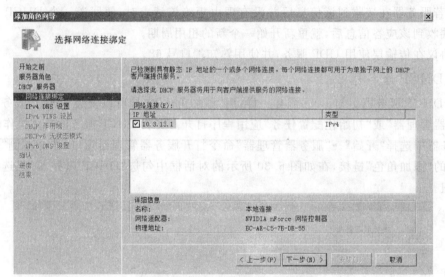

图 6.32　绑定

服务器参数,例如,输入"www.zj.com"作为父域,输入"10.3.13.1"作为 DNS 服务器地址,单击"下一步"按钮继续操作。

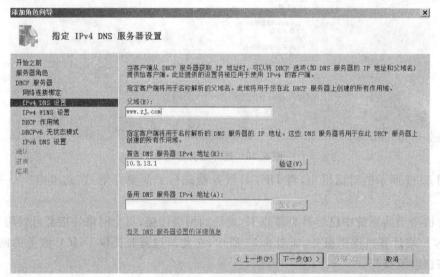

图 6.33　服务器参数

⑤如果当前网络中的应用程序需要 WINS 服务,还要在如图 6.34 中所示的对话框中选择"此网络上的应用程序需要 WINS"单选按钮,并且输入 WINS 服务器的 IP 地址,单击"下一步"按钮继续操作。

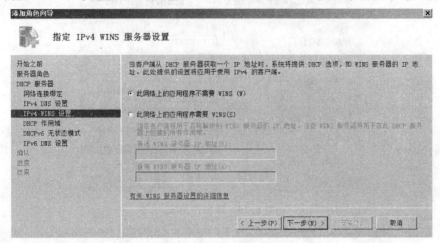

图 6.34　服务器设置

⑥在如图 6.35 所示的对话框中,单击"添加"按钮来设置 DHCP 作用域,此时将打开"添加作用域"对话框,如图 6.36 所示,来设置作用域的相关参数:

a.首先插入作用域的名称,这是出现在 DHCP 控制台中的作用域名称,此处键入"firstDHCP"。

b.接着在"起始 IP 地址"和"结束 IP 地址"文本框中分别输入作用域的起始 IP 地址和结束 IP 地址,本例中输入如图 6.36 所示。

c.根据网络的需要设置子网掩码和默认网关参数。

d.在"子网类型"下拉列表中设置租用的持续时间。

e.复选框"激活作用域":创建作用域之后必须激活作用域才能提供 DHCP 服务。设置完毕后,单击"确定"按钮,返回上级对话框,单击"下一步"按钮继续操作。

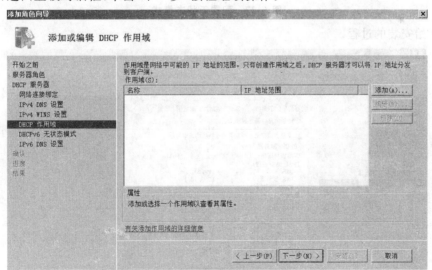

图 6.35　DHCP 作用域

⑦Windows Server 2008 的 DHCP 服务器支持用于 IPv6 客户端的 DHCPv6 协议,此时可以根据网络中使用的路由器是否支持该功能进行设置,如图 6.37 所示,根据网络的需要将其设置为"对此服务器禁用 DHCPv6 无状态模式",单击"下一步"按钮继续操作。

⑧在如图 6.38 所示的对话框中显示了 DHCP 服务器的相关配置信息,如果确认安装则可以单击

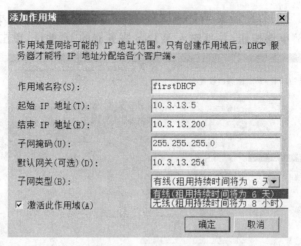

图 6.36　添加作用域

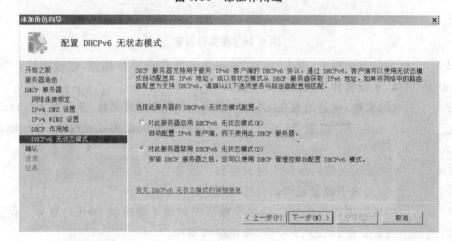

图 6.37　配置无状态模式

"安装"按钮,开始安装的过程。

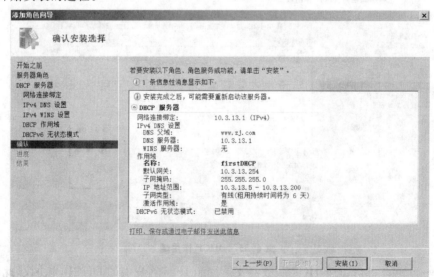

图 6.38　配置信息

⑨在 DHCP 服务器安装完成之后,可以看到如图 6.39 所示的提示信息,此时单击"关闭"按钮结束安装向导。

DHCP 服务器安装完成之后,在服务器管理器窗口中选择左侧的"角色"一项,即可在右部区域中查看到当前服务器安装的角色类型,如果其中有刚刚安装的 DHCP 服务器,则表示 DHCP 服务器已经成功安装,如图 6.39 所示。

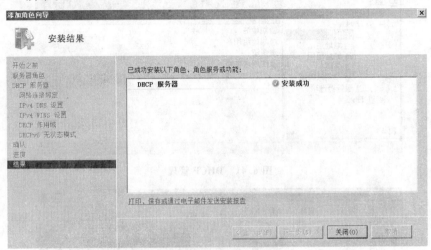

图 6.39　安装结果

(2)DHCP 服务器的基本配置管理。

①DHCP 服务器的启动与停止。在安装 DHCP 服务之后,可以在如图 6.40 所示的"服务器管理器"窗口中,单击左侧的"转到 DHCP 服务器"链接,可以打开如图 6.41 所示的 DHCP 服务器摘要界面,在其中可以启动与停止 DHCP 服务器,查看事件以及相关的资源和支持。

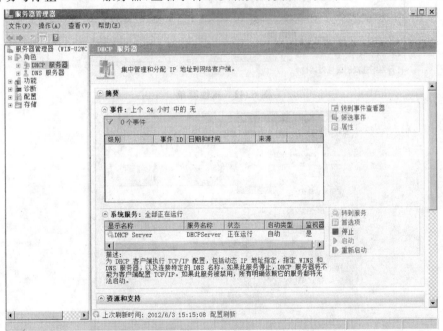

图 6.40　服务器管理器

②修改 DHCP 服务器的配置。

a.选择"开始"→"程序"→"管理工具"→"DHCP"命令,弹出如图 6.41 所示窗口:对于已经建立的 DHCP 服务器,可以修改其配置参数,具体的操作步骤如下:在服务器管理窗口左部目录树中的 DHCP 服务器名称下的选中"IPv4"选项,按右键并在弹出的快捷菜单中选择"属性"命令,如图 6.42 所示,在打开的属性对话框中,可以修改 DHCP 服务器的设置,如图 6.43 所示。

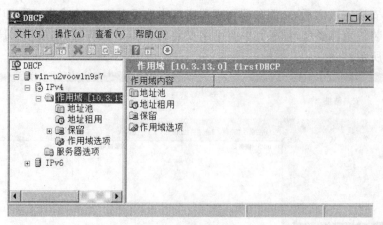

图 6.41　DHCP 管理

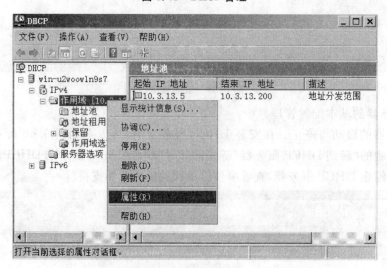

图 6.42　属性菜单

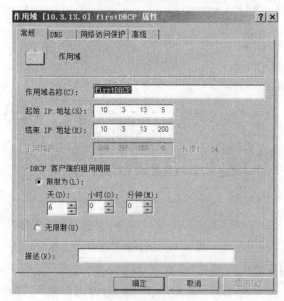

图 6.43　常规

b.作用域地址池中地址的排除。对于已经设置的作用域的地址池,可以修改其配置,将一部分地址

从地址池中排除。

其操作步骤为:在 DHCP 管理窗口左部目录树中右键单击"作用域[10.3.13.0]",并在弹出快捷菜单中选择"新建排除范围"命令,如图 6.44 所示。在弹出的"添加排除"对话框中,如图 6.45 所示,可以设置地址池中排除的 IP 地址范围,若排除单个 IP 地址可以如图上说明,只键入起始 IP 地址就可以了。

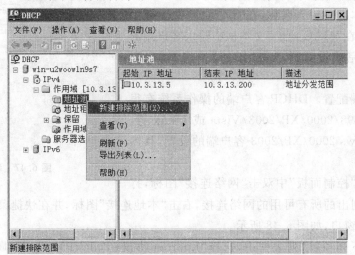

图 6.44 排除菜单

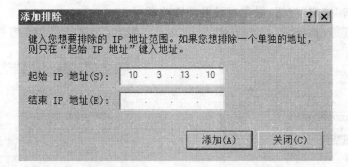

图 6.45 添加排除

添加排除成功后,如图 6.46 所示。

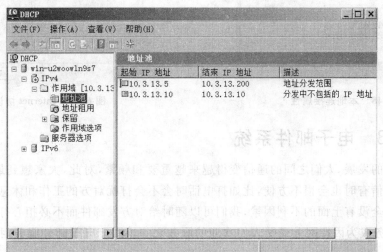

图 6.46 排除结果

③建立保留 IP 地址。对于某些特殊的客户端,需要一直使用相同的 IP 地址,就可以通过建立保留

来为其分配固定的 **IP** 地址,具体的操作步骤如下:在 DHCP 管理窗口左部目录树依次展开"作用域[10.3.13.0]"→"保留"选项,单击鼠标右键之后从弹出的快捷菜单中选择"新建保留"命令,在弹出的如图 6.47 所示的"新建保留"对话框中,在"保留名称"文本框中输入名称,在"IP 地址"文本框中输入保留的 IP 地址,在"MAC 地址"文本框中输入客户端的网卡的 MAC 地址,完成设置后单击"添加"按钮,则保存成功。

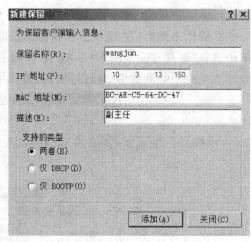

图 6.47　新建保留

(3)DHCP 客户端配置。DHCP 客户端的操作系统有很多种类,如 Windows 98/2000/XP/2003/Vista 或 Linux 等,我们重点了解 Windows 2000/XP/2003 客户端的设置,具体的操作步骤如下:

在客户端计算机"控制面板"中双击"网络连接"图标,打开"网络连接"窗口,列出的所有可用的网络连接,右击"本地连接"图标,并在快捷菜单中选择"属性"项,弹出"本地连接属性"窗口,如图 6.48 所示。

在"此连接使用下列项目"列表框中,选择"Internet 协议(TCP/IP)",单击"属性"按钮,弹出如图 6.49所示"Internet 协议(TCP/IP)属性"窗口,分别选择"自动获得 IP 地址"和"自动获得 DNS 服务器地址"单选按钮,然后单击"确定"按钮,保存对设置的修改即可。

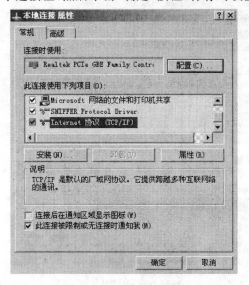

图 6.48　本地连接属性

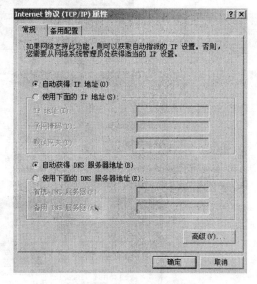

图 6.49　Internet 协议属性

6.2.3　电子邮件系统

随着现代社会的发展,人们之间的通信变得越来越重要和频繁,对此,大家想到最多的可能是用手机通信。但手机通信有时也会很不方便,比如打电话时会不会打扰对方的工作和休息。

电子邮件则完全没有上面的不利因素,我们可以随时给对方发邮件而不必担心打扰对方。因此,电子邮件(E-mail)服务成为因特网上最受人们欢迎的服务之一。对于电子邮件服务,我们可以从以下几点来理解和应用。

1.简单邮件传送协议 SMTP

在 1982 年制定出简单邮件传送协议(Simple Mail Transfer Protocol,SMTP)和因特网文本报文

格式,它们都已成为因特网的正式标准。

(1)SMTP 规定了两个 SMTP 进程之间如何进行通信,如何交换信息。

(2)SMTP 采用客户服务器方式工作,因此负责发送邮件的 SMTP 进程就是 SMTP 客户,而负责接收邮件的 SMTP 进程就是 SMTP 服务器。

(3)SMTP 通信的三个阶段有:

①连接建立。连接是在发送主机的 SMTP 客户和接收主机的 SMTP 服务器之间建立的。SMTP 不使用中间的邮件服务器。

②邮件传送。

③连接释放。邮件发送完毕后,SMTP 应释放连接。

2. 邮件读取协议 POP3

邮局协议 POP 是一个非常简单,但功能有限的邮件读取协议,现在使用的是它的第三个版本 POP3。

POP 也使用客户服务器的工作方式。

在接收邮件的用户 PC 机中必须运行 POP 客户程序,而在用户所连接的 ISP 的邮件服务器中则运行 POP 服务器程序。

3. 通用因特网邮件扩充 MIME

1993 年出现了通用因特网邮件扩充(Multipurpose Internet Mail Extensions,MIME)。

MIME 在其邮件首部中说明了邮件的数据类型(如文本、声音、图像、视像等)。在 MIME 邮件中可同时传送多种类型的数据。

(1)MIME 并没有改动 SMTP 或取代它。

(2)MIME 的意图是继续使用目前的 RFC 822 格式,但增加了邮件主体的结构,并定义了传送非 ASCII 码的编码规则。

4. 电子邮件的组成

(1)电子邮件由信封(Envelope)和内容(Content)两部分组成。

(2)电子邮件的传输程序根据邮件信封上的信息来传送邮件。用户在从自己的邮箱中读取邮件时才能见到邮件的内容。

(3)TCP/IP 体系的电子邮件系统规定电子邮件地址的格式如下:

收信人邮箱名@邮箱所在主机的域名,符号"@"读作"at",表示"在"的意思。例如,电子邮件地址 zj0370@163.com。

5. 用户代理 UA

(1)用户代理 UA 就是用户与电子邮件系统的接口,也是电子邮件的客户端软件。例如,微软的 outlook express。

(2)用户代理的功能是撰写、显示和处理及和本地邮件服务器通信。

6. 架设 SMTP 服务器

(1)安装 SMTP 服务器。熟悉 Windows 的用户都知道,以前各种版本的 Windows 在电子邮件服务方面是一个薄弱环节,如果要组建一个邮件服务器还需借助第三方软件。但是在 Windows Server 2008 中就强化了 SMTP 服务器功能,用户可以很方便地搭建出一个功能强大的邮件发送服务器。

Windows Server 2008 默认安装的时候没有集成 SMTP 服务器组件,因此首先需要安装 SMTP 组件,具体的操作步骤为:

①在服务器中选择"开始"→"服务器管理器"命令打开服务器管理器窗口,如图 6.50 所示,选择左

侧"功能"一项之后,单击右侧的"添加功能"链接,启动"添加功能向导"对话框。

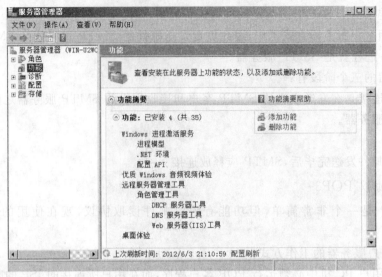

图 6.50　服务器管理器

②单击"下一步"按钮,进入"选择服务器功能"对话框,勾选"SMTP 服务器"复选框,由于 SMTP 依赖远程服务等,因此会出现"远程服务器管理工具"对话框,如图 6.51 所示,单击"添加必需的功能"按钮,然后在"选择服务器功能"对话框中单击"下一步"按钮继续操作。

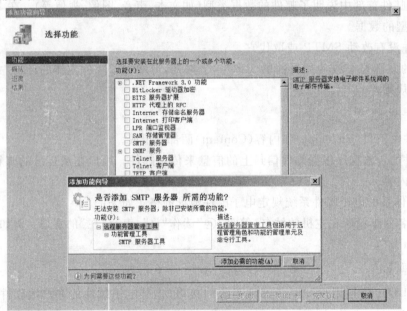

图 6.51　选择功能

注意 SMTP 服务还依赖于 IIS 服务,此处由于本测试机已完全安装了 IIS 7.0,所以这里没有显示要添加 IIS 服务。

③进入"确认安装选择"对话框中,如图 6.52 所示,显示了服务器安装的详细信息,确认安装这些信息可以单击下面"安装"按钮。

④进入"安装进度"对话框,显示 SMTP 服务器安装的过程,在如图 6.53 所示的对话框中可以查看到 SMTP 服务器安装完成的提示,此时单击"关闭"按钮退出添加角色向导。

(2)设置 SMTP 服务器基本属性。SMTP 服务器安装完成之后还不能提供相应的服务,需要对

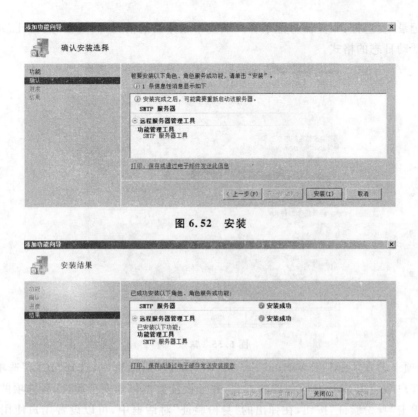

图 6.52　安装

图 6.53　安装结果

SMTP 服务器进行相应的设置,它还是使用老版本 IIS 6.0 的管理器来管理。用户可以参照下述步骤进行操作:选择"开始"→"管理工具"→"Internet 信息服务 6.0 管理器"命令打开 Internet 信息服务 6.0 管理器,依次展开"本地计算机"→"SMTP Virtual Server ♯1",如图 6.54 所示。

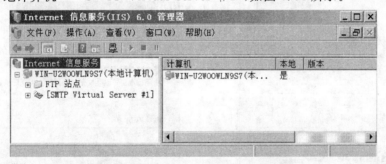

图 6.54　Internet 信息服务 6.0 管理器

可以通过默认 SMTP 虚拟服务器来配置和管理 SMTP 服务器,当然也可以新建 SMTP 虚拟服务,选择"SMTP Virtual Server ♯1"项目,单击鼠标右键之后从弹出的快捷菜单中选择"属性"命令。

①"常规"选项卡。在"[SMTP Virtual Server ♯1]属性"对话框中,选择"常规"选项卡,如图 6.55 所示,可以配置 SMTP 虚拟服务器的基本设置。

"IP 地址"下拉列表框:选择服务器的 IP 地址,利用"高级"按钮可以设置 SMTP 服务器的端口号,或者添加多个 IP 地址。

"限制连接数为"复选框:可以设置允许同时连接的用户数,这样可以避免由于并发用户数太多而造成的服务器效率太低。

"连接超时"文本框:在此文本框中输入一个数值来定义用户连接的最长时间,超过这个数值,如果一个连接始终处于非活动状态,则 SMTP Service 将关闭此连接。

"启用日志记录"复选框：服务器将记录客户端使用服务器的情况，而且在"活动日志格式"下拉列表框中，可以选择活动日志的格式。

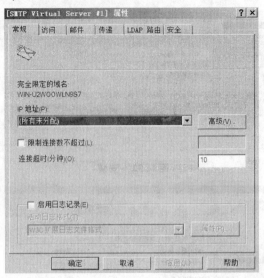

图 6.55 常规

②"访问"选项卡。在"[SMTP Virtual Server ♯1]属性"对话框中，选择"访问"选项卡，如图 6.56 所示，可以设置客户端使用 SMTP 服务器的方式，并且设置数据传输安全属性，各选项的功能如下。

身份验证：单击"身份验证"按钮，在弹出的"身份验证"对话框中，可以设置用户使用 SMTP 服务器的验证方式，如图 6.57 所示。

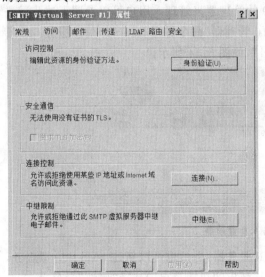

图 6.56 访问

图 6.57 身份验证

匿名访问：匿名访问允许任意用户使用 SMTP 服务器，不询问用户名和密码。如果选中此选项，则需要禁用其余两个选项。

集成 Windows 身份验证：集成 Windows 身份验证是一种安全的验证形式，因为在通过网络发送用户名和密码之前，先将它们进行哈希计算。

基本身份验证：基本身份验证方法要求提供用户名和密码才能够使用 SMTP 服务器，由于密码在网络上是以明文（未加密的文本）的形式发送的，这些密码很容易被截取，因此可以认为安全性很低。为了测试基本身份验证的功能，先取消选中"匿名访问"复选框，然后选中"基本身份验证"复选框，单击"确定"按钮。同时在客户端也需要调整,以 Outlook Express 为例,选择"工具"→"账号"命令,然后选择"邮件"选项卡,双击要修改的账户,选择"服务器"选项卡,选中"我的服务器要求身份验证"复选框,单击"设置"按钮,在弹出"发送邮件服务器"对话框中,选择"登录方式"单选按钮,输入账户名和密码,并选中"使用安全密码验证登录"复选框,请大家自行验证。

(3)创建 SMTP 域和 SMTP 虚拟服务器。在对 SMTP 服务器属性设置完成之后,为了确保 SMTP 服务器能够正常运行,还要创建 SMTP 域和 SMTP 虚拟服务器。可参照下述步骤创建 SMTP 域。

①创建 SMTP 域。

a. 选择"开始"→"管理工具"→"Internet 信息服务 6.0 管理器"命令打开 Internet 信息服务 6.0 管理器,依次展开"本地计算机"→"SMTP Virtual Server ♯1"→"域"项目,右键单击之后从弹出的快捷菜单中选择"新建"→"域"命令。

b. 在弹出的如图 6.58 所示的"新建 SMTP 域向导"对话框中,选择"远程"单选按钮将域类型设置为远程,单击"下一步"按钮继续操作。

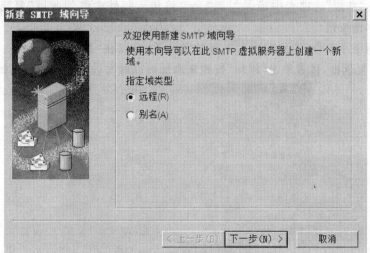

图 6.58　SMTP 域向导

c. 在弹出的如图 6.59 所示的"域名"对话框中,输入 SMTP 邮件服务器的域名信息,此时输入例如"zj.com"之类的地址。

图 6.59　域名

d. 点击完成后,返回到 IIS6.0 管理器窗口,右击新创建的域,如图 6.60 所示,选属性可进行相应设置。

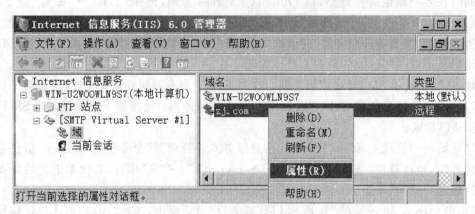

图 6.60　选择属性

e. 如图 6.61，在"常规"选项卡中确保勾选"允许将传入邮件中继到此域"复选框，并且选择"使用 DNS 路由到此域"单选按钮。

f. 如果需要保留电子邮件，直到远程服务器触发传递，可以在"高级"选项卡中勾选"排列邮件以便进行远程触发传递"复选框，接着单击"添加"按钮来添加可以触发远程传递的授权账户。

图 6.61　属性

②创建 SMTP 虚拟服务器。可参照下述步骤创建 SMTP 虚拟服务器。

a. 选择"开始"→"管理工具"→"Internet 信息服务 6.0 管理器"命令打开 Internet 信息服务 6.0 管理器，依次展开"本地计算机"→"SMTP Virtual Server ♯1"项目，单击右键之后从弹出的快捷菜单中选择"新建"→"虚拟服务器"命令，如图 6.62 所示。

b. 在弹出的"欢迎使用新建 SMTP 虚拟服务器向导"对话框中，输入服务器的名称，例如"MySMTPServer"，如图 6.63 所示，单击"下一步"按钮继续操作。

c. 在"选择 IP 地址"对话框下拉列表框中选择 SMTP 虚拟服务器的 IP 地址，例如，设置为 10.3. 13.1，如图 6.64 所示，单击"下一步"按钮继续操作。

d. 在如图 6.65 所示的"选择主目录"对话框中需要设置 SMTP 的目录，单击"下一步"按钮继续操作。

e. 在如图 6.66 所示的"默认域"对话框中输入 SMTP 虚拟服务器的域名，例如，输入"zj.com"，单击"完成"按钮，就完成了 Windows Server 2008 中的 SMTP 服务器的设置。

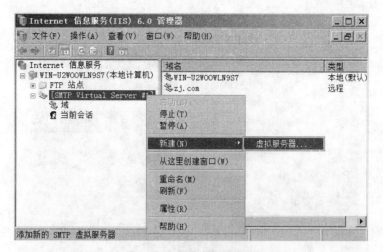

图 6.62　新建虚拟服务器

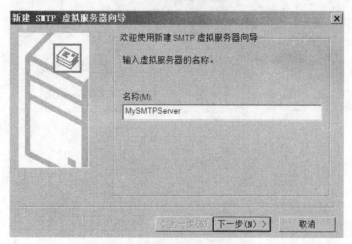

图 6.63　新建虚拟服务器向导

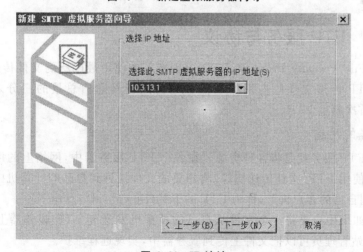

图 6.64　IP 地址

此时在 Internet 信息服务 6.0 管理器中停止当前的 SMTP 服务器,然后再重新启动该服务,这样才可以让 SMTP 服务器工作正常运行。

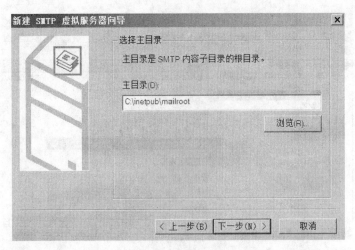

图 6.65　主目录

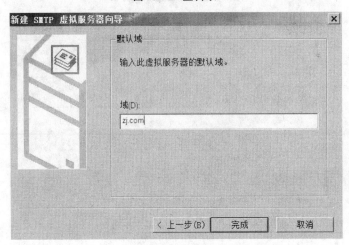

图 6.66　域

6.2.4　FTP 服务与协议

文件传送协议(File Transfer Protocol,FTP)是因特网上使用最广泛的文件传送协议,在因特网发展的早期阶段,用 FTP 传送文件所占用的通信量约占因特网通信总量的三分之一,直到 1995 年,WWW 的通信量才首次超过 FTP。

1.FTP 服务器的用途

(1)文件下载。FTP 服务就是将各种资源放在各个 FTP 服务器中,网络上的用户通过 Internet 连到这些主机上,并且使用 FTP(文件传送协议)将想要的文件拷贝到自己的计算机中。用户从服务器上把文件或资源传送到自己的客户机上,称为 FTP 的下载(Download)。

(2)文件上传。如果用户要将一个文件从自己的计算机发送到 FTP 服务器上,称为 FTP 的上传(Upload)。例如,网站管理员可以把文件上传到服务器中,实现远程维护。

2.FTP 采用客户服务器方式

一个 FTP 服务器进程可以同时为多个客户进程提供服务。服务器进程由两大部分组成:一部分是主进程,负责接收新的请求;另一部分是一些从属进程,负责处理单个请求。

3.FTP 服务器分为匿名的和非匿名两类

(1)匿名 FTP 服务器是对公共用户开放的,任何人都可以访问,在这种情况下所有的用户被导向同

一个文件夹。

（2）非匿名服务器只允许授权访问，用户需要拥有账户名和密码才能登录服务器。这种方式下可以实现用户隔离，即将不同的用户导向不同的文件夹。

FTP协议在传输层使用TCP服务，并使用熟知端口号21。

4. 架设FTP服务器

（1）安装IIS。Windows Server 2008提供的IIS7.0服务器中内嵌了FTP服务器软件，因此这里我们只需要安装IIS就可以把FTP和WWW服务都安装上去了。

具体的操作步骤如下：

①在服务器中选择"开始"→"服务器管理器"命令打开服务器管理器窗口，选择左侧"角色"一项之后，单击右侧的"添加角色"链接，在弹出的对话框里选中"Web服务器（IIS）"复选框，并在随即弹出的对话框里点选"添加必需的功能"，然后单击"下一步"按钮，如图6.67所示。

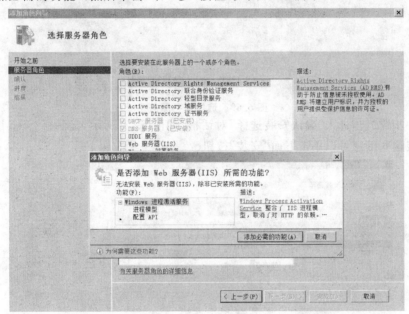

图 6.67 服务器角色

②在图6.68中，"Web服务器（IIS）"对话框中，对Web服务器（IIS）进行了简要介绍，在此单击"下一步"按钮继续操作。

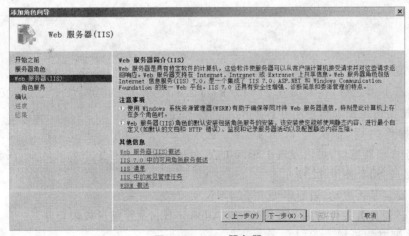

图 6.68 Web 服务器

③进入"选择角色服务"对话框,如图 6.69 所示,单击每一个服务选项右边,会显示该服务相关的详细说明,一般采用默认的选择即可,如果有特殊要求则可以根据实际情况进行选择。

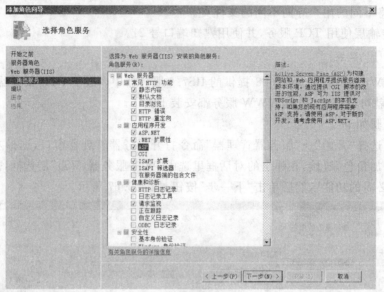

图 6.69　选择角色服务

④单击"下一步"按钮,进入"确认安装选择"对话框,如图 6.70 所示,显示了 Web 服务器安装的详细信息,确认安装这些信息可以单击下面"安装"按钮。

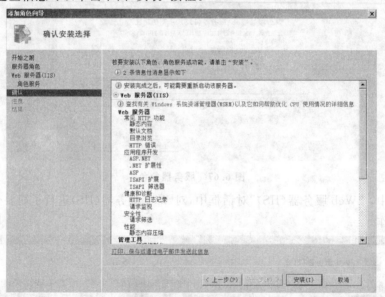

图 6.70　确认安装选择

⑤安装 Web 服务器之后,在如图 6.71 所示的对话框中可以查看到 Web 服务器安装完成的提示,此时单击"关闭"按钮退出添加角色向导。

⑥完成上述操作之后,依次选择"开始"→"管理工具"→"Internet 信息服务管理器"命令打开 Internet 信息服务管理器窗口,可以发现 IIS7.0 的界面和以前版本有了很大的区别,在起始页中显示的是 IIS 服务的连接任务,如图 6.72 所示。

测试 IIS7.0 安装是否成功,若显示图 6.73,则说明安装成功。

安装 IIS7.0 必须具备条件管理员权限,使用 Administrator 管理员权限登录。

(2)FTP 服务器基本设置。

①启动 FTP 服务。依次单击"开始"→"程序"→"管理工具"→"Internet 信息服务管理器",打开

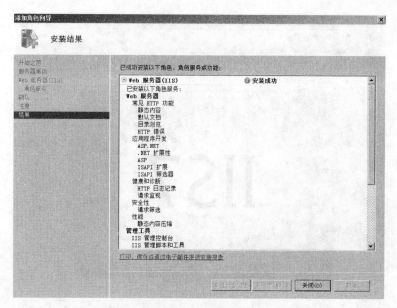

图 6.71　安装结果

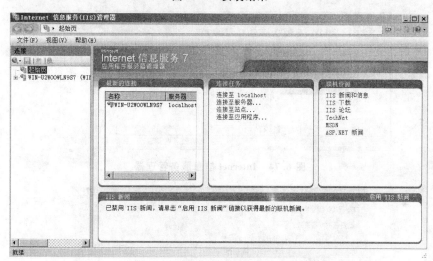

图 6.72　Internet 信息服务管理器

"Internet 信息服务管理器窗口",点击"单击此处启动"可以启动 FTP 站点,如图 6.74 所示。这里使用的是 IIS6.0 管理器。

可以直接使用 IIS 默认建立的 FTP 站点,将可供下载的文件直接放在默认目录 c:\Inetpub\ftproot下,完成这些操作后,打开本机或客户机浏览器,在地址栏中输入 FTP 服务器的 IP 地址,就可以以匿名的方式登录到 FTP 服务器。

②设置 Default FTP Site 属性。设置主目录:打开 IIS 管理器,右击管理控制树中的 FTP 站点图标,从弹出菜单中选择"属性"。切换到"主目录"选项卡,如图 6.75 所示,在这里配置供 FTP 站点存储文件的目录以及读取权限。

设置 FTP 站点:切换到"FTP 站点"选项卡,如图 6.76 所示,在 FTP 站点标识中设置 IP 地址和TCP 端口号,并可以填入一个对此站点的描述。在 FTP 站点连接中,可设置站点最大并发连接数,并设置连接超时时间,这对于 FTP 站点的稳定工作非常重要,不建议选"不受限制"项。单击"当前用户"可打开"FTP 用户会话"对话框,该对话框中列出当前连接到 FTP 站点的用户列表。从列表中选择用户,单击"断开"可以断开当前用户的连接,单击"全部断开"可以使全部的当前用户从系统断开,请大家

图 6.73 验证安装结果

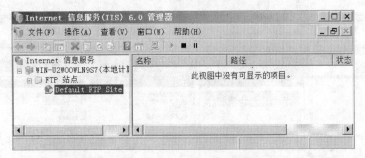

图 6.74 Internet 信息服务管理器

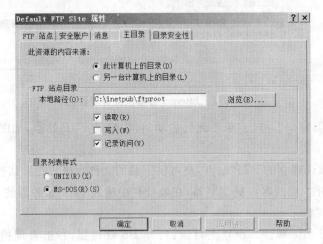

图 6.75 主目录

自己测试。

设置消息:通过"消息"选项卡可以设置 FTP 站点相关信息;用户在连入或退出时可以看到相关的提示性消息,如图 6.77 所示。

设置安全账户:这里设置匿名访问时使用的 windows 用户账户,如图 6.78 所示。

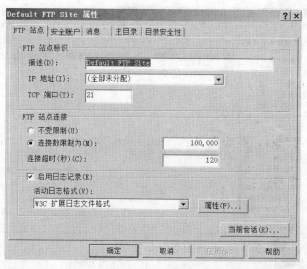

图 6.76 站点

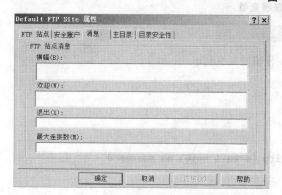

图 6.77 消息

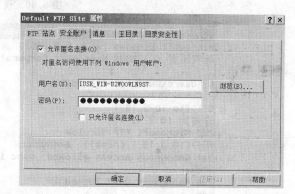

图 6.78 安全账户

③访问 FTP 站点。在浏览器地址栏输入"ftp://127.0.0.1",就进入 FTP 站点,如图 6.79 所示。

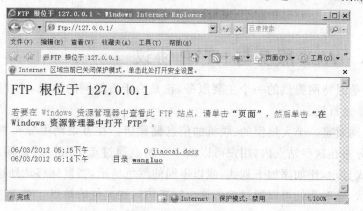

图 6.79 站点查看

点击"在 windows 资源管理器中打开 FTP",如图 6.80 所示。

也可以在命令行中访问 FTP 站点,如图 6.81 所示。

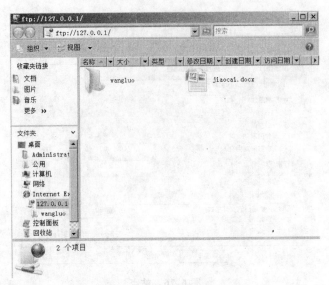

图 6.80　资源管理器查看

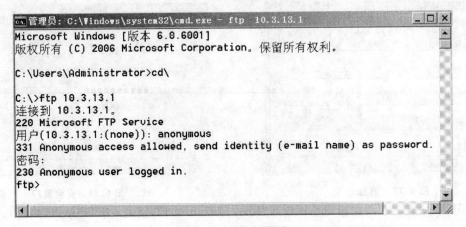

图 6.81　命令行查看

6.2.5　Web 服务与 HTTP 协议

万维网 WWW 是因特网提供的一个主要服务,正是由于万维网的出现,才使得计算机网络从少数专家的使用扩展到普通百姓。

简而言之,万维网就是一个大规模的、联机的信息储藏所。在万维网中分布着大量的"站点",万维网上的信息资源就分布在这些站点内,用户可以从一个站点通过点击"链接"访问到其他站点。这些链接可以用特殊的方式显示,比如添加下划线,或以不同的颜色显示,当鼠标移动到这些链接上面时,鼠标就变为一只手的形状,这时我们可以通过单击这个链接访问到其他的站点。对于本部分内容的学习,大家需要从以下几个方面来理解:

1. 站点

我们可以把它理解为一个网站,其实质是某台 WWW 服务器中的一个存储目录,当然里面有很多的子文件夹或文件。

2. 标记万维网上的文档

在万维网中,各种文档都应该有一个网上的标识,这个标识在因特网中要唯一,否则就会产生二义性。万维网使用统一资源定位符(Uniform Resource Locator,URL)来解决这个问题。

URL 的格式:"协议://主机:端口/路径"。

例如:要访问网易网站的首页,需要在浏览器的地址栏中输入"http://www.163.com",这里由于使用默认端口,所以端口号被省略掉了。可能有的读者注意到了,上面网易网站的 URL 里并没有显示出是哪个文档,这种情况下,默认显示的是该网站的首页。具体大家在做实训时会知道如何进行相关设置。

其实这里的 URL 可以进一步理解为因特网上的统一资源定位符,例如,下面的 URL 地址"ftp://211.82.16.68",就是在访问一个 FTP 站点了,同理还有新闻组等。

3.万维网的工作方式为客户服务器方式

万维网的工作方式即客户程序向服务器程序发出请求,服务器程序提供服务,把客户程序要求的文档传回去。客户程序就是我们熟知的上网时使用的浏览器,当前这样的浏览器也很多,如 Windows 系统自带的 IE 浏览器、360 浏览器等。而服务器程序也并非唯一,常用的如 Windows 系统里常用的 IIS、IBM WebSphere、Apache、tomcat 等。

4.超文本标记语言 HTML

不管是何种浏览器,也不管所请求的服务器采用哪种技术实现,浏览器都应该能显示服务器端传回的文档,这就要求服务器端和客户端应该有一个统一的页面制作的标准问题,而这个标准就是超文本标记语言 HTML。

HTML 语言的标准由 W3C 负责制定,和平常大家熟知的编程语言不同,HTML 是一种标记性语言,它定义了很多用于排版的标签,浏览器就可以解释这些标签并把内容显示出来。例如,"<I>"表示后面采用斜体字排版,而"</I>"则表示斜体字排版到此结束,再如"<a href="http://www.tianya.cn/">天涯社区</a>"则表示"天涯社区"是一个链接,用户只要点击浏览器中的这个链接,就可以访问 URL 为"http://www.tianya.cn"的网站了。

HTML 语言只是定义了静态文档的显示标准,实际上对于大家所浏览的网站内容来说,很多部分是动态生成的。这里既有客户端的技术,也有服务器端的技术。客户端的动态部分由客户端执行,主要是在 HTML 里嵌入了脚本语言,如 JavaScript、VBScript 等。服务器端的动态部分则往往和操作数据库有关,由服务器端执行程序代码,并将产生的静态文档传回客户端。这里相关技术很多,读者可查阅相关内容。

5.HTTP 协议

客户端和服务器端在应用层使用 HTTP 协议来进行通信,绝大多数的 Web 开发,都是构建在 HTTP 协议之上的 Web 应用。

HTTP 是一个属于应用层的面向对象的协议,由于其简捷、快速的方式,适用于分布式超媒体信息系统。它于 1990 年提出,经过几年的使用与发展,得到不断地完善和扩展。

HTTP 协议的主要特点可概括如下:

(1)支持客户/服务器模式。

(2)简单快速。客户向服务器请求服务时,只须传送请求方法和路径。请求方法常用的有 GET、HEAD、POST。每种方法规定了客户与服务器联系的类型不同。由于 HTTP 协议简单,使得 HTTP 服务器的程序规模小,因而通信速度很快。

(3)灵活。HTTP 允许传输任意类型的数据对象。正在传输的类型由 Content-Type 加以标记。

(4)无连接。无连接的含义是限制每次连接只处理一个请求。服务器处理完客户的请求,并收到客户的应答后,即断开连接。采用这种方式可以节省传输时间。

(5)无状态。HTTP 协议是无状态协议。无状态是指协议对于事务处理没有记忆能力。缺少状态意味着如果后续处理需要前面的信息,否则它必须重传,这样可能导致每次连接传送的数据量增大。另一方面,在服务器不需要先前信息时它的应答就较快。

(6)HTTP 的下一层使用 TCP 协议。

6.WWW 的简要工作流程

(1)启动客户程序,即浏览器。

(2)键入以 URL 形式表示的、待查询的 Web 页面地址。

(3)客户程序与该 Web 地址的服务器建立连接,并告诉 Web 服务器需要浏览的页面。

(4)Web 服务器将该页面发送给客户程序,客户程序将显示该页面。

(5)客户机与服务器结束连接。

7. 架设 WWW 服务器

在前面 FTP 服务器中,我们已经安装了 IIS 7.0,这里面包括了 WWW 服务器,所以此处省略了 WWW 服务器的安装。

(1)WWW 服务器基本设置。

①打开默认网站。选择"开始"→"管理工具"→"Internet 信息服务(IIS)管理器"命令,打开"Internet 信息服务(IIS)管理器"窗口,IIS 管理器采用了三列式界面,双击对应的 IIS 服务器,可以看到"功能视图"中有 IIS 默认的相关图标以及"操作"窗格中的对应操作。在"连接"窗格中,展开树中的"网站"结点,有系统自动建立的默认 Web 站点"Default Web Site",可以直接利用它来发布网站,也可以建立一个新网站,如图 6.82 所示。

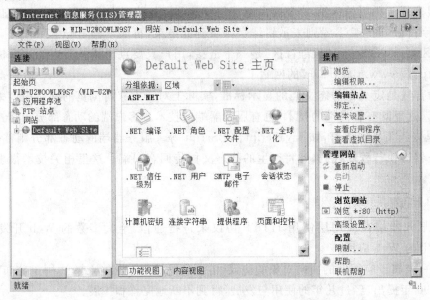

图 6.82　Internet 信息服务(IIS)管理器

②设置主目录。主目录是指保存 Web 网站的文件夹,当用户访问该网站时,Web 服务器会自动将该文件夹中的默认网页显示给客户端。

单击"操作"栏下的"浏览"链接,将打开该网站的主目录 C:\Inetpub\wwwroot,该目录下显示出主目录里的文件,包括默认显示页面文件 iisstart。点击"操作"栏下的"基本设置"链接,可设置主目录。如图 6.83 所示。

③绑定网站的 IP 地址及端口。单击"操作"栏下的"绑定"链接,弹出网站绑定对话框,单击"编辑"弹出对话框设置绑定 IP,如图 6.84 所示。

④高级设置。单击"操作"栏下的"高级设置"链接,如图 6.85 所示。在此处可进行一些常规设置及连接限制等。

图 6.83　编辑网站

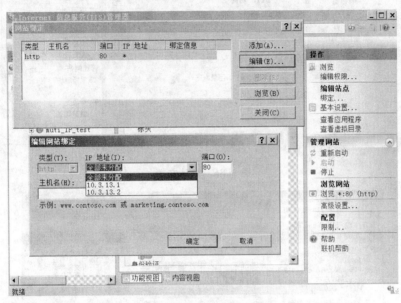

图 6.84　绑定

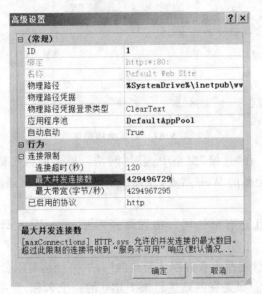

图 6.85　高级设置

　　⑤默认文档。一般的,Web 网站都需要一个默认文档,当在 IE 浏览器中使用 IP 地址或域名访问时,Web 服务器会将默认文档返回给浏览器,在默认情况下,IIS 7.0 的 Web 站点启用了默认文档,并预设了默认文档的名称。

打开"IIS 管理器"窗口,在功能视图中选择"默认文档"图标,如图 6.86 所示,双击查看网站的默认文档,如图 6.87 所示,默认文档的文件名有六个,分别为:default. htm、default. asp、index. htm、index. html、iisstar. htm 和 default. aspx,可以通过操作里的"上移"和"下移"来改变默认文档的顺序。服务器会优先将排位靠上的文档返回给客户端。

图 6.86　默认文档

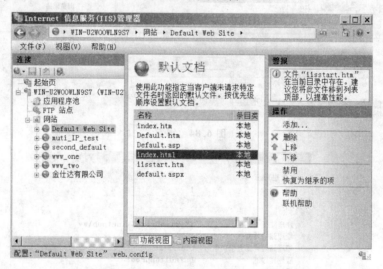

图 6.87　默认文档排序

(2)添加 WWW 服务器。在"连接"窗格中选取"网站",单击鼠标右键,在弹出的快捷菜单里选择"添加网站"命令开始创建一个新的 Web 站点,在弹出的"添加网站"对话框中设置 Web 站点的相关参数,如图 6.88 所示。

本例中,网站名称为"金仕达有限公司",物理路径为 c:\jsd,IP 地址和端口分别为"10.3.13.1"和 80。

单击"确定"后,可在 IIS 管理器中看到刚才新建的网站"金仕达有限公司",如图 6.89 所示。

(3)设置虚拟目录。虚拟目录是在网站主目录下建立的一个名称,它是 IIS 中指定并映射到本地或远程服务器上的物理目录的目录名称。虚拟目录可以在不改变别名的情况下,任意改变其对应的物理文件夹。虚拟目录只是一个文件夹,并不是真正位于 IIS 宿主文件夹内(％SystemDrive％:\Inetpub\wwwroot)。但在访问 Web 站点的用户看来,则好像就是位于 IIS 的宿主文件夹一样。

用鼠标右键单击"Default Web Site"站点,在弹出的菜单中选择"添加虚拟目录"命令,弹出如图

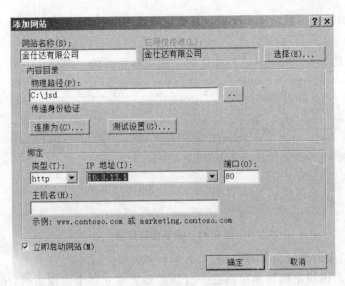

图 6.88 添加网站

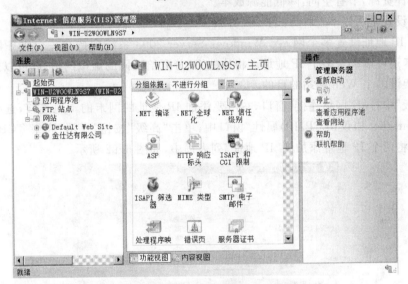

图 6.89 新建网站显示

6.90所示对话框,输入其别名和物理路径。

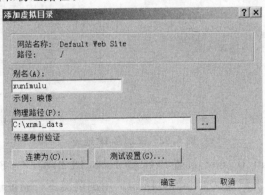

图 6.90 添加虚拟目录

在虚拟目录物理路径中添加文件 index. html。其主要内容为:

＜body＞

这是默认网站添加的虚拟目录 xunimulu,其物理地址为"c:/xnml_data/index.html"。

</body>

用浏览器查看,如图 6.91,可见其已经在逻辑上成为本站点的一部分。

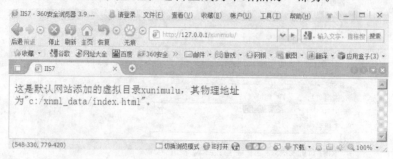

图 6.91 验证虚拟目录

此处浏览器地址栏中的地址为 http://127.0.0.1/xunimulu/。

(4)设置虚拟主机。虚拟主机技术可以在一台服务器上建立多个虚拟主机,来实现多个 Web 网站,这样可以节约硬件资源,节省空间,降低能源成本。

虚拟主机的设置常用以下三种方式:

①使用不同 IP 地址设置多个网站。Windows Server 2008 系统支持在一台服务器上安装多块网卡,并且一块网卡还可以绑定多个 IP 地址。将这些 IP 分配给不同的虚拟网站,就可以达到一台服务器多个 IP 地址来架设多个 Web 网站的目的。

在"控制面板"中打开"网络连接"窗口,右击要添加 IP 地址的网卡的本地连接,选择快捷菜单中的"属性"项。在"Internet 协议(TCP/IP)属性"窗口中,单击"高级"按钮,显示"高级 TCP/IP 设置"窗口。单击"添加"按钮将两个 IP 地址添加到"IP 地址"列表框中,如图 6.92 所示。

图 6.92 添加多 IP 地址

在网站下新添加站点 muti_IP_test,设置其 IP 为 10.3.13.2,端口为 80,物理地址为"c:/muti_IP_test/index.html"。在新站点下添加文件 index.html。用浏览器进行验证访问,如图 6.93 所示。

此时,我们当然还可以访问 http://10.3.13.1 站点,这样就达到了在一台服务器上使用多个 IP 设置多个网站的目的。

此处不同的 IP 地址对应不同的域名,可在域名服务器中为 IP 地址 10.3.13.2 增加域名记录,然后

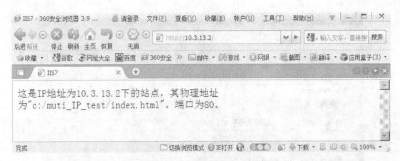

图 6.93　验证多 IP 地址

通过域名验证。

②使用不同端口号设置多个网站。新添加一个网站,使其 IP 地址为 10.3.13.1,名称为 second_default,设置其端口号为 8088,并在其主目录 c:/second_default/index.html 下添加默认文档,测试如图 6.94 所示。

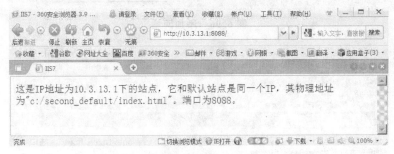

图 6.94　验证多端口

这样在 IP 地址 10.3.13.1 下的 80 端口和 8088 端口分别是两个不同的站点。

③使用主机头设置多个网站。在 DNS 服务器中,在 zj.com 域下新建主机 www_one 和 www_two,其 IP 地址均为 10.3.13.1,如图 6.95 所示。

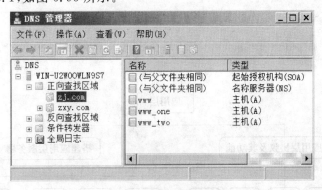

图 6.95　添加 DNS 记录

新建网站 www_one 和网站 www_two,其 IP 地址均为 10.3.13.1,端口号为 80,并在其主目录中添加默认文档,另外设主机名分别为 www_one.zj.com 和 www_two.zj.com,这里主机名对应 DNS 里的域名,如图 6.96 所示。

在浏览器中访问 http://www_one.zj.com,验证如图 6.97 所示。读者可自己验证访问 http://www_two.zj.com。

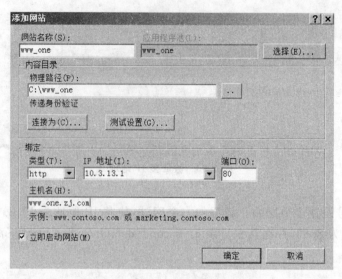

图 6.96　添加网站

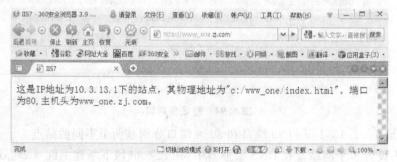

图 6.97　验证主机头

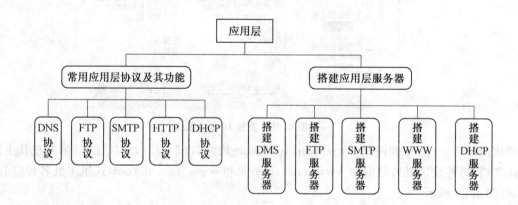

拓展与实训

▶ 基础训练

1. 选择题

(1)DNS 的基本功能是(   )。

A. MAC 地址解析　　　　B. 域名解析　　　　C. 端口解析　　　　D. 报文解析

(2)(   )是电子邮件服务协议。

A. SMTP　　　　B. UDP　　　　C. IP　　　　D. FTP

(3)FTP 使用的连接控制端口是(   )。

A. TCP 21　　　　B. TCP 25　　　　C. TCP 31　　　　D. UDP 21

(4)DHCP 可以(   )。

A. 动态分配 MAC 地址　　　　　　　　B. 动态分配端口地址

C. 动态分配 IP 地址　　　　　　　　　D. 动态分配服务器域名

(5)HTTP 协议是一种(   )。

A. 网络层协议　　　　B. 应用层协议　　　　C. 传输层协议　　　　D. 数据链路层协议

2. 填空题

(1)Internet 的域名系统 DNS 被设计成为一个联机分布式数据库系统,并采用(   )模式。

(2)域名系统(Domain Name System,DNS)是一种命名方案,它采用(   )的域名结构来表达主机名,并且用(   )数据库系统来实现。

(3)当一台 DHCP 客户端租到一个 IP 地址后,该 IP 地址不可能长期被它占用,它会有一个使用期,即(   )。

(4)HTTP 的下一层使用(   )协议。

(5)电子邮件由信封和(   )两部分组成。

3. 判断题

(1)DNS 使用 UDP53 端口,所以属于传输层协议。(   )

(2)FTP 在通信过程中要使用两个端口。(   )

(3)DHCP 会占有更多的 IP 地址。(   )

(4)电子邮件系统是一种无连接通信的应用。(   )

(5)一台主机上只能安装一种网络应用层服务器软件。(   )

4. 简答题

(1)Internet 是如何划分域名结构的?

(2)如何理解 DNS 服务中的正向解析和反向解析?

(3)如何理解 DHCP 服务器的功能和作用?

(4)WWW 的简要工作流程是什么?

(5)如何理解 URL 的作用?它只能用在 WWW 服务中吗?

▶ 技能实训

实训题目 1　网络服务器配置

1. 在网络中架设 DNS 服务器,进行基本设置,使其能提供 DNS 服务。

【实训要求】

在 windows server 2008 操作系统中安装 DNS 服务器,在服务器中建立域名 test.com,并在此域名下添加一条主机(www1)记录,使域名 www1.test.com 对应 IP 地址为 10.1.1.1,并能实际测试通过。

【实训环境】

本实训要求在局域网中安装 windows server 2008 操作系统的服务器,并有 WWW 服务器和客户端 PC 机。

【参考操作方法】(略)

2.在网络中架设 WWW 服务器,进行设置,使其能提供 WWW 服务。

【实训要求】

在 windows server 2008 操作系统中安装 IIS 7.0,要求利用一个 IP 地址,通过设置主机头的方式创建两个站点。其中,IP 地址为 10.1.1.2,主机名为 wwwone.test.com 和 wwwtwo.test.com,端口均为默认端口,并实际测试通过。

【实训环境】

本实训要求在局域网中有安装 windows server 2008 操作系统的服务器,并有 DNS 服务器和客户端 PC 机。

【参考操作方法】(略)

实训题目 2 综合练习

在本技能实训中,大家请参考给出的 show running-config(主要部分)自行配置网络设备,使其能互通,PC0 和 PC1 能通过域名访问远端的 WWW 服务器,实训拓扑结构如图 6.98 所示。

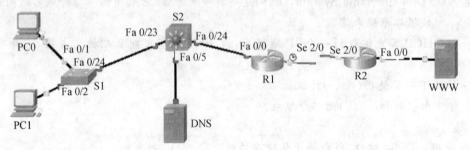

图 6.98 综合实训网络拓扑图

IP 地址规划如下:

计算机名称	IP 地址	VLAN	DNS 服务器	网关
PC0	192.168.10.2/24	10	192.168.50.100	192.168.10.1
PC1	192.168.20.2/24	20	192.168.50.100	192.168.20.1
DNS	192.168.50.100/24	1		192.168.50.1
WWW	211.82.16.68/24			211.82.16.254
S2_VLAN1	192.168.50.1/24			
S2_VLAN10	192.168.10.1/24			
S2_VLAN20	192.168.20.1/24			
R1_F0/0	192.168.50.2/24			
R1_S2/0	10.1.1.1/24			
R2_S2/0	10.1.1.2/24			
R2_F0/0	211.82.16.254/24			

S1 显示运行配置如下：

```
S1♯show running
Building configuration...
hostname S1
interface FastEthernet0/1
switchport access vlan 10
interface FastEthernet0/2
switchport access vlan 20
interface FastEthernet0/24
switchport mode trunk
end
```

S2 显示运行配置如下：

```
S2♯show running
Building configuration...
hostname S2
ip routing
interface FastEthernet0/23
switchport trunk encapsulation dot1q
interface Vlan1
ip address 192.168.50.1 255.255.255.0
interface Vlan10
ip address 192.168.10.1 255.255.255.0
interface Vlan20
ip address 192.168.20.1 255.255.255.0
ip classless
ip route0.0.0.0 0.0.0.0 192.168.50.2
end
```

R1 显示运行配置如下：

```
R1♯show running
Building configuration...
hostname R1
interface FastEthernet0/0
ip address 192.168.50.2 255.255.255.0
duplex auto
speed auto
interface Serial2/0
ip address10.1.1.1 255.255.255.0
clock rate 38400
ip classless
ip route 192.168.0.0 255.255.0.0 192.168.50.1
ip route0.0.0.0 0.0.0.0 10.1.1.2
end
```

R2 显示运行配置如下：

R2♯show running

Building configuration...

hostname R2

interface FastEthernet0/0

ip address 211.82.16.254 255.255.255.0

duplex auto

speed auto

interface Serial2/0

ip address10.1.1.2 255.255.255.0

ip classless

ip route0.0.0.0 0.0.0.0 10.1.1.1

end

在 DNS 服务器中，将域名 www.myhomepage.com 对应 IP 地址 211.82.16.68，配置界面如图6.99 所示。

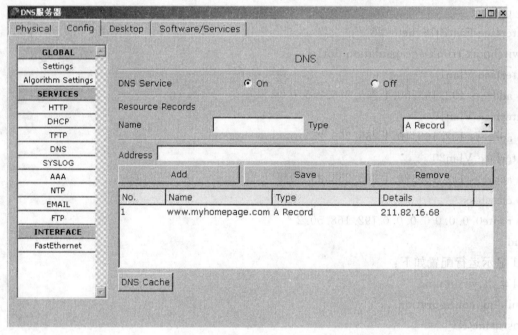

图 6.99　综合实训 DNS 配置

WWW 服务器配置界面如图 6.100 所示。

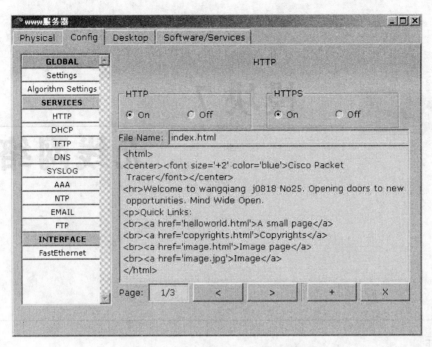

图 6.100　综合实训 WWW 服务器配置

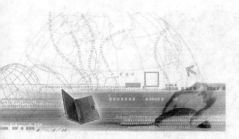

模块 7
无线网络技术

知识目标

◆ 掌握常用无线网络协议,熟悉其特点和应用领域。

◆ 了解无线网络安全性及其实现方法。

技能目标

◆ 掌握无线网络基本的连接配置方法。

课时建议

6 课时。

课堂随笔

7.1 无线网络的基本概念

【知识导读】

1. 无线网络是什么？

2. 无线网络的特点有哪些？

所谓无线网络,既包括允许用户建立远距离无线连接的全球语音和数据网络,也包括为近距离无线连接进行优化的红外线技术及射频技术,与有线网络的用途十分类似,最大的不同在于传输媒介的不同,利用无线电技术取代网线,可以和有线网络互为备份。

无线局域网指的是采用无线传输媒介的计算机网络,结合了最新的计算机网络技术和无线通信技术。首先,无线局域网是有线局域网的延伸。使用无线技术来发送和接收数据,减少了用户的连线需求。无线局域网具有开发运营成本低、时间短,投资回报快,易扩展,受自然环境、地形及灾害影响小,组网灵活快捷等优点。可实现"任何人在任何时间、任何地点以任何方式与任何人通信",弥补了传统有线局域网的不足。随着 IEEE802.11 标准的制定和推行,无线局域网的产品将更加丰富,不同产品的兼容性将得到加强。现在无线网络的传输率已达到和超过了 10M bps,并且还在不断变快。目前无线局域网除能传输语音信息外,还能顺利地进行图形、图像及数字影像等多种媒体的传输。

众所周知有线网络是通过网线将各个网络设备连接到一起,不管是路由器、交换机还是计算机,网络通信都需要网线和网卡;而无线网络则大大不同,目前我们广泛应用的 802.11 标准无线网络是通过 2.4G Hz 无线信号进行通信的,由于采用无线信号通信,在网络接入方面就更加灵活了,只要有信号就可以通过无线网卡完成网络接入的目的;同时网络管理者也不用再担心交换机或路由器端口数量不足而无法完成扩容工作了。总的来说中小企业无线网络与传统有线网络相比主要有以下两个特点。

(1)无线网络组网更加灵活。无线网络使用无线信号通信,网络接入更加灵活,只要有信号的地方都可以随时随地将网络设备接入到企业内网。因此在企业内网应用移动办公或即时演示时无线网络优势更加明显。

(2)无线网络规模升级更加方便。无线网络终端设备接入数量限制更少,相比有线网络一个接口对应一个设备,无线路由器容许多个无线终端设备同时接入到无线网络,因此在企业网络规模升级时无线网络优势更加明显。

7.2 无线网络常用协议

【知识导读】

1. 无线网络协议的基本功能有哪些?

2. 无线网络协议的运行机制是什么?

3. 目前无线网络协议有哪些实际应用?

7.2.1 无线局域网与 802.11 协议及设备

1. 无线局域网的概念

无线局域网络(Wireless Local Area Networks,WLAN)利用射频(Radio Frequency,RF)的技术,达到信息随身化、便利走天下的理想境界。

无线局域网络绝不是用来取代有线局域网络,而是用来弥补有线局域网络之不足,以达到网络延伸之目的,下列情形可能需要无线局域网络。

(1)无固定工作场所的使用者。

(2)有线局域网络架设受环境限制。

(3)作为有线局域网络的备用系统。

2. 无线局域网主要技术

(1)调制方式。11MbpsDSSS 物理层采用补码键控(CCK)调制模式。CCK 与现有的 IEEE802.11DSSS 具有相同的信道方案,在 2.4GHzISM 频段上有三个互不干扰的独立信道,每个信道约占 25 MHz。因此,CCK 具有多信道工作特性。

(2)PCI 插槽无线网卡(NIC)。可以不需要电缆而使你的计算机和别的计算机在网络上通信。无线 NIC 与其他的网卡相似,不同的是,它通过无线电波而不是物理电缆收发数据。无线 NIC 为了扩大它们的有效范围需要加上外部天线。

(3)PCMCIANIC。同上面提到的无线 NIC 一样,只是它们适合笔记本型电脑的 PC 卡插槽。同桌面计算机相似,你可以使用外部天线来加强 PCMCIA 无线网卡。

(4)AP 接入点(ACCESSPOINT,又称无线局域网收发器)。用于无线网络的无线 HUB,是无线网络的核心。它是移动计算机用户进入有线以太网骨干的接入点,AP 可以简便地安装在天花板或墙壁上,它在开放空间最大覆盖范围可达 300 m,无线传输速率可以高达 11M bps。

(5)天线。无线局域网天线可以扩展无线网络的覆盖范围,把不同的办公大楼连接起来。这样,用户可以随身携带笔记本电脑在大楼之间或在房间之间移动的同时与网络保持连接。

(6)扩谱技术。扩谱技术是一种在 20 世纪 40 年代发展起来的调制技术,它在无线电频率的宽频带上发送传输信号。包括跳频扩谱(FHSS)和直接顺序扩谱(DSSS)两种。跳频扩谱被限制在 2M bit/s 数据传输率,并建议用在特定的应用中。对于其他所有的无线局域网服务,直接顺序扩谱是一个更好的选择。在 IEEE802.11b 标准中,允许采用 DSSS 的以太网速率达到 11M bit/s。

3. 无线局域网优点

(1)灵活性和移动性。在有线网络中,网络设备的安放位置受网络位置的限制,而无线局域网在无线信号覆盖区域内的任何一个位置都可以接入网络。无线局域网另一个最大的优点在于其移动性,连接到无线局域网的用户可以移动且能同时与网络保持连接。

(2)安装便捷。无线局域网可以免去或最大限度地减少网络布线的工作量,一般只要安装一个或多个接入点设备,就可建立覆盖整个区域的局域网络。

(3)易于进行网络规划和调整。对于有线网络来说,办公地点或网络拓扑的改变通常意味着重新建网。重新布线是一个昂贵、费时、浪费和琐碎的过程,无线局域网可以避免或减少以上情况的发生。

(4)故障定位容易。有线网络一旦出现物理故障,尤其是由于线路连接不良而造成的网络中断,往往很难查明,而且检修线路需要付出很大的代价。无线网络则很容易定位故障,只须更换故障设备即可恢复网络连接。

(5)易于扩展。无线局域网有多种配置方式,可以很快从只有几个用户的小型局域网扩展到上千用户的大型网络,并且能够提供结点间"漫游"等有线网络无法实现的特性。由于无线局域网有以上诸多优点,因此其发展十分迅速。最近几年,无线局域网已经在企业、医院、商店、工厂和学校等场合得到了广泛的应用。

4. 无线局域网的不足

无线局域网在能够给网络用户带来便捷和实用的同时,也存在着一些缺陷。无线局域网的不足之处体现在以下几个方面:

(1)性能。无线局域网是依靠无线电波进行传输的。这些电波通过无线发射装置进行发射,而建筑物、车辆、树木和其他障碍物都可能阻碍电磁波的传输,所以会影响网络的性能。

(2)速率。无线信道的传输速率与有线信道相比要低得多。目前,无线局域网的最大传输速率为 150M bit/s,只适合于个人终端和小规模网络应用。

(3)安全性。本质上无线电波不要求建立物理的连接通道,无线信号是发散的。从理论上讲,很容易监听到无线电波广播范围内的任何信号,造成通信信息泄漏。

5.802.11 协议

802.11 为电机电子工程师协会(The Institute of Electrical and Electronics Engineers,IEEE)于1997 年公告的无线区域网络标准,适用于有线站台与无线用户或无线用户之间的沟通连接。

802.11 的规格说明:

(1)802.11——初期的规格采用直接序列展频技术(Direct Sequence Spread Spectrum,DSSS)或跳频展频技术(Frequency Hopping Spread Spectrum,FHSS),制定了在 RF 射频频段 2.4G Hz 上的运用,并且提供了 1M bps、2M bps 和许多基础信号传输方式与服务的传输速率规格。

(2)802.11a——802.11 的衍生版,于 5.8G Hz 频段提供了最高 54M bps 的速率规格,并运用orthogonal frequency division multiplexing encoding scheme 以取代 802.11 的 FHSS 或 DSSS。

(3)802.11b——所谓的高速无线网络或 Wi-Fi 标准,1999 年再度发表 IEEE802.11b 高速无线网络标准,在 2.4G Hz 频段上运用 DSSS 技术,且由于这个衍生标准的产生,将原来无线网络的传输速度提升至 11 Mbps 并可与以太网络(Ethernet)相媲美。

(4)802.11g——在 2.4GHz 频段上提供高于 20 Mbps 的速率规格。

(5)802.11e——定义了无线局域网的服务质量(quality-of-service),例如,支持语音 ip。

(6)802.11h——对 802.11a 的补充,使其符合关于 5ghz 无线局域网的欧洲规范。

(7)802.11i——无线安全标准,wpa 是其子集。

(8)802.11j——日本所采用的等同于 802.11h 的协议。

(9)802.11k——无线电广播资源管理。通过部署此功能,服务运营商与企业客户将能更有效地管理无线设备和接入点设备/网关之间的连接。

(10)802.11n——预计在 2006 年所采用的建议规范,此规范将使得 802.11a/g 无线局域网的传输速率提升一倍。

(11)802.11p——车辆接入。

(12)802.11r——"快速漫游"。尽管现在可能还不明显,但 Wi-Fi 移动设备将很快需要具备在用户或用户移动过程中能在不同网络间迅速转换的功能。

(13)802.11s——"网状网络",网络中每个设备都能向一个远离接入点的结点进行数据的中继传输。

(14)802.11t——无线网络性能。

(15)802.11u——与其他网络的交互性。

(16)802.11v——无线网络管理。802.11v 主要面对的是运营商,致力于增强由 Wi-Fi 网络提供的服务。

(17)802.11n 协议——新兴的 802.11n 标准具有高达 600M bps 的速率,是下一代的无线网络技术,可提供支持对带宽最为敏感的应用所需的速率、范围和可靠性。802.11n 结合了多种技术,其中包括 SpatialMultiplexingMIMO(Multi-In,Multi-Out)(空间多路复用多入多出)、20M Hz 和 40M Hz 信道和双频带(2.4G Hz 和 5G Hz),以便形成很高的速率,同时又能与以前的 IEEE802.11b/g 设备通信。

多入多出(MIMO)或多发多收天线(MTMRA)技术是无线移动通信领域智能天线技术的重大突破。该技术能在不增加带宽的情况下成倍地提高通信系统的容量和频谱利用率,是新一代移动通信系统必须采用的关键技术。

802.11n 专注于高吞吐量的研究,计划将无线局域网的传输速率从 802.11a 和 802.11g 的 54M bps增加至 108M bps 以上,最高速率可达 320M bps 甚至 500M bps。这样高的速率当然要有技术支撑,而

OFDM 技术、MIMO(多入多出)技术正是关键。

OFDM 技术是多载波调制(Multi-CarrierModulation,MCM)的一种,它曾经在 802.11g 标准中被采用。其核心是将信道分成许多进行窄频调制和传输正交子信道,并使每个子信道上的信号频宽小于信道的相关频宽,用以减少各个载波之间的相互干扰,同时提高频谱的利用率的技术。

OFDM 还通过使用不同数量的子信道来实现上行和下行的非对称性传输。不过 OFDM 技术易受频率偏差的影响,存在较高的峰值平均功率比(PAR),不过可以通过时空编码、分集、干扰抑制以及智能天线技术,最大限度地提高物理层的可靠性,802.11g 中虽也采用相似技术,但相比 802.11n 中与 MIMO 技术的结合,自然逊色不少。

6.无线网络设备类型

在无线局域网里,常见的设备有无线网卡、无线网桥、无线天线等。

(1)无线网卡。无线网卡的作用类似于以太网中的网卡,作为无线局域网的接口,实现与无线局域网的连接。无线网卡根据接口类型的不同,主要分为三种类型,即 PCMCIA 无线网卡、PCI 无线网卡和 USB 无线网卡。

PCMCIA 无线网卡仅适用于笔记本电脑,支持热插拔,可以非常方便地实现移动无线接入。

PCI 无线网卡适用于普通的台式计算机使用。其实 PCI 无线网卡只是在 PCI 转接卡上插入一块普通的 PCMCIA 卡。

USB 接口无线网卡适用于笔记本和台式机,支持热插拔,如果网卡外置有无线天线,那么,USB 接口就是一个比较好的选择。

(2)无线网桥。从作用上来理解无线网桥,它可以用于连接两个或多个独立的网络段,这些独立的网络段通常位于不同的建筑内,相距几百米到几十千米。所以说它可以广泛应用在不同建筑物间的互联。同时,根据协议不同,无线网桥又可以分为 2.4G Hz 频段的 802.11b 或 802.11G 以及采用 5.8G Hz 频段的 802.11a 无线网桥。无线网桥有三种工作方式:点对点,点对多点,中继连接。特别适用于城市中的远距离通信,特别是在无高大障碍(山峰或建筑)的条件下,快速组网和野外作业的临时组网。其作用距离取决于环境和天线。27 dbi 的定向天线可以实现 10 km 的点对点微波互连。12 dbi 的定向天线可以实现 2 km 的点对点微波互连。

无线网桥通常是用于室外,主要用于连接两个网络,使用无线网桥不可能只使用一个,必须两个以上,而 AP 可以单独使用。无线网桥功率大,传输距离远(最大可达约 50 km),抗干扰能力强等,不自带天线,一般配备抛物面天线实现长距离的点对点连接。

(3)无线天线。当计算机与无线 AP 或其他计算机相距较远时,随着信号的减弱,或者传输速率明显下降,或者根本无法实现与 AP 或其他计算机之间通信,此时,就必须借助于无线天线对所接收或发送的信号进行增益放大。

无线天线有多种类型,不过常见的有两种:一种是室内天线,优点是方便灵活,缺点是对的小,传输距离短;一种是室外天线,室外天线的类型比较多,一种是锅状的定向天线,一种是棒状的全向天线。室外天线的优点是传输距离远。

❖❖❖ 7.2.2　蓝牙、ZigBee 与 802.15.4 协议

1.蓝牙技术

蓝牙是一种支持设备短距离通信(一般 10 m 内)的无线电技术。能在包括移动电话、PDA、无线耳机、笔记本电脑、相关外设等众多设备之间进行无线信息交换。利用"蓝牙"技术,能够有效地简化移动通信终端设备之间的通信,也能够成功地简化设备与因特网 Internet 之间的通信,从而数据传输变得更加迅速高效,为无线通信拓宽道路。蓝牙采用分散式网络结构以及快跳频和短包技术,支持点对点及点

对多点通信,工作在全球通用的 2.4G Hz ISM(即工业、科学、医学)频段,其数据速率为 1M bps。采用时分双工传输方案实现全双工传输。使用 IEEE802.15 协议。

ISM 频带是对所有无线电系统都开放的频带,因此使用其中的某个频段都会遇到不可预测的干扰源。例如,某些家电、无绳电话、汽车开门器、微波炉等,都可能是干扰。为此,蓝牙特别设计了快速确认和跳频方案以确保链路稳定。跳频技术是把频带分成若干个跳频信道(Hop Channel),在一次连接中,无线电收发器按一定的码序列(即一定的规律,技术上叫做"伪随机码",就是"假"的随机码)不断地从一个信道"跳"到另一个信道,只有收发双方是按这个规律进行通信的,而其他的干扰不可能按同样的规律进行干扰;跳频的瞬时带宽是很窄的,但通过扩展频谱技术使这个窄带宽成百倍地扩展成宽频带,使干扰可能的影响变成很小。

与其他工作在相同频段的系统相比,蓝牙跳频更快,数据包更短,这使蓝牙比其他系统都更稳定。前向纠错(Forward Error Correction,FEC)的使用抑制了长距离链路的随机噪声。应用了二进制调频(FM)技术的跳频收发器被用来抑制干扰和防止衰落。

蓝牙基带协议是电路交换与分组交换的结合。在被保留的时隙中可以传输同步数据包,每个数据包以不同的频率发送。一个数据包名义上占用一个时隙,但实际上可以被扩展到占用 5 个时隙。蓝牙可以支持异步数据信道,多达 3 个的同时进行的同步话音信道,还可以用一个信道同时传送异步数据和同步话音。每个话音信道支持 64k bit/s 同步话音链路。异步信道可以支持一端最大速率为 721k bit/s 而另一端速率为 57.6k bit/s 的不对称连接,也可以支持 43.2k bit/s 的对称连接。

2. ZigBee 无线网络技术及其特点

ZigBee 技术主要用于无线个域网(WPAN),是基于 IEEE802.15.4 无线标准研制开发的。IEEE802.15.4 定义了两个底层,即物理层和媒体接入控制层(Media Access Control,MAC);ZigBee 联盟则在 IEEE 802.15.4 的基础上定义了网络层和应用层。ZigBee 联盟成立于 2001 年 8 月,该联盟由 Invensys、三菱、摩托罗拉、飞利浦等公司组成,如今已经吸引了上百家芯片公司、无线设备公司和开发商的加入,其目标市场是工业、家庭以及医学等需要低功耗、低成本、对数据速率和 QoS(服务质量)要求不高的无线通信应用场合。

ZigBee 这个名字来源于蜂群的通信方式:蜜蜂之间通过跳 Zigzag 形状的舞蹈来交互消息,以便共享食物源的方向、位置和距离等信息。与其他无线通信协议相比,ZigBee 无线协议复杂性低,对资源要求少,主要有以下特点:

(1)低功耗。这是 ZigBee 的一个显著特点。由于工作周期短、传输速率低,发射功率仅为 1 mW,以及采用了休眠机制,因此 ZigBee 设备功耗很低,非常省电。据估算,ZigBee 设备仅靠两节 5 号电池就可以维持长达 6 个月到 2 年左右的使用时间,这是其他无线设备望尘莫及的。

(2)低成本。协议简单且所需的存储空间小,这极大降低了 ZigBee 的成本,每块芯片的价格仅 2 美元,而且 ZigBee 协议是免专利费的。低成本对于 ZigBee 也是一个关键的因素。

(3)时延短。通信时延和从休眠状态激活的时延都非常短,典型的搜索设备时延为 30 ms,休眠激活的时延是 15 ms,活动设备信道接入的时延为 15 ms。这样一方面节省了能量消耗,另一方面更适用于对时延敏感的场合,例如,一些应用在工业上的传感器就需要以毫秒的速度获取信息,以及安装在厨房内的烟雾探测器也需要在尽量短的时间内获取信息并传输给网络控制者,从而阻止火灾的发生。

(4)传输范围小。在不使用功率放大器的前提下,ZigBee 结点的有效传输范围一般为 10~75 m,能覆盖普通的家庭和办公场所。

(5)网络容量大。根据 ZigBee 协议的 16 位短地址定义,一个 ZigBee 网络最多可以容纳 65 535 个结点,而且还可以通过 64 位的 IEEE 地址进行扩展,因此 ZigBee 网络的容量是相当大的。

(6)数据传输速率低。2.4G Hz 频段为 250k bit/s,915M Hz 频段为 40k bit/s,868M Hz 频段只有

20k bit/s。

(7)可靠。采取了免冲撞机制,同时为需要固定带宽的通信业务预留了专用时隙,避开了发送数据的竞争和冲突。媒体接入控制子层采用了完全确认的数据传输模式,每个发送的数据包都必须等待接收方的确认信息。如果传输过程中出现问题可以重发。

(8)安全。ZigBee 提供了基于循环冗余校验的数据包完整性检查功能,支持鉴权和认证,采用高级加密标准(Advanced Encryption standard,AES)进行加密,各个应用可以灵活确定其安全属性。

3. ZigBee 协议栈结构

ZigBee 协议栈结构是基于标准 OSI 七层模型的,包括高层应用规范、应用汇聚层、网络层、媒体接入层和物理层,如图 7.1 所示。

高层应用规范
应用汇聚层
网络层
媒体接入层
物理层

图 7.1　ZigBee 协议栈

4. ZigBee 网络拓扑结构

IEEE802.15.4 和 ZigBee 协议中明确定义了三种拓扑结构:星型结构(Star)、网状结构(Mesh)和簇树结构(Cluster Tree),如图 7.2 所示。

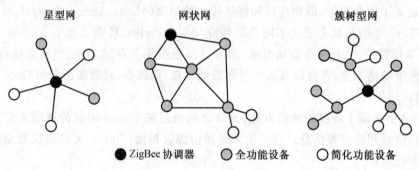

图 7.2　ZigBee 网络拓扑结构

在星型网络结构中,ZigBee 协调器负责整个网络的控制,无其他路由结点,ZigBee 终端设备直接与 zigBe 协调器通信,终端设备间的通信则需通过协调器转发。这是最简单的拓扑结构,网络通信范围十分有限,单独使用这种拓扑结构的情况很少。

在网状网络和簇树型网络中,ZigBee 协调器负责网络的建立和初始参数设定,网络都可以通过 ZigBee 路由器进行扩展。但是,在簇树型网络中,路由器采用分级路由策略传送数据和控制信息,并且通常是基于信标(Beacon)的通信模式。而在网状网中则是完全对等的点对点通信,路由器不会定期发送信标,仅在网内设备要求时对其单播信标。对于簇树型网络,其通信路由相对单一,骨干网络中一旦有路由结点瘫痪,则相应区域就进入通信瘫痪状态,要等待该部分网络重组后,才能恢复通信。但是,簇树型网定期发送信标,使网内结点能做到很好的同步,便于结点定期进入休眠状态,降低功耗,延长网络寿命。

在网状网中情况则恰好相反,完全的点对点通信使路由有多种选择,提高了网络的容错性,但是不定期发送信标使网络中结点很难达到同步,必须采取别的手段来实现,如广播。因此,网状结构与簇树结构的层次融合,必定是 ZigBee 网络拓扑结构的一个发展方向。

7.3 无线网络应用

【知识导读】

1. 无线自组网及其应用。

2. 无线传感器网络及其应用。

3. WiMAX 组网应用。

⋅⋅⋅ 7.3.1 无线自组网及其应用

无线局域网(Wireless Local Area Network,WLAN)是计算机网络和无线通信技术相结合的产物。具体地说就是在组建局域网时不再使用传统的电缆线而通过无线的方式以红外线、无线电波等作为传输介质来进行连接,提供有线局域网的所有功能。无线局域网的基础还是传统的有线局域网,是有线局域网的扩展和替换,它是在有线局域网的基础上通过无线集线器、无线访问结点、无线网桥、无线网卡等设备来实现无线通信的。目前无线局域网使用的频段主要是 S 频段(2.4G Hz~2.483 5G Hz)。

无线局域网的组网模式大致上可以分为两种:一种是 Ad-hoc 模式,即点对点无线网络;另一种是 Infrastructure 模式,即集中控制式网络。

1. Ad-hoc 模式

Ad-hoc 网络是一种点对点的对等式移动网络,没有有线基础设施的支持,网络中的结点均由移动主机构成。网络中不存在无线 AP,通过多张无线网卡自由地组网实现通信。基本结构图 7.3 所示。

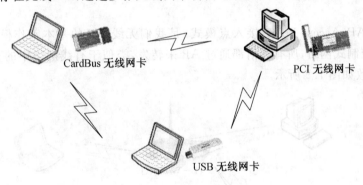

CardBus 无线网卡　　PCI 无线网卡

USB 无线网卡

图 7.3　Ad-hoc 模式基本结构

要建立对等式网络需要完成以下几个步骤:

(1)首先为您的电脑安装好无线网卡,并且为您的无线网卡配置好 IP 地址等网络参数。注意,要实现互联的主机的 IP 必须在同一网段,因为对等网络不存在网关,所以网关可以不用填写。

(2)设定无线网卡的工作模式为 Ad-hoc 模式,并给需要互连的网卡配置相同的 SSID、频段、加密方式、密钥和连接速率。

注:TP-LINK 全系列无线网卡产品都支持此应用模式。

2. Infrastructure 模式

集中控制式模式网络,是一种整合有线与无线局域网架构的应用模式。在这种模式中,无线网卡与无线 AP 进行无线连接,再通过无线 AP 与有线网络建立连接。实际上 Infrastructure 模式网络还可以分为两种模式:一种是无线路由器+无线网卡建立连接的模式;一种是无线 AP+无线网卡建立连接的模式。

"无线路由器+无线网卡"模式是目前很多家庭都使用的模式,这种模式下无线路由器相当于一个无线 AP 集合了路由功能,用来实现有线网络与无线网络的连接。例如,某厂商的无线路由器系列,它们不仅集合了无线 AP 功能和路由功能,同时还集成了一个有线的四口交换机,可以实现有线网络与无线网络的混合连接,如图 7.4 所示。

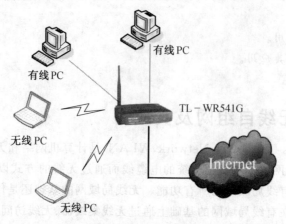

图 7.4　Infrastructure 模式

另一种是"无线 AP+无线网卡"模式。在这种模式下,无线 AP 应该如何设置,应该如何与无线网卡或者是有线网卡建立连接,主要取决于您所要实现的具体功能以及您预定要用到的设备。因为无线 AP 有多种工作模式,不同的工作模式它所能连接的设备不一定相同,连接的方式也不一定相同。下面是某厂商的无线 AP TL-WA501G 的工作模式及其设置。我们的 501G 支持 5 种基本的工作模式,分别是:AP 模式、AP client 模式、repeater 模式、Bridge(Point to Point)模式和 Bridge(Point to Multi-Point)模式。

(1)AP 模式。AP(Access Point,接入点模式)是我们无线 AP 的基本工作模式,用于构建以无线 AP 为中心的集中控制式网络,所有通信都通过 AP 来转发,类似于有线网络中的交换机的功能。这种模式下连接方式大致如图 7.5 所示。

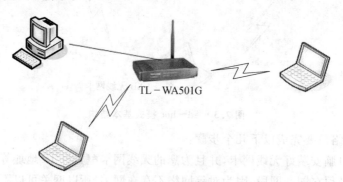

图 7.5　AP 模式

在这种模式下,无线 AP 既可以和无线网卡建立无线连接,也可以和有线网卡通过网线建立有线连接。我们的 501G 只有一个 LAN 口,一般不用它来直接接电脑,而是用来与有线网络建立连接,直接连接前端的路由器或者是交换机。这种模式下,对我们的 501G 的设置具体的如图 7.6 所示。

首先是设置该网络工作的频段,选择的范围从 1 到 13。选择中应该注意的是,如果周围环境中还有其他的无线网络,尽量不要与它使用相同的频率段。然后选择 501G 工作的模式,我们的 501G 支持 11M bps 带宽的 802.11b、54M bps 带宽的 802.11g 模式(兼容 802.11b 模式)。同时注意开启无线功能,即不要选中"关闭无线功能"的这个选项即可。选中"Access Point"选项,设置好 SSID 号即可。注意,通过无线方式与我们的无线 AP 建立连接的无线网卡上设置的 SSID 号必须与我们无线 AP 上设置的 SSID 号相同,否则无法接入网络。

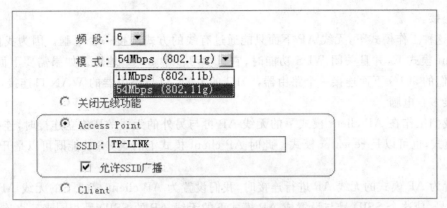

图 7.6　TL－WA501G 设置

（2）AP 客户端模式。AP client 模式下，既可以有线接入网络也可以无线接入网络，但此时接在无线 AP 下的电脑只能通过有线的方式进行连接，不能以无线方式与 AP 进行连接。工作在 AP client 模式下的无线 AP 建立连接的方式大致如图 7.7 所示。

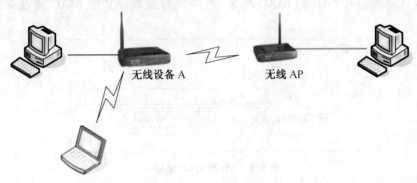

图 7.7　AP 客户端模式

图 7.7 中的无线设备 A ，既可以是无线路由器，也可以是无线 AP。注意在进行连接时，我们的无线 AP 所使用的频段最好是设置成与前端的这个无线设备 A 所使用的频段相同。

当需要用我们的 501G 与我们的无线路由器建立无线连接时，在无线 AP 上的设置如图 7.8 所示。

图 7.8　无线 AP 上的设置

首先当然是频段、模式等基本设置，注意开启无线功能。然后选择 AP 的工作模式，使我们的 501G 工作在 AP client 模式下，并注意关闭 WDS 功能，否则无法与无线路由器建立无线连接。在 client 模式下，可以有两种方式使无线 AP 接入前端的无线路由器：一种就是通过设置和无线路由器相同的 SSID 号，从而连接无线路由器；另一种就是通过在"AP 的 MAC 地址"处填写无线路由器的 LAN 口的 MAC

165

地址来建立连接。

注意:在这种工作模式下,无线 AP 下面只能通过有线的方式连接一台电脑。因为我们的 501G 工作在 AP client 模式下,并且关闭 WDS 功能时,它只学习一个 MAC 地址。如果需要下面连接多台电脑,可以在我们的 501G 下面连接一个路由器,501G 的 LAN 口与路由器的 WAN 口连接,路由器 LAN 口下面可以接多台电脑。

当需要我们工作在 AP client 模式下的无线 AP 再与另外的无线 AP 建立连接时,连接的无线 AP 可以是 AP 模式,也可以是 repeater 模式。此时 AP client 模式下的 WDS 功能既可以是开启的,也可以是关闭的。

当与设置为 AP 模式的无线 AP 进行连接时,我们设置为 AP client 模式下的无线 AP 可以通过设置一个 SSID 号,使这个 SSID 号与设置成 AP 模式下的无线 AP 的 SSID 号相同来建立连接;也可以通过在 client 模式下的"AP 的 MAC 地址"栏中填写前端设置为 AP 模式的无线 AP 的 MAC 地址来进行连接。

当前端的 AP 设置为 repeater 模式时,它并没有 SSID 号,因此,我们设置为 AP client 的无线 AP 要与它建立连接,只能通过在"AP 的 MAC 地址"栏中填写前端 AP 的 MAC 地址来实现连接。如图7.9所示。

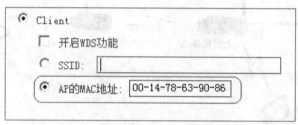

图 7.9 AP 的 MAC 地址

(3)Bridge(Point to Point)模式。无线网桥模式下,无线 AP 不能通过无线的方式与无线网卡进行连接,只能使用无线 AP 的 LAN 口有线的连接电脑。在这种模式下使用时,一般是两个 AP 都设置为桥接模式来进行对连,其效果就相当于一根网线,具体的如图 7.10 所示。

图 7.10 Bridge 模式

设置成桥接模式的无线 AP 是没有 SSID 号可以设置,因此只能通过指定要接入的 AP 的 MAC 地址来进行连接,界面如图 7.11 所示。

在要通过桥模式来进行连接的两个无线 AP 上,设置好对端 AP 的 MAC 地址来与对端的 AP 进行连接。设置中需要注意的是,两个无线 AP 必须设置相同的工作频段,否则可能无法进行连接。

(4)Bridge(Point to Multi-Point)模式。无线多路桥模式下,无线 AP 与设置成桥接模式的 AP 配合使用,组建点对多点的无线网络。基本模式如图 7.12 所示。

图 7.12 中有三个无线 AP,分别为 B、C、D。其中 B 和 D 都设置成桥接模式,C 号无线 AP 设置为多路桥接模式,在 B 和 D 号无线 AP 上都要设置成指向 C,即填入 C 号无线 AP 的 MAC 地址,在 C 号无线 AP 上同时要添加 B 和 D 号无线 AP 的 MAC 地址,从而建立连接。设置成多路桥模式的无线 AP 中,有多个填写 MAC 地址的栏目需要填写,如果填写的条目少于两条,那么在保存时将会报错。也就是说当无线 AP 设置成多路桥模式时,至少要与另外的两个无线 AP 进行连接。我们的 501G 的多路桥

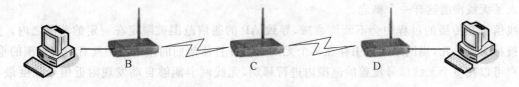

图 7.11　Bridge 模式下 AP 的 MAC 地址

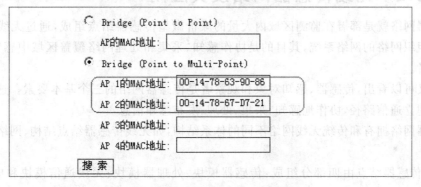

图 7.12　Point to Multi-Point 模式

模式下,最多可以同时与四个无线 AP 进行连接。具体设置如图 7.13 所示。

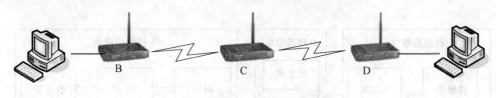

图 7.13　多路桥模式无线 AP 的设置

(5)repeater 模式下。无线中继模式下的无线 AP 起到的作用是对信号的放大和重新发送,因此它可以与设置成 AP 模式的无线 AP 来进行连接并对它的信号进行中继。Repeater 模式的无线 AP 还可以与同样设置成 Repeater 模式的无线 AP 进行连接,如图 7.14 所示。

图 7.14　Repeater 模式结构图

Repeater 模式的无线 AP 主要是用来扩大无线网络的覆盖范围。在图 7.14 中假设 B 和 D 下面的电脑要相互通信,可是 B 的信号无法到达 D,因此我们可以在中间加一个无线 AP 对 B 的信号进行中继,从而实现 B 和 D 的通信。我们可以把 B 设置为 AP 模式,把 C 设置为对 B 的中继,再把 D 设置为对 C 的中继,从而使 B 和 D 实现通信。把 C 设置成对 B 的中继,只要把 B 的 MAC 地址填入 C 的"AP 的 MAC 地址"栏内即可,如图 7.15 所示。

目前,无线网络已经成为现代化时尚办公的新宠,但是单个 AP 的覆盖面积有限,因此一些覆盖面

□ 允许SSID广播

○ Client

□ 开启WDS功能

● SSID: fae

○ AP的MAC地址:

● Repeater

AP的MAC地址: 00-14-78-63-90-86

图 7.15　Repeater 模式下 AP 的设置

积较大的公司往往会安置两个或者是两个以上的无线 AP 以扩大无线网络覆盖的范围。但是当移动的用户在不同的无线 AP 之间切换时每次都要查找无线网络,重新进行连接,非常麻烦。这种情况下,我们就引入了无线漫游这样一个概念。

无线信号在传播的过程中会不断地衰减,导致 AP 的通信范围被限定在一定的范围之内。这个范围通常被称为微单元,当网络环境中存在多个无线 AP,并且使他们的微单元相互有一定范围的重合时,无线用户可以在整个无线信号覆盖的范围内进行移动,无线网卡能够自动发现附近信号强度最大的无线 AP,并通过这个 AP 来收发数据,保持不间断的网络连接,这就称为无线漫游。

7.3.2　无线传感器网络及其应用

无线传感器网络就是部署在监测区域内大量的廉价微型传感器结点组成,通过无线通信方式形成的一个多跳自组织网络的网络系统,其目的是协作感知、采集和处理网络覆盖区域中感知对象的信息,并发送给观察者。

从上述定义可以看出,传感器、感知对象和观察者是传感器网络的三个基本要素。这三个要素之间通过无线网络建立通信路径,协作地感知、采集、处理、发布感知信息。

无线传感器网络拥有和传统无线网络不同的体系结构,如无线传感器结点结构、网络结构以及网络协议体系结构。

一般而言,传感器结点由四部分组成:传感器模块、处理器模块、无线通信模块和电源模块,如图7.16 所示。它们各自负责自己的工作:传感器模块负责采集监测区域内的信息采集,并进行数据格式的转换,将原始的模拟信号转换成数字信号,将交流信号转换成直流信号,以供后续模块使用;处理器模块又分成两部分,分别是处理器和存储器,它们分别负责处理结点的控制和数据存储的工作;无线通信模块专门负责结点之间的相互通信;电源模块就用来为传感器结点提供能量,一般都是采用微型电池供电。

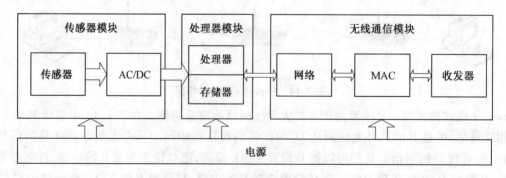

图 7.16　传感器结点的结构

无线传感器网络系统通常包括传感器结点(Sensor Node)、汇聚结点(Sink Node)和管理结点,如图

7.17 所示。大量传感器结点随机部署在监测区域,通过自组织的方式构成网络。传感器结点采集的数据通过其他传感器结点逐跳地在网络中传输,传输过程中数据可能被多个结点处理,经过多跳后路由到汇聚结点,最后通过互联网或者卫星到达数据处理中心。也可以沿着相反的方向,通过管理结点对传感器网络进行管理,发布监测任务以及收集监测数据。

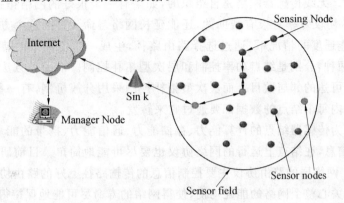

图 7.17 无线传感器网络体系结构

无线传感器网络协议体系结构如图 7.18 所示,它是无线传感器网络的"软件部分",包括网络的协议分层以及网络协议的集合,是对网络及其部件应完成功能的定义与描述。由网络通信协议、传感器网络管理以及应用支撑技术组成。

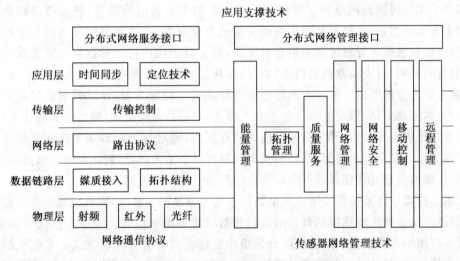

图 7.18 无线传感器网络协议体系结构

分层的网络通信协议结构类似于传统的 TCP/IP 协议体系结构,由物理层、数据链路层、网络层、传输层和应用层组成。物理层的功能包括信道选择、无线信号的监测、信号的发送与接收等。传感器网络采用的传输介质可以是无线、红外或者光波等。物理层的设计目标是以尽可能少的能量损耗获得较大的链路容量。数据链路层的主要任务是加权物理层传输原始比特的功能,使之对上层显现一条无差错的链路,该层一般包括媒体访问控制(MAC)子层与逻辑链路控制(LLC)子层,其中 MAC 层规定了不同用户如何共享信道资源,LLC 层负责向网络层提供同意的服务接口。网络层的主要功能包括分组路由、网络互连等。传输层负责数据流的传输控制,提供可靠高效的数据传输服务。

网络管理技术主要是对传感器结点自身的管理以及用户对传感器网络的管理。网络管理模块是网络故障管理、计费管理、配置管理、性能管理的总和。其他还包括网络安全模块、移动控制模块、远程管理模块。传感器网络的应用支撑技术为用户提供各种应用支撑,包括时间同步、结点定位,以及向用户提供协调应用服务接口。

1. 无线传感网络的关键技术

无线传感器网络目前研究的难点涉及通信、组网、管理、分布式信息处理等多个方面。无线传感器网络有相当广泛的应用前景,但是也面临很多的关键技术难题需要解决:

(1)网络拓扑管理。无线传感器网络是自组织的,如果有一个很好的网络拓扑控制管理机制,对于提高路由协议和 MAC 协议效率是很有帮助的,还能延长网络寿命。目前这个方面主要的研究方向是在满足网络覆盖度和连通度的情况下,通过选择路由路径,生成一个能高效的转发数据的网络拓扑结构。拓扑控制又分为两种,分别是结点功率控制和层次型拓扑控制。前一种方法是控制每个结点的发射功率,均衡结点单跳可达的邻居数目。而层次型拓扑控制采用分簇机制,有一些结点作为簇头,它将作为一个簇的中心,簇内每个结点的数据都要通过它来转发。

(2)网络协议。因为传感器结点的计算能力、存储能力、通信能力、携带的能量有限,每个结点都只能获得局部网络拓扑信息,在结点上运行的网络协议也要尽可能地简单。目前研究的重点主要集中在网络层和 MAC 层上。网络层的路由协议主要控制信息的传输路径。好的路由协议不但能考虑到每个结点的能耗,还要能够关心整个网络的能耗均衡,使得网络的寿命尽可能地保持得长一些。目前已经提出了一些比较好的路由机制。MAC 层协议主要控制介质访问,控制结点通信过程和工作模式。设计无线传感器网络的 MAC 协议首先要考虑的是节省能量和可扩展性,公平性和带宽利用率是其次要考虑的。由于能量消耗主要发生在空闲侦听、碰撞重传和接收到不需要的数据等方面,MAC 层协议的研究也主要在如何减少上述三种情况从而降低能量消耗以延长网络和结点寿命。

(3)网络安全。无线传感器网络除了考虑上面提出的两个方面的问题外,还要考虑到数据的安全性,这主要从两个方面考虑:一方面是从维护路由安全的角度出发,寻找尽可能安全的路由以保证网络的安全。如果路由协议被破坏导致传送的消息被篡改,那么对于应用层上的数据包来说没有任何的安全性可言。目前有一种叫"有安全意识的路由"的方法,其思想是找出真实值和结点之间的关系,然后利用这些真实值来生成安全的路由。另一方面是把重点放在安全协议方面,在此领域也出现了大量研究成果。在具体的技术实现上,先假定基站总是正常工作的,并且总是安全的,满足必要的计算速度、存储器容量,基站功率满足加密和路由的要求;通信模式是点到点,通过端到端的加密保证了数据传输的安全性;射频层正常工作。基于以上前提,典型的安全问题可以总结为:信息被非法用户截获;一个结点遭破坏;识别伪结点;如何向已有传感器的网络添加合法的结点等四个方面。

(4)定位技术。位置信息是传感器结点采集数据中不可或缺的一部分,没有位置信息的监测消息可能毫无意义。结点定位是确定传感器的每个结点的相对位置或绝对位置。结点定位在军事侦察、环境检测、紧急救援等应用中尤其重要。结点定位分为集中定位方式和分布定位方式。定位机制也必须要满足自组织性、鲁棒性、能量高效和分布式计算等要求。定位技术也主要有两种方式:基于距离的定位和距离无关的定位。其中基于距离的定位对硬件要求比较高,通常精度要求也比较高。距离无关的定位对硬件要求较小,受环境因素的影响也较小,虽然误差较大,但是其精度已经足够满足大多数传感器网络应用的要求。

(5)时间同步技术。传感器网络中的通信协议和应用,比如基于 TDMA 的 MAC 协议和敏感时间的监测任务等,要求结点间的时钟必须保持同步。J. Elson 和 D. Estrin 曾提出了一种简单实用的同步策略。其基本思想是:结点以自己的时钟记录事件,随后用第三方广播的基准时间加以校正,精度依赖于对这段间隔时间的测量。这种同步机制应用在确定来自不同结点的监测事件的先后关系时有足够的精度,设计高精度的时钟同步机制是传感网络设计和应用中的一个技术难点。普遍认为,考虑精简(network timeprotocol,NTP)协议的实现复杂度,将其移植到传感器网络中来应该是一个有价值的研究课题。

(6)数据融合。传感器网络为了有效地节省能量,可以在传感器结点收集数据的过程中,利用本地

计算和存储能力将数据进行融合,取出冗余信息,从而达到节省能量的目的。数据融合可以在多个层次中进行。在应用层中,可以应用分布式数据库技术,对数据进行筛选,达到融合效果。在网络层中,很多路由协议结合了数据融合技术来减少数据传输量。MAC 层也能减少发送冲突和头部开销来达到节省能量的目的。当然,数据融合是以牺牲延时等代价来换取能量的节约。

2. 无线传感器网络的应用

无线传感器网络的应用前景非常广阔,随着无线传感器网络的深入研究和广泛应用,无线传感器网络将逐渐深入人类生活的各个领域。

(1)军事应用。传感器网络具有可快速部署、可自组织、隐蔽性强和高容错等特点,非常适合在军事上应用。传感器网络是由大量随机分布的结点组成,即使一部分传感器网络结点被敌方破坏,剩下的结点依然能够自组织地形成网络。利用传感器网络能够实现对敌军兵力和装备的监控、战场的实时监视、目标的定位、战场评估、核攻击和生物化学攻击的监测和搜索等功能。例如,传感器网络可以通过分析采集到的数据,得到十分准确的目标定位,从而为火控和制导系统提供准确的制导。利用生物和化学传感器,可以准确地探测到生化武器的成分,及时提供情报信息,有助于正确防范和实施有效的反击。

(2)环境科学。随着人们对于环境的日益关注,环境科学所涉及的范围越来越广泛。通过传统方式采集原始数据是一件困难的工作。传感器网络为野外随机性的研究数据获取提供了方便,比如,跟踪候鸟和昆虫的迁移,研究环境变化对农作物的影响,监测海洋、大气和土壤的成分等。此外,传感器网络也可以应用在精细农业中,以监测农作物中的害虫、土壤的酸碱度和施肥状况等。传感器网络还有一个重要应用就是生态多样性的描述,能够进行动物栖息的生态监控。

(3)智能家居。无线传感器网络还能够应用在家居系统中。智能家居网络系统是将家庭中各种与信息有关的通信设备、家用电器和家庭保安装置通过家庭总线技术连接到一个家庭智能化系统上进行集中的或者异地的监视、控制和家庭事务性管理,并保持家庭设施与住宅环境的和谐与协调的系统。

(4)医疗健康。如果在住院病人身上安装特殊用途的传感器结点,如心率和血压监测设备,利用传感器网络,医生就可以随时了解被监护病人的病情,进行及时处理。还可以利用传感器网络长时间地收集人的生理数据,这些数据在研制新药品的过程中是非常有用的,而安装在被监测对象身上的微型传感器也不会给人的正常生活带来太多的不便。此外,在药物管理等诸多方面,它也有新颖而独特的应用。总之,传感器网络为未来的远程医疗提供了更加方便、快捷的技术实现手段。

(5)空间探索。探索外部星球一直是人类梦寐以求的理想,借助于航天器布撒的传感器网络结点实现对星球表面长时间的监测,应该是一种经济可行的方案。NASA 的 JPL 实验室研制的 Sensor Webs 就是为将来的火星探测进行技术准备的,已在佛罗里达宇航中心周围的环境监测项目中进行测试和完善。

❖❖❖ 7.3.3 WiMAX 组网应用

1. WiMAX 技术概述

微波存取全球互通(Worldwide Interoperability for Microwave Access,WiMAX),将此技术与需要授权或免授权的微波设备相结合之后,由于成本较低,宽带无线市场将扩大,改善企业与服务供应商的认知度。WiMAX 即为 IEEE802.16 标准,或广带无线接入(Broadband Wireless Access,BWA)标准。它是一项无线城域网(WMAN)技术,是针对微波和毫米波频段提出的一种新的空中接口标准。它用于将 802.11a 无线接入热点连接到互联网,也可连接公司与家庭等环境至有线骨干线路。它可作为线缆和 DSL 的无线扩展技术,从而实现无线宽带接入。

2. WiMAX 的工作原理

WiMAX 是一种城域网(MAN)技术。服务供应商部署一个网络的塔,就可在超过许多公里的覆盖区域内的任何地方立即启用互联网连接。和 Wi－Fi 一样 WiMAX 是一个基于开放标准的技术,它可以提供消费者希望的设备和服务,它会在全球经济范围内创造一个开放的具有竞争优势的市场。

3. WiMAX 的技术优势及特点

(1)技术优势。

①传输距离远。WiMAX 的无线信号传输距离最远可达 50 km,是 Wi-Fi(无线局域网)所不能比拟的,其网络覆盖面积是 3G 基站的 10 倍,只要建设少数基站就能实现全覆盖,这样就使得无线网络应用的范围大大扩展。

②接入速度高。WiMAX 所能提供的最高接入速度是 70M,这个速度是 3G 所能提供的宽带速度的 30 倍。对无线网络来说,这的确是一个惊人的进步。WiMAX 采用正交频分复用(Orthogonal Frequency Division Multiplexing,OFDM)调制方式,每个频道的带宽为 20M Hz,通过室外固定天线稳定地收发无线电波,因此,可实现 74.81M 的最大传输速度。

③提供广泛的多媒体通信服务。由于 WiMAX 较之 Wi－Fi 具有更好的可扩展性和安全性,从而能够实现电信级的多媒体通信服务,其中包括语音、数据和视频的传输。

(2)技术特点。

①链路层技术。TCP/IP 协议的特点之一是对信道的传输质量有较高的要求。无线宽带接入技术面对日益增长的 IP 数据业务,必须适应 TCP/IP 协议对信道传输质量的要求。在 WiMAX 技术的应用条件下(室外远距离),无线信道的衰落现象非常显著,在质量不稳定的无线信道上运用 TCP/IP 协议,其效率将十分低下。WiMAX 技术在链路层加入了 ARQ 机制,减少到达网络层的信息差错,可大大提高系统的业务吞吐量。同时 WiMAX 采用天线阵、天线极化方式等天线分集技术来应对无线信道的衰落。这些措施都提高了 WiMAX 的无线数据传输的性能。

②QoS 性能。WiMAX 可以向用户提供具有 QoS 性能的数据、视频、话音(VoIP)业务。WiMAX 可以提供三种等级的服务:CBR(Con-stant Bit Rate,固定带宽)、CIR(Com-mitted Rate,承诺带宽)、BE(Best Effort,尽力而为)。CBR 的优先级最高,任何情况下网络操作者与服务提供商以高优先级、高速率及低延时为用户提供服务,保证用户订购的带宽。CIR 的优先级次之,网络操作者以约定的速率来提供,但速率超过规定的峰值时,优先级会降低,还可以根据设备带宽资源情况向用户提供更多的传输带宽。BE 则具有更低的优先级,这种服务类似于传统 IP 网络的尽力而为的服务,网络不提供优先级与速率的保证。在系统满足其他用户较高优先级业务的条件下,尽力为用户提供传输带宽。

③工作频段。整体来说,802.16 工作的频段采用的是无需授权频段,范围在 2 G～66G Hz 之间,而 802.16a 则是一种采用 2G～11G Hz 无需授权频段的宽带无线接入系统,其频道带宽可根据需求在 1.5M～20M Hz 范围进行调整。因此,802.16 所使用的频谱将比其他任何无线技术更丰富,具有以下优点:

a. 对于已知的干扰,窄的信道带宽有利于避开干扰。

b. 当信息带宽需求不大时,窄的信道带宽有利于节省频谱资源。

c. 灵活的带宽调整能力,有利于运营商或用户协调频谱资源。

4. WiMAX 技术的应用

WiMAX 可以更低的成本,向用户提供高于 3G 技术 3 倍的性能,作为 IEEE802.16 标准的 802.16 m 更可提供 10 倍于 3G 标准的性能。毫无疑问,WiMAX 凭借自身的技术优势促使实现人们宽带移动化的梦想,然而在一些专网市场上的应用更显现出 WiMAX 多元化的发展策略。

智能电网。用 WiMAX 技术建成的智能电网是一个全 IP 的网络,用无线的方式开通宽带接入服务,连接各业务部门,提供数据业务、VoIP 语音业务、视频业务等,是一个投资少见效快的建设方案。此外,智能电网还能为消费者提供新的选择,使消费者能够参与到"电力市场"中来。智能电网将会以通用的协同工作能力无缝地集成所有类型与规模的发电设备和储电系统,支持便利的"即插即用"的用电方式。

另外,智能电表也可以采用 WiMAX 技术。据悉,智能电表是一个完整的测量和收费系统,包括用户仪表、通信网络和数据管理系统。在智能电中内置 WiMAX 芯片,不仅能与整个电网进行良好的连接,还能提供一系列新功能,如远程连接和断开、断电检测和通知、电力质量控制和设备优化等。目前,智能电表软件公司 Grid Net 正在采用 WiMAX 技术为电力行业制造智能电表。

全球一些电力服务公司如 San Diego Gas&Electric、Southern California Edison 等已经表示,将采用 WiMAX 技术来发展智能电网。英特尔、通用电气(GE)等厂商也认为,就未来技术发展与应用服务需求来看,相对成熟的 WiMAX 技术将可作为连接智能电网中各个终端装置的主要网络技术。

重点串联 ▶▶▶

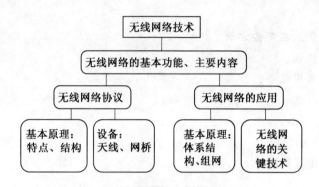

拓展与实训

▶ 基础训练 ••••

1.选择题

(1)WLAN 技术使用了哪种介质?(　　)

A.无线电波　　　　　B.双绞线　　　　　C.光波　　　　　D.同轴电缆

(2)下列哪种材料对 2.4G Hz 的 RF 信号的阻碍作用最小?(　　)

A.混凝土　　　　　B.金属　　　　　C.钢　　　　　D.土墙

(3)天线主要工作在 OSI 参考模型的哪一层?(　　)

A.第 1 层　　　　　B.第 2 层　　　　　C.第 3 层　　　　　D.第 4 层

(4)无线桥接可做到点到(　　)。

A.2 点　　　　　B.3 点　　　　　C.4 点　　　　　D.4 点以上都可以

(5)下列哪种不属于无线网卡的接口类型?(　　)

A.PCI　　　　　B.PCMCIA　　　　　C.IEEE1394　　　　　D.USB

2.填空题

(1)802.16a 是一项新兴的(　　)技术。

(2)IEEE802.11a 能够提供(　　)Mbit/s 数据传输速率。

(3)天线按方向性分类,可分为定向天线和(　　)天线。

(4)IEEE802.11g 与 IEEE802.11（　　）兼容。

(5)无线城域网采用（　　）系列协议。

(6)自从加入移动特性而产生（　　）标准之后，WiMAX 就具备了高速移动特性和高带宽接入特性。

(7)蓝牙技术是无线（　　）域网的技术。

(8)可以认为，无线传感器网络就是一种特殊的移动（　　）网络。

(9)无线广域网采用（　　）系列协议。

3.名词解释

(1)WLAN。

(2)无线 AP。

(3)802.11g。

(4)无线传感器网络。

(5)WiMAX。

4.简答题

(1)目前无线局域网优点在哪些方面？

(2)简述无线网络的协议。

(3)简述无线网络的常用设备。

▶ 技能实训 ▶▶▶▶

实训题目　WLAN 配置实训

【实训要求】

按图 7.19 所示来配置 WLAN,使之相互联通。

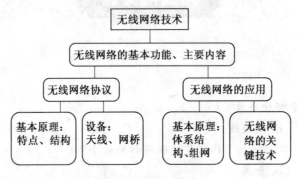

图 7.19　拓扑结构图

【参考操作方法】

在 IE 浏览器地址栏输入 IP:192.168.0.1。在登录对话框输入用户名:admin,密码为空。进入 web 网管页面。

点击"首页"中的 WAN 选项,在该页面选择固定 IP 地址,在地址栏填入上联口地址(192.168.13.2),子网掩码填写(255.255.255.0),ISP 网关地址填写 R2630(1)的以太网端口地址(192.168.13.254),主要 DNS 服务器填写学校的 DNS 服务器地址(202.207.120.35)。填写完毕,单击"执行",完成设置,如图 7.20 所示。

点击"LAN"选项进入该页,在 IP 地址栏填写无线 AP 的下联口地址(192.168.0.1),子网络遮罩填写子网掩码(255.255.255.0)。单击"执行",完成设置。

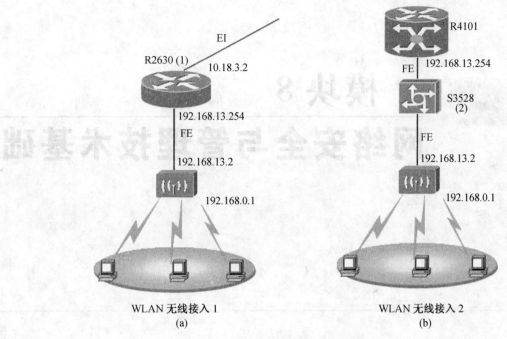

EI

R2630 (1)　　10.18.3.2

R4101

FE　192.168.13.254

192.168.13.254

FE

192.168.13.2

S3528
(2)

FE

192.168.13.2

192.168.0.1

192.168.0.1

WLAN 无线接入 1　　　　　　　　　　　WLAN 无线接入 2

(a)　　　　　　　　　　　　　　　　　(b)

图 7.20　WAN 设置页面

　　点击 DHPC 选项，进入该页面。DHPC 服务器选项选择"激活"，可用 IP 范围起始地址和可用 IP 范围结束地址中填写 IP 地址的范围，租约时间可以选择。设定完成后点击"执行"。

　　完成上述设置后，点击"系统状态"中的系统信息选项，进入该页面，查看系统信息。

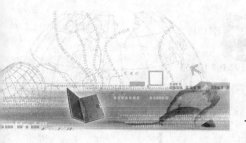

模块 8
网络安全与管理技术基础

知识目标

◆ 了解网络安全基础知识、理解加密技术及其应用。

◆ 掌握网络安全基本实现方法。

◆ 理解和掌握网络管理协议与主要功能。

技能目标

◆ 掌握访问控制的实现、防火墙基本配置、VPN 配置和网络管理系统软件基本操作。

课时建议

6 课时。

课堂随笔

8.1 网络安全基本要素与基本模型

【知识导读】

1. 网络安全的基本要素是什么?

2. 网络安全的基本概念是什么?

3. 网络安全的基本模型是什么?

4. 如何实现网络安全?

网络安全是指硬件、软件及系统中的数据均受到保护,不受到偶然或者恶意的破坏、更改、泄露,从而保证系统连续、可靠、正常地运行,网络的服务不中断。基本要素有:

(1)保密性。指信息非法泄露给非授权用户。

(2)完整性。信息在存储或传输过程中保持不被修改、破坏和丢失。

(3)可用性。已授权的实体在需要时可访问数据。

(4)可控性。控制授权范围内的信息流向及行为方式。

(5)可审查性。对网络安全问题提供调查的依据和手段。

要想实现网络真正意义上的安全,包括众多方面,以下安全措施可以作为参考:

(1)口令管理。包括管理员的口令,路由器、局域网、服务器等口令。服务器的用户管理要严格控制文件访问权限。

(2)权限管理。包括服务器管理员根据服务器的用途及相关用户的工作职责及权限制定相应的安全策略;网络管理员和经授权的人员管理路由器、局域网交换机、防火墙。

(3)日志管理。记录相应操作内容包括添加及移除软件等,以及每月备份一次服务器中的系统日志。

(4)系统升级。如果安全技术方面发现漏洞,应迅速制定措施操作解决,并记录存档。管理员每天应对路由器、交换机、服务器等实施监控。

(5)合理规范用户的访问权限。

(6)执行最新修补程序。

(7)安装病毒防火墙时应定期做文件备份和病毒检测。

国际标准化组织根据开放式系统互联参考模型 OSI 制定了网络安全体系结构模型(ISO7498—2),在 ISO7498—2 中描述了开放系统互联安全的体系结构,提出设计安全的信息系统的基础架构中应该包含 5 种安全服务,能够对这 5 种安全服务提供支持的 8 类安全机制和普遍安全机制,以及需要进行的 5 种 OSI 安全管理方式。

5 种安全服务为:鉴别服务、访问控制、数据完整性、数据保密性、抗抵赖性。

8 类安全机制:加密、数字签名、访问控制、数据完整性、数据交换、业务流填充、路由控制、公证。

8.2 网络安全技术基础

【知识导读】

1. 网络加密方式有几种?分别是什么?

2. 网络攻击一般经过哪些步骤?

3. 网络攻击的概念是什么?

4. 网络攻击的分类是什么?

8.2.1 网络加密技术基础

为了传输敏感信息,系统必须能够保证保密性。在系统中保护信息的方法是对信息加以改变,使得只有经过授权的用户才能够理解它,未经授权的用户即使得到它,也不能理解它。因此需有加密和解密的过程。图8.1是加密与解密的基本过程图。

图 8.1 加密和解密的过程

网络加密是保护网络信息安全的重要手段,网络数据加密是解决通信网中信息安全的有效方法。

加密的作用:防止有价值信息在网络上被拦截和窃取。

加密的功能:收件人确信发件人就是他声明的那个人;只有收件人才能解读信息;确保信息在传输过程中没有被改动。

常见的网络加密方式:链路加密、结点加密、端到端加密。

(1)链路加密,又称在线加密。是传输数据仅在物理层前的数据链路层进行加密。发送方是线路上某台结点机,接收方是传送路径上的各台结点机。在链路加密时,传输结点内消息均要解密后重新加密,链路加密就可掩盖被传输消息的源点与终点了。所以链路加密主要应用于点对点的同步或异步线路上,如图8.2所示。

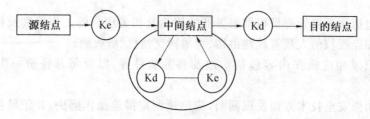

图 8.2 链路加密

缺点:先对链路两端加密设备进行数据加密,这样给网络的性能和可管理性带来了副作用;如果在线路不通时链路上设备需频繁加密,后果是数据丢失或重传;链路加密仅在通信链路上提供安全性,要求所有结点在物理上是安全的,否则就会出现泄露的问题,如想保证结点安全性费用又很高。故此出现结点加密。

(2)结点加密。它与链路加密类似,最重要是克服了链路加密在结点处易遭遇攻击的弱点。它把收到的消息的解密和另一个密钥的过程放在结点上的一个安全模块中进行,这样结点中央处理装置才能恰当地选择传输的数据,如图8.3所示。

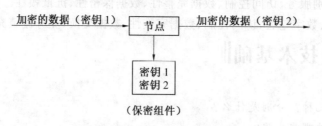

图 8.3 结点加密

缺点:对于防止攻击者分析通信业务是不行的。

(3)端到端加密。如果加密功能由网络自动提供,则对所有用户也是透明的;如果加密功能由用户自己定,则对终点用户来说就不是透明的。所以用于网络层以上的加密,在应用层或表示层上完成,也可用硬件完成。信息在被传输到终点之前不进行解密数据,从源点到终点的传输过程中信息以密文形

式存在,消息始终受保护,即使有结点破坏也不会使消息泄漏,如图 8.4 所示。

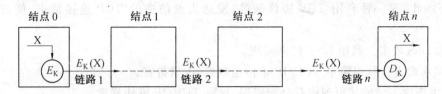

图 8.4　端到端加密

优点:开销小(在中间结点不解密,只在发送结点和最终接收点安装加密解密设备),与前两种加密方式相比更可靠,更容易设计、实现和维护。一个报文包传输时有错误不会影响后续的报文包。

缺点:不能掩盖传输信息的源点与终点,对分析通信业务的攻击者是脆弱的。

端到端加密方式较适合于从成本、灵活性和安全性考虑时使用。而链路加密适合于众远程处理机构方面考虑使用。用链路加密对控制信息进行加密,用端到端加密对数据信息进行加密。

8.2.2　网络攻防技术基础

随着网络的日益普及,计算机数量迅速增加,有些攻击者未经合法的手段和程序取得了使用该资源的权限,从而访问其存储内容以及破坏系统。这种攻击行为对网络系统的机密性、完整性、可用性、可控性和抗抵赖性产生危害,我们称之为网络攻击。有时把它抽象地分成四种情形:

(1)信息泄漏攻击。

(2)完整性破坏攻击。

(3)拒绝服务攻击。

(4)非法使用攻击。

网络攻击的基本步骤如下:

(1)搜集信息。

(2)实施入侵。

(3)远程攻击并登录。

(4)上传程序、下载数据。

(5)利用一些方法来保持访问。

(6)隐藏踪迹。

网络攻击分类:

(1)被动攻击。收集信息而不是进行访问,数据的合法用户对这种活动一点也不会觉察到。被动攻击包括嗅探、信息收集等攻击方法。

窃听、监听都具有被动攻击的本性,攻击者的目的是获取正在传输的信息,因此要防止对手获悉这些传输的内容。

对被动攻击的检测十分困难,因为攻击并不涉及数据的任何改变。然而阻止这些攻击的成功是可行的,因此,对被动攻击强调的是阻止而不是检测。

(2)主动攻击。包含攻击者访问他所需信息的故意行为。比如远程登录到指定机器的端口 25 找出公司运行的邮件服务器的信息;伪造无效 IP 地址去连接服务器,使接受到错误 IP 地址的系统浪费时间去连接那个非法地址。主动攻击包括口令猜测、地址欺骗、信息篡改、资源使用和服务拒绝攻击等。

大多数情况下两种类型同时使用,因为被动攻击不一定包括可被跟踪的行为,很难发现。主动攻击对于大多数公司来说没有被发现,所以两种都用。

拒绝服务攻击是让目标机器提供服务或资源访问,包括磁盘空间、内存、进程和网络带宽,阻止正常用户访问。包括以下几种：

(1)SYN Flood。是一种利用 TCP 协议缺陷,发送大量仿造的 TCP 连接请求,使被攻击方资源耗尽。

(2)IP 欺骗 DoS 攻击。利用 RST 位来实现。

(3)UDP 洪水攻击。利用简单 TCP/IP 来传送数据,占满带宽。

(4)PING 洪流攻击。使其出现内存分配错误,导致 TCP/IP 堆栈崩溃。

(5)泪滴攻击。利用在堆栈中信任的 IP 碎片中数据包的标题头所含信息实现攻击。

(6)Land 攻击。用 SYN 包,此包源地址和目标地址都设置成一个服务器地址。

(7)Smurf 攻击。使所有主机都对 ICMP(广播地址)做出答复,阻塞网络。

(8)后门程序攻击。是指攻击者躲过日志,使自己重返被入侵系统的技术。特洛伊木马也是一种后门程序,通过仿造合法程序,侵入用户系统从而控制系统。

(9)缓冲区溢出攻击。缓冲区是用于内存中存放数据的,如果没有足够的空间就会出现缓冲区溢出,如果人为编写一个超出缓冲区长度的字符串,植入缓冲区,就有可能导致系统崩溃或可以执行任意指令。因此缓冲区溢出攻击是一个具有很强危险性的漏洞,是被攻击者经常使用的一种攻击方式。

另外还有 Fraggle 攻击、垃圾邮件攻击、DDoS 攻击等。

如此众多的攻击方式,显得监测网络安全技术尤其重要,需要多方面考虑如安全管理、对缺乏安全保障的端口开放、数据的安全性、防护能力、是否有安全监测系统、管理软件测试自己的站点等方面。各种事件综合分析,发现入侵系统的核心功能是重中之重。入侵检测分为两类:一是基于标志,一是基于异常情况。

基于标志:要先定义违背安全的事件特征,是否出现在所收集的信息中,也称特征检测。

基于异常情况:先定义一组系统数值与系统运行时的数值进行比较,得出是否有被攻击的迹象。这种检测技术需维护一个知识库,并且不断更新。对未知攻击效果有限,但这种技术无法判别出攻击方法。

技术提示:

链路加密对用户来说比较容易,因为使用的密钥较少,而端到端加密比较灵活,对链路加密中各结点安全状况不放心的用户也可使用端到端加密方式。

我们可以通过安装入侵检测系统(进行入侵检测的软件与硬件的组合,即入侵检测系统 Intrusion Detection System,IDS)来提高网络安全指数。

8.3 网络安全系统防御主要设备

【知识导读】

1.网络安全系统防御主要设备有哪些?

2.防火墙与防毒墙的区别是什么?

3.常用的扫描软件有哪些?

4.简单使用扫描软件。

网络版杀毒软件是部署在企业网络内部,进行统一集中管理的一套杀毒软件。它可以对企业内部的病毒进行查杀,能够在一定程度上保证企业网络系统的安全,仅使用网络版杀毒软件进行防护是不够的,很多的企业已经开始采用硬件级防护产品与之配合,如网络防火墙、入侵检测系统、防毒墙、漏洞扫

描、VPN 等。

1. 防火墙

功能：对经过的网络通信进行扫描，过滤掉一些攻击，以免在目标计算机上被执行。还可以关闭不使用的端口，禁止特定端口的流出通信，封锁特洛伊木马，禁止特殊站点的访问，防止不明入侵者的所有通信。详细内容我们将在 8.4 节介绍。

用法：国外主流厂商为思科（Cisco）、CheckPoint、NetScreen 等，国内主流厂商为天网、联想、方正等。在安装后可按如图 8.5 所示，单击"打开"按钮，进入"运行程序"窗口。

单击"确定"按钮后如图 8.6 所示。在该窗口下，首先单击"浏览"命令，在 SkyNet 文件夹下选择文件"PFW"，再单击"确定"按钮，开始解码。

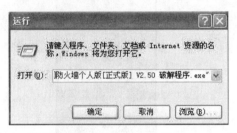

图 8.5　打开防火墙

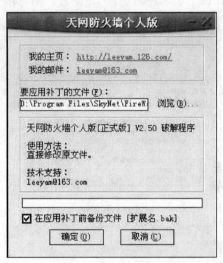

图 8.6　天网防火墙个人版

在开始—程序—天网防火墙个人版中打开，后设定开机自动启动防火墙，如图 8.7 所示。

单击"应用程序规则设置"按钮，可对应用程序访问权限进行设置，如图 8.8 所示。

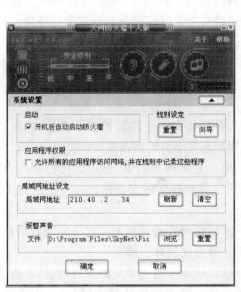

图 8.7　设置开机自动启动防火墙

图 8.8　权限设定

单击"自定义 IP 规则设置"按钮，可对 IP 地址有关规则进行设置，如图 8.9 所示。

除此之外,还有"应用程序网络使用情况"、"日志"和"接通/断开网络"三个应用按钮,也可对相关内容设置。

2.防毒墙

功能:位于网关处,对网络传输中的病毒进行过滤的网络安全设备,防毒墙对通过网关的数据包数据进行病毒扫描,阻止任何病毒从网关处侵入企业内部网络。百兆、千兆是防毒墙可以支撑的网关流量。所以安装了防毒墙之后,可能降低网络的速度。

用法:在浏览器地址栏中输入 https://192.168.2.1,进入防毒墙登录页面,输入用户名和密码后登录到管理界面后,如果浏览器显示界面不正常,可以查看浏览器是否支持 FLASH 和允许 ACTIVEX 运行,如是 IE8 以上版本还需更改 IE 配置。防毒墙选项位置如图 8.10 所示。

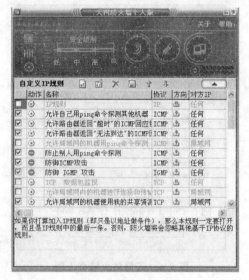

图 8.9　IP 规则设置

图 8.10　防毒墙选项

3.入侵检测

入侵检测是计算机网络或计算机系统中的若干关键点收集企图入侵、正在进行的入侵或已经发生入侵的信息,并对收集到的信息进行分析,判断是否有违反安全策略的行为和被攻击的迹象。而完成入侵检测功能的软件和硬件的组合就是入侵检测系统,简称 IDS。即一种对网络传输进行即时监视,在发现可疑传输时发出警报或者采取主动反应措施的网络安全设备。IDS 是网络防御体系中的重要组成部分,被看做是防火墙之后的第二道防线。

IDS 硬件产品:

方通入侵检测系统硬件版:探测引擎带三个监测口,分别接在三个不同的安全区域,从而监测三个安全域的安全状态,可以更好地适合中国的国情,节约用户在安全方面的投资。

网神 SecIDS 3600 系列入侵检测系统:采用先进的协议分析检测引擎,通过优化机制,能够快速处理网络数据,准确发现各种攻击行为,具有较高的入侵检出率和较低的误报率。可广泛应用于政府、企业等各种需要对网络行为进行实时监控的场合。

(1)瑞星入侵检测系统 RIDS-100:是软硬件一体化设计,特征检测法和统计分析法有机结合,能实时检测 1 300 多种攻击,实现 HTTP、FTP、telnet、SMTP 等协议的分析检测。

(2)McAfee IntruShield IDS:IntruShield 传感器能够以线速传输速率支持万种签名,不会丢失任何数据包,有效地保护网络免受已知攻击、未知攻击和 DoS 攻击的侵扰。针对入侵标识、关联程度、入侵方位、影响和分析等方面提供详尽、准确而可靠的信息。

IDS 的软件产品:

Snort：Martin Roesch 先生于 1998 年用 C 语言开发了开放源代码（Open Source）的入侵检测系统 Snort。Snort 包括三种工作模式：嗅探器、数据包记录器、网络入侵检测系统。嗅探器模式仅仅是从网络上读取数据包并作为连续不断的流显示在终端上。数据包记录器模式把数据包记录到硬盘上。网路入侵检测模式是最复杂的，而且是可配置的。我们可以让 snort 分析网络数据流以匹配用户定义的一些规则，并根据检测结果采取一定的动作。

（3）OSSEC HIDS：是一个基于主机的开源入侵检测系统，可以执行日志分析、完整性检查、Windows 注测表监视、root-kit 检测、实时警告以及动态的适时响应。最大的优势是运行在任何一种操作系统上，但在 Windows 上的客户端无法实现 root-kit 检测。

Fragroute 是用于协助测试网络入侵检测系统及防火墙的、基本的 TCP/IP 堆栈行为。能够截获、修改并重写发往一台特定主机的通信，可以实施多种攻击。可对发往某一台特定主机的数据包延迟发送，或复制、丢弃、分段等。

（4）BASE：是一个基于 PHP 的分析引擎，它可以搜索、处理由各种各样的 IDS、防火墙、网络监视工具生成的安全事件数据。

Snort 安装在一台主机上即可对整个网络进行监视，如图 8.11 所示。

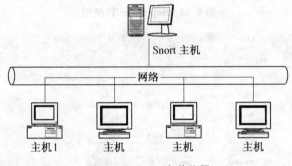

图 8.11　Snort 安装位置

Snort 由三个重要的子系统构成：数据包解码器、检测引擎、日志与报警系统 。处理过程包括准备、检测、抑制、根除、恢复和跟踪。

4.漏洞扫描

SuperScan 是由 Foundstone 开发的扫描软件工具，既是一款网络安全工具，又是一款网络黑客攻击工具。黑客可以利用它进行拒绝服务攻击 DoS(Denial of Service)功能来收集远程网络主机信息。而作为安全工具，SuperScan 能够帮助你发现网络中的脆弱点。下面简单说一下使用方法：

（1）SuperScan 的启动。给 SuperScan 解压后，双击 SuperScan4.exe，开始启动。打开主界面，默认为扫描(Scan)菜单，允许你输入一个或多个主机名或 IP 范围。你也可以选文件下的输入地址列表。输入主机名或 IP 范围后开始扫描，点击左下角的"播放"按钮，SuperScan 开始扫描地址，如图 8.12 所示。单击"查看 HTML 结果"按钮，可以以 HTML 格式显示有关信息，如图 8.13 所示。

（2）主机和服务器扫描设置(Host and Service Discovery)。定制扫描。在图 8.11 中，选择"主机和服务器扫描设置"选项卡，可以定制扫描，如图 8.14 所示。

（3）扫描选项(Scan Options)。Scan Options 项，如图 8.15 所示，允许控制扫描进程。菜单中的首选项是定制扫描过程中主机和通过审查的服务数。

（4）工具(Tools)选项。SuperScan 的工具选项允许你很快得到许多主机信息。正确输入主机名或者 IP 地址和默认的连接服务器，然后点击你要得到相关信息的按钮。例如，你能 PING 一台服务器，或 traceroute,和发送一个 HTTP 请求。图 8.16 显示了得到的各种信息。

（5）Windows 枚举选项(Windows Enumeration)。利用 Windows 枚举选项，可以查看 Windows 主机大量的枚举信息，如图 8.17 所示。

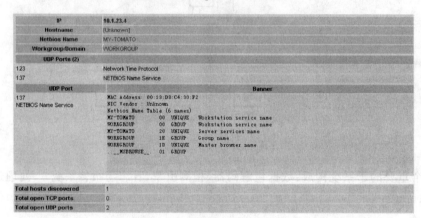

图 8.12 SuperScan 扫描图

图 8.13 HTML 格式显示有关信息

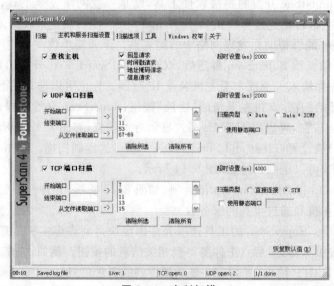

图 8.14 定制扫描

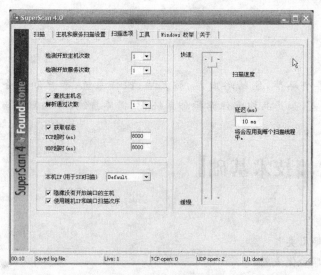

图 8.15　扫描进程

图 8.16　工具选项

图 8.17　枚举选项

技术提示：

　　漏洞涉及网络中各个环节，包括路由器、防火墙、操作系统、客户和服务器软件。机器用途不同，注意点也会有所偏差，如产品搜索注意操作系统、数据库系统、Web 服务软件及防火墙。

8.4 网络防火墙技术基础

【知识导读】

1. 如何实现访问控制？

2. 访问控制机制有哪几类？

3. 访问控制机制有哪些优点？

4. 防火墙的基本配置是什么？

8.4.1　访问控制技术及实现

作用：保证只有被授权的用户才能访问网络和利用资源。

原理：检查用户标识及口令、授予权限、限制资源利用范围和级别。

类型：自主访问控制、强制访问控制、基于角色的访问控制。

（1）自主访问控制。有访问许可的主体能直接或间接向其他主体转让访问权。可以自己决定用户访问权，可以与其他主体共享资源。基于访问控制矩阵的访问控制表（ACL）是自主访问控制中采用的一种安全机制。管理员通过维护 ACL 控制用户访问企业数据。对应一个个人用户列表或由个人用户构成的组列表，表中规定相应的访问模式。当组织人员工作职能发生变化，ACL 修改变得异常困难。所以说 ACL 处于一个较低级的层次，管理复杂以至于容易出错。

为了实现完备的自主访问控制系统，由访问控制矩阵提供的信息必须以某种形式存放在系统中，常常采用基于矩阵的行或列来表达访问控制信息。

①访问能力表。是在每个主体上都附加一个可访问主体的客体的明细表。能力是提供给主体或客体特定权限的不可仿造的标志。最大特点是能力拥有者可以在主体中转移能力，但对于一个特定的客体不能确定所有有权访问它的主体。

②访问控制表。是指按客体附加一份可访问它的主体的明细表。可以对某个特定资源指定任意一个用户的访问权限，还可将相同权限的用户分组，制定授权组的访问权限。但访问控制表需对指定访问用户及相应权限，如果数量过多，ACL 将会很庞大，使得访问控制的授权管理变得烦琐，且易出错。

（2）强制访问控制。系统强制主体服从访问控制策略。对所有主体及其所控制的客体实施强制访问控制。具体策略是将每个用户分为最高秘密、秘密级、机密级和无密级的访问级别。不允许信息从高级别流向低级别，从而避免应用程序修改某些重要的系统信息。可以利用自主访问控制来防范其他用户对自己客体的攻击，但用户不能直接改变强制访问控制属性，所以强制访问控制可以防止其他用户偶然或故意地滥用自主访问控制。

（3）基于角色的访问控制。是将访问权限分配给一定的角色，用户通过担任不同的角色获得所拥有的访问权限，让用户与访问权限相联系。基于角色的访问控制模型（RBAC）根据管理中相对稳定的职权和责任来划分，将访问权限与角色联系，与传统的强制访问控制和自主访问控制方式不同，是面向企业策略的一种访问控制方式，具有灵活性、方便性和安全性等特点。

Linux 中的访问控制实现：

Linux 系统以文件方式访问设备和目录,系统访问控制把用户分成根用户、文件拥有者、组成员和其他用户。

①根用户:具有最大的权力,可以控制整个系统。

②文件拥有者:可以读写执行文件,具有比其他用户更高的权限。

③组成员:所有者所在组,一个用户可以同时在多个组中。

④其他用户:不属于前三类用户。

在 Linux 中,主体对文件有读、写和执行三种访问权限。每个文件有 10 个标志位来表示访问权限。

第 1 个标志:d——目录,b——块系统设备,c——字符设备,d——普通文件;

第 2~4 个标志:所有者的读、写、执行权限;

第 5~7 个标志:所有者所在组的读、写、执行权限;

第 8~10 个标志:其他用户的读、写、执行权限。

用 chmod 命令修改权限:用字符方式和数字方式来描述,如 $ chmod 644 test 将目录 test 的权限修改为 644。Linux 只能对所有者及所在组和其他用户分配权限,无法做到进一步的细致化。

8.4.2 防火墙部署与配置

1.防火墙的部署

根据安全性要求,将网络划分为若干安全区域;在安全区域之间设置针对网络通信的访问控制点;根据控制点制定边界安全策略,采用适合的防火墙技术;配置对应的安全策略;测试;运行和维护。

2.防火墙的配置

包括 4 种配置方式,包过滤防火墙、双端主机防火墙、屏蔽主机防火墙、屏蔽子网防火墙。

(1)包过滤防火墙。最简单的一种防火墙,它在网络层截获网络数据包,根据防火墙的规则表来检测攻击行为。包过滤防火墙一般作用在网络层(IP 层),故也称网络层防火墙(Network Lev Firewall)或 IP 过滤器(IP filters)。数据包过滤(Packet Filtering)是指在网络层对数据包进行分析、选择。通过检查数据流中每一个数据包的源 IP 地址、目的 IP 地址、源端口号、目的端口号、协议类型等因素或它们的组合来确定是否允许该数据包通过,在网络层提供较低级别的安全防护和控制,如图 8.18 所示。

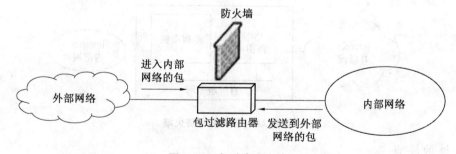

图 8.18 包过滤防火墙

(2)双端主机防火墙。将包过滤和代理服务结合起来,所用主机称为堡垒主机,双端主机防火墙将堡垒主机充当网关,运行防火墙软件。内网和外网不能直接通信,必须经过堡垒主机,如图 8.19 所示。

(3)屏蔽主机防火墙。采用一个包过滤路由器与外部网连接,用一个堡垒主机安装在内部网络上,起着代理服务器的作用,是外部网络所能到达的唯一结点,以此来确保内部网络不受外部未授权用户的攻击,达到内部网络安全保密的目的。在屏蔽主机防火墙的网络安全方案中,一个数据包过滤路由器与因特网相连,同时,一个双端主机(Dual Homed Host,DHH)安装在内部网络中。通常情况下,在网络路由器上设立过滤原则,使这个双端主机成为在因特网上所有其他结点所能到达的唯一结点。这样就

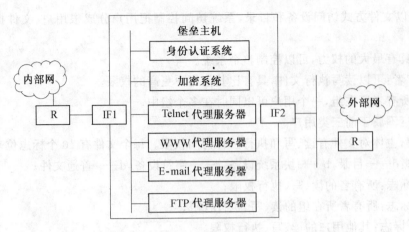

图 8.19 双端主机防火墙

确保了内部网络不能受到任何未被授权的外部用户的攻击。如图 8.20 所示。

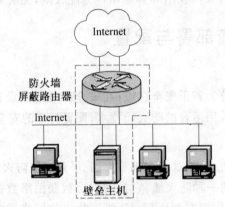

图 8.20 屏蔽主机防火墙

（4）屏蔽子网防火墙。是双端主机防火墙和屏蔽主机防火墙的结合,基本结构同双端主机防火墙类似,但此防火墙部件分散在多个主机系统中,更加灵活,费用更高,配置和管理更复杂,如图 8.21 所示。

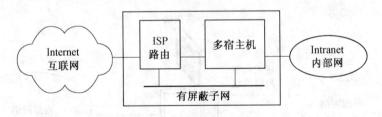

图 8.21 屏蔽子网防火墙

3.防火墙的缺点

（1）不能防范不经由防火墙的攻击。

（2）不能防范人为因素的攻击。

（3）不能防止受病毒感染的软件或文件的传输。

（4）不能防止数据驱动式的攻击。

8.4.3 NAT 配置

NAT 的功能是指将使用私有地址的网络与公用网络 Internet 相连,使用私有地址的内部网络通过

NAT 路由器发送数据时,私有地址将被转化为合法注册的 IP 地址从而可以与 Internet 上的其他主机进行通信。NAT 路由器被置于内部网和 Internet 的边界上并且在把数据包发送到外部网络前将数据包的源地址转换为合法的 IP 地址。当多个内部主机共享一个合法 IP 地址时,地址转换是通过端口多路复用即改变外出数据包的源端口并进行端口映射完成。

在 CISCO 路由器下配置 NAT 功能,要求其 IOS 为 11.2 版本以上。

cisco2501♯conf t

cisco2501(config)♯ int e0

cisco2501(config—if)♯ ip address 192.168.0.254 255.255.255.0

cisco2501(config—if)♯ ip nat inside

(指定 e0 口为与内部网相连的内部端口)

cisco2501(config—if)♯int s0

cisco2501(config—if)♯ encapsulation ppp

(指定封装方式为 PPP)

cisco2501(config—if)♯ip address 61.138.0.93 255.255.255.252

cisco2501(config—if)♯ ip nat outside

(指定 s0 为与外部网络相连的外部端口)

cisco2501(config—if)♯exit

cisco2501(config)♯ bandwidth 128

(指定网络带宽 128k)

cisco2501(config)♯ ip route0.0.0.0 0.0.0.0 Serial0

(指定缺省路由)

cisco2501(config)♯ ip nat pool a 61.138.0.93 61.138.0.93 netmask 255.255.255.252

(指定内部合法地址池,起始地址,结束地址为合法 IP 61.138.0.93)

cisco2501(config)♯ access—list 1 permit 192.168.0.00.0.0.255

(定义一个标准的 access—list 规则,以允许哪些内部地址可以进行地址转换)

cisco2501(config)♯ ip nat inside source list 1 pool a overload

(设置内部地址与合法 IP 地址间建立地址转换)

cisco2501(config)♯end

cisco2501♯wr

技术提示:

　　用户不能自主地将访问权限授给其他用户,这是基于角色的访问控制与自主访问控制的根本区别。基于角色的访问控制与强制访问控制的区别在于,强制访问控制是基于多级安全需求的,而基于角色的访问控制不是。

8.5 VPN 技术基础及配置方法

【知识导读】

1. VPN 的概念是什么?

2. 如何理解虚拟专用网络中的"虚拟"和"专用"?

3. VPN 的特点是什么?

4. 简述 VPN 的关键技术。

虚拟专用网络(Virtual Private Network,VPN)是指将物理上分布在不同地点的网络通过公用网络连接成逻辑上的虚拟子网,并采用认证、访问控制、机密性、数据完整性等公用网络上构建专用网络的技术,使数据在安全的公用网络中传播。本质是利用公网的资源实现专网的服务。提供专用网所具有的功能,却不是独立的物理网络,即 VPN 是一种逻辑上的专用网络。"虚拟"指在构成上有别于实在的物理网络,功能与实在专用网相同。

具备以下特点:

(1)费用低。用因特网进行传输。

(2)安全保障。可利用加密技术在非面向连接的公用 IP 网络上建立一个逻辑的、点对点的连接,保证数据安全性。

(3)服务质量保证(QoS)。提供不同等级的服务质量保证,根据流量与流量控制策略,可按优先级分配带宽资源,实现带宽管理,预防数据阻塞情况发生。

(4)可扩充性、灵活性和可管理性。可同时传播语言、图像和数据等高质量传输,以减小网络风险目标对 VPN 进行管理。

实现 VPN 的关键技术有隧道技术、加密技术和 QoS 技术。

1. 隧道技术

隧道技术是一种通过使用互联网络的基础设施在网络之间传递数据的方式。被封装的数据包在隧道的两个端点之间通过公共互联网络进行路由。被封装的数据包在公共互联网络上传递时所经过的逻辑路径称为隧道。一旦到达网络终点,数据将被解包并转发到最终目的地。注意隧道技术是指包括数据封装、传输和解包在内的全过程,如图 8.22 所示。

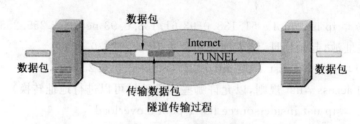

图 8.22 隧道传输过程

隧道技术包括:

(1)IP 网络上的 SNA 隧道技术:当系统网络结构(System Network Architecture,SNA)的数据流通过企业 IP 网络传送时,SNA 数据帧将被封装在 UDP 和 IP 协议包头中。

(2)IP 网络上的 Novell Net Ware IPX 隧道技术:当一个 IPX 数据包被发送到 NetWare 服务器或 IPX 路由器时,服务器或路由器用 UDP 和 IP 包头封装 IPX 数据包后通过 IP 网络发送。另一端的IP—TO—IPX 路由器在去除 UDP 和 IP 包头之后,把数据包转发到 IPX 目的地。

(3)点对点隧道协议(PPTP)。PPTP 协议允许对 IP、IPX 或 NetBEUI 数据流进行加密,然后封装在 IP 包头中通过企业 IP 网络或公共互联网络发送。

(4)第二层隧道协议(L2TP)。L2TP 协议允许对 IP、IPX 或 NetBEUI 数据流进行加密,然后通过支持点对点数据报传递的任意网络发送,如 IP、X.25、桢中继或 ATM。

(5)安全 IP(IPSec)隧道模式。IPSec 隧道模式允许对 IP 负载数据进行加密,然后封装在 IP 包头中通过企业 IP 网络或公共 IP 互联网络如 Internet 发送。

2. 加密技术

加密技术是通过变换信息的表示形式来伪装需要保护的敏感信息,使非授权者不能了解被保护信

息的内容。加密技术可对数据或报文头在协议栈的任意层中以加密标准 IPSec 进行,如在网络层中实现加密的最安全方法是端到端和隧道模式。加密只在路由器中进行,而终端与第一跳路由之间不加密。这种方法不太安全,因为数据可能被截取。终端到终端的加密方案中,VPN 安全粒度达到个人终端系统的标准;而"隧道/模式"方案,VPN 安全粒度只达到子网标准。如在链路层中,目前还没有统一的加密标准,需生产厂家自行设计。

3. QoS 技术

QoS 技术是指在整个网络连接上应用的各种通信或程序类型优先技术。主要为了获得更好的服务质量。QoS 是一组服务要求,网络必须满足这些要求才能确保适当服务级别的数据传输。QoS 的实施可以使类似网络电视、网络音乐等实时应用程序最有效地使用网络带宽。由于它可以确保某个保证级别有充足的网络资源,所以它为共享网络提供了与专用网络类似的服务级别。它同时提供通知应用程序资源可用情况的手段,从而使应用程序能够在资源有限或用尽时修改请求。在 Windows XP 系统中引入 QoS 技术的目标是建立用于网络通信的保证传输系统。

以下给出一个在 Windows XP 下创建 VPN 的操作实例。

(1)配置 VPN。

①开始配置。Windows XP 中的 VPN 包含在"路由和远程访问服务"中,自动存在,打开"管理工具"即可进入主窗口。想让计算机能接受客户机的 VPN 拨入,必须对 VPN 服务器进行配置。在左边窗口中选中"SERVER"(服务器名),在其上单击右键,选"配置并启用路由和远程访问"。如果以前已经配置过这台服务器,现在需要重新开始,则在 "SERVER"(服务器名)上单击右键,选"禁用路由和远程访问",即可停止此服务,以便重新配置。

②当进入配置向导之后,在"公共设置"中,点击选中"虚拟专用网络(VPN)服务器",以便让用户能通过公共网络(比如 Internet)来访问此服务器。

③在"远程客户协议"的对话框中,至少应该已经有了 TCP/IP 协议,则只须直接点选"是,所有可用的协议都在列表上",再按"下一步"即可。

④之后系统会要求你再选择一个此服务器所使用的 Internet 连接,在其下的列表中选择所用的连接方式,再按"下一步"。

⑤接着在回答"您想如何对远程客户机分配 IP 地址"的询问时,除非你已在服务器端安装好了 DHCP 服务器,否则请在此处选"来自一个指定的 IP 地址范围"。

⑥然后再根据提示输入你要分配给客户端使用的起始 IP 地址,"添加"进列表中。

⑦最后再选"不,我现在不想设置此服务器使用 RADIUS"即可完成最后的设置。此时屏幕上将自动出一个"路由和远程访问服务"的小窗口。当它消失之后,打开"管理工具"中的"服务",即可以看到"Routing and Remote Access"(路由和远程访问)项"自动"处于"已启动"状态了。

(2)赋予用户拨入的权限。

①想要给一个用户赋予拨入到此服务器的权限,需打开管理工具中的用户管理器(在"计算机管理"项或"Active Directory 用户和计算机"中),选中所需要的用户,在其上单击右键,选"属性"。

②在该用户属性窗口中选"拨入"项,然后点击"允许访问"项,再按"确定"即可完成赋予此用户拨入权限的工作。

(3)通过局域网进行 VPN 连接。

①进入 WinXP 的计算机,要想连接到 VPN 服务器,则需要先安装"虚拟专用网络"服务。在控制面板的"添加/删除程序"下,进入"通信"即可找到此项并添加上去。安装完成之后再根据提示重启动计算机。

②重新启动之后,在控制面板的"网络"中就有了"Microsoft 虚拟私人网络适配器",即说明 VPN 服

务已安装成功!

③还需要建立到 VPN 服务器的连接。首先进入我的电脑的"拨号网络"中,双击"建立新连接",然后在"请键入对方计算机的名称"中输入连接名,比如"局域网内的 VPN 连接",在"选择设备"下一定不要忘了选中"Microsoft VPN Adapter"项,再按"下一步"。

④接着出现"请输入 VPN 服务器的名称或 IP 地址",在其下的文字框中输入 Win2K 服务器的名字或 IP 地址,比如此处为"192.168.0.1",再根据提示操作即可建立成功!

⑤然后在"拨号网络"中双击刚才建立好的"局域网内的 VPN 连接"图标,再输入相应的用户名(需具有拨入服务器的权限)和密码,再按"连接"按钮。

⑥如果成功连接到了 VPN 服务器,此时就会像普通拨号上网成功一样,在任务栏右下角会出现两个小电脑的图标,双击它即可出现连接状态小窗口,在其中可以看到,"连接速度"一项的值竟然为10M! 够快吧! 可惜仅是在 10M 局域网中而已。

(4)通过 Internet 进行 VPN 连接。

①首先得确保服务器已经连入了 Internet,用 ipconfg 测出其在 Internet 上合法的 IP 地址。

②在 WinXP 客户机端参照本节上文相关内容建立一个新的 VPN 连接,在相应处输入服务器在Internet 上合法的 IP 地址,然后将客户机端也拨入 Internet,再双击所建立的 VPN 连接,输入相应用户名和密码,再点"连接"按钮。

③连接成功之后可以看到,双方的任务栏右侧均会出现两个拨号网络成功运行的图标,其中一个是到 Internet 的连接,另一个则是 VPN 的连接。

④当双方建立好了通过 Internet 的 VPN 连接后,即相当于又在 Internet 上建立好了一个双方专用的虚拟通道,而通过此通道,双方可以在网上邻居中进行互访,也就是说相当于又组成了一个局域网!这个网络是双方专用的,而且具有良好的保密性能。

VPN 建立成功之后,双方便可以通过 IP 地址或"网上邻居"来达到互访的目的,当然也就可以使用对方所共享出来的软硬件资源了。

>>>

技术提示:

VPN 的本质是利用公网的资源实现专用的服务,向使用者提供一般专用网的所有功能,但不是一个独立的物理网络。

8.6 网络管理技术基础

【知识导读】

1.网络管理协议有哪些?

2.网络管理协议的功能是什么?

3.网络管理员的主要任务有哪些?

4.简述网络管理系统软件的基本操作。

随着计算机网络的不断发展,网络中除了计算机设备外还有大量网络互联设备,对于这种复杂的分布式环境中的各类资源的集中管理就显得十分重要。网络管理技术对网络的发展有很大的影响。网络管理是控制一个复杂的计算机网络使其具有最高效率的过程。以提高整个网络系统的工作效率、管理水平和维护水平为目标,主要涉及对一个网络系统的活动及资源进行监测、分析、控制和规划的系统。网络管理系统主要作用是维护网络正常高效率地运行。网管系统能够及时检测故障并进行处理,通过监测分析运行状况而评测系统性能,有效地利用网络资源,保证网络正常运行,如图 8.23 所示。

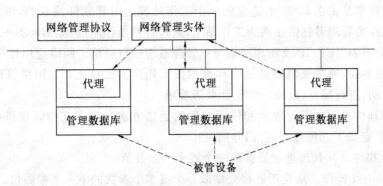

图 8.23 网络管理系统

网络管理系统是一个不可缺少的重要组成部分。常见的有两个网络管理系统标准：一种是 ISO 推荐的 OSI 中的网络管理系统规程；另一种是起源于 Internet 的 TCP/IP 的简单网络管理协议（SNMP）。由于 SNMP 简洁、清晰，并且基于 UDP 协议，具有传输快和负载轻的特点，所以各大计算机设备厂商纷纷宣布它们各自的网络管理体系或产品支持 SNMP，从而使得 SNMP 成为事实上的网络互连管理的工业标准。

···· 8.6.1 网络管理协议 SNMP

简单网络管理协议（Simple Network Management Protocol，SNMP）最初是为符合 TCP/IP 的网络管理而开发的一个应用层协议。SNMP 建立在 TCP/IP 传输层的 UDP 协议之上，提供的是不可靠的无连接服务，以保证信息的快速传递和减少网络带宽的消耗。利用 SNMP 协议，网络管理员能够方便地管理网络的性能，发现并解决网络故障。SNMP 是一种简单的、SNMP 管理进程和 SNMP 代理进程之间的请求—应答协议。MIB 定义了所有代理进程所包含的、能够被管理进程查询和设置的变量。

SNMP 管理模型分成三大部分：SNMP 网络管理系统（NMS）、SNMP 被管理系统和 SNMP 管理协议，如图 8.24 所示。

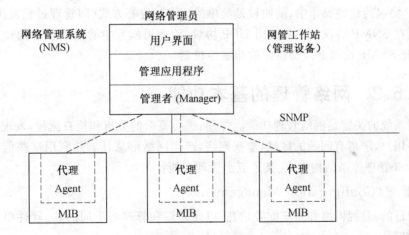

图 8.24 SNMP 管理模型

被管理系统是指被管理的所有网络上的设备，包括主机、集线器、交换机、网桥、路由器等，它们广泛分布在不同的地理位置。在各个可管理的网络设备中（包括网络适配器）都有一个可管理软件，名称为代理（Agent）。Agent 实现对被管设备的自身管理，它能够监测所在网络设备及其周围的局部网络的工作情况，收集有关网络信息。另外，Agent 响应网络管理系统（NMS）中来自管理者（Manager）的定期轮询，接受管理者设置某个变量的指令以及在某些紧急事件发生时主动向 NMS 发起 Trap 报警。MIB（管理信息库）通常位于相应的 Agent 上，所有相关的被管对象的网络信息都放在 MIB 上。

网络管理系统通常是由在 LAN 上选定的一个工作站装上网管软件构成的,该工作站通常称为网管工作站。网管软件的管理者驻留在网管工作站上,通过各种操作原语(如 Get、Set、Trap 等)向上与网络应用软件通信,向下经 TCP/IP 及物理网络与被管理系统进行通信。网络应用程序为用户(网络管理员)提供良好的人机界面,通常提供的是基于标准的图形用户界面(GUI)。网络管理员可以通过 GUI 接口来监控网络活动,进行配置、故障、性能、计费等管理。

SNMP 网络管理协议定义了管理者和代理之间的通信方法。为了支持管理进程和代理进程之间的信息交互,SNMP 定义了五种报文,它们分别是:

①Get-request 操作。从代理进程处提取一个或多个参数值。

②Get-next-request 操作。从代理进程处提取一个或多个参数的下一个参数值。

③Set-request 操作。设置代理进程的一个或多个参数值。

④Get-response 操作。返回的一个或多个参数值。这个操作是由代理进程发出的,它是前面三个操作的响应操作。

⑤Trap 操作。代理进程主动发出的报文,通知管理进程系统中有某些事件发生。

前面的三个操作是由管理进程向代理进程发出的;后面两个操作是代理进程发给管理进程的,图 8.25 描述了这五种操作。

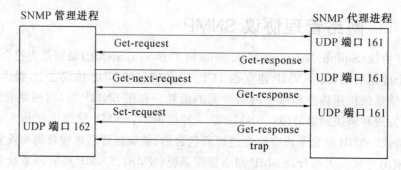

图 8.25　SNMP 协议的五种操作

在 SNMP 协议的这些操作中,前四种是简单的请求—应答方式(即管理进程发出请求,代理进程应答响应),而且在 SNMP 协议中经常使用 UDP 协议,因此可能发生管理进程和代理进程之间数据报丢失的情况,因此 SNMP 协议必须提供超时和重传机制。

✿✿✿ 8.6.2　网络管理的基本功能

网络管理系统的关键是网络管理功能。作用:进行复杂的分析和检查流量,发现违反规则而引起安全问题的网络用户,隔离有问题的区域,监视网络,产生网络信息日志并利用这些信息日志去研究和分析网络。在 OSI 管理体系结构中,定义了五个管理功能:

1. 配置管理(Configuration Management)

配置管理目的:监视网络和系统配置信息,以便跟踪和管理对不同的软、硬件单元进行的网络操作结果。功能如下:

(1)设置开发系统中路由操作的参数。

(2)修改被管对象的属性。

(3)初始化或关闭被管对象。

(4)收集系统当前状态信息。

(5)更改系统配置。

配置管理重点:被管对象的标识和状态,这些信息是讨论被管对象能力的基础。

2. 故障管理(Fault Management)

故障管理目的:对来自硬件设备或路径结点的报警信息进行监控、报告和存储,进行故障诊断与处理等操作,系统中非正常操作的管理。故障管理包含以下几个步骤:

(1)判断故障症状。

(2)隔离该故障。

(3)修复该故障。

(4)对所有重要的子系统的故障进行修复。

(5)记录故障的检测及其结果。

3. 性能管理(Performance Management)

性能管理是对系统运行及通信效率等系统性能进行评价,包括收集、分析有关被管网络当前的数据信息,维持和分析性能日志和改善网络性能而采取的网络控制两部分功能。性能管理包含以下几个步骤:

(1)收集变量的性能参数。

(2)分析这些数据,判断数据是否正常。

(3)为变量决定合适的性能阀值,监视性能变量超出该值产生一个报警,报警发送到网络管理系统,就发现网络故障。

4. 计费管理(Accounting Management)

计费管理是衡量网络的利用率,使网络用户有规则、合理地利用网络资源,使网络故障率降低到最小。其作用如下:

(1)计算各用户使用网络资源的费用。

(2)规定用户使用的最大费用。

(3)当用户为了一个通信目的需要使用多个网络中的资源时,计费管理能计算出总费用。

5. 安全管理(Security Management)

安全管理的目标是按照本地规定的规则来控制对网络资源的访问,以保证网络不被侵害,并保证重要的信息不被未授权的用户访问。用于保证降低运行网络及其网络管理系统的风险的一种手段,授权机制、访问机制、加密等功能组合,通过分析网络安全漏洞将网络危险最小化,可动态地确保网络安全。网络中安全问题包括数据的私有性、授权、访问控制等方面。

8.6.3 网络管理员的主要任务

(1)网络基础设施管理。确保网络数据传输畅通,掌握主干设备配置情况及配置参数变更情况,网络布线配线架的管理,监督网络通信状况等。

(2)操作系统管理。是网络管理员维护网络运行环境的核心任务之一,能够熟练地运用各种管理工具软件,及时发现故障征兆并进行处理,对配置参数进行备份,优化系统性能等。

(3)网络应用系统管理。确保网络运行不间断和工作性能良好,将故障造成的损失和影响控制在最小范围内。

(4)用户管理。用户的开户与撤销管理,用户组的设置与管理,用户使用系统服务和资源的权限管理和配额管理,用户桌面联网计算机的技术支持服务和用户技术培训服务的用户端支持服务等。

(5)网络安全保密管理。防止黑客对本网络的攻击和入侵,防止本网络内部信息对外泄露。

(6)信息存储备份管理。一是对要求不高的系统和数据信息,网管员定期的手工操作备份;二是对关键业务服务系统与实时级别高的数据和信息,网管员要建立存储备份系统,进行集中式或者异地的备份管理。

(7)网络机房管理。数据通信电缆布线情况,在增减设备时确保布线合理,管理维护方便;管理网络机房的温度、湿度和通风状况,提供适合的工作环境;保证网络机房内各种设备的正常运转等。

▸▸▸▸

技术提示：

1993年初,推出了SNMPVersion2(SNMPv2),SNMPv2包容了以前对SNMP所做的各项改进工作,并在保持了SNMP清晰性和易于实现的特点以外,功能更强,安全性更好。增加了验证机制、加密机制以及时间同步机制来保证通信的安全。

重点串联 ▸▸▸

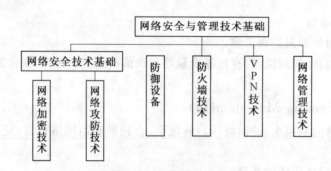

拓展与实训

▶ **基础训练** ◂◂◂

1.选择题

(1)网络发生了阻塞是因为(　　　)

A.随着通信子网和负荷的增加,吞吐量也增加

B.网络结点接收和发出的分组越来越少

C.网络结点接收和发出的分组越来越多

D.随着通信子网的负荷的增加,吞吐量反而降低

(2)下列叙述中,关于网络安全不正确的是(　　　)

A.网络中的不安全因素主要来自网络外部,也有来自网络内部的

B.信息泄露是网络的一种不安全因素

C.有害信息的侵入不是一种不安全因素

D.对Internet的威胁分为故意危害和无意危害

(3)对于Intranet,可通过设置(　　　)来防止内部数据泄露、篡改和黑客入侵。

A.专用账户　　　　B.专用密码　　　　C.专用命令　　　　D.防火墙

(4)下列哪个不是网络管理的基本功能(　　　)

A.故障管理　　　　B.计费管理　　　　C.安全管理　　　　D.流量管理

(5)网络攻击分为主动攻击和(　　　)

A.被动攻击　　　　B.后门程序攻击　　　　C.Smurf攻击　　　　D.缓冲区溢出攻击

(6)NAT 是（　　）

A.地址转换器　　　　　　B.局域网　　　　　　　　C.防火墙　　　　　　　　D.网络管理协议

2.填空题

(1)对于 Intranet,可通过设置（　　）来防止内部数据泄密、篡改和黑客入侵。

(2)网络管理的基本功能有（　　）、（　　）、（　　）、（　　）和（　　）。

(3)对有影响力的网络管理协议中,其中一个不是基于 TCP/IP 协议簇的,它是（　　）。

(4)网络加密的方式有（　　）、（　　）和（　　）。

(5)网络安全基本要素有（　　）、（　　）、（　　）、（　　）和可审查性。

3.判断题

(1)网络中的不安全因素主要来自网络外部,也有一部分来自网络内部。（　　）

(2)信息泄漏是网络的一种不安全因素。（　　）

(3)有害信息侵入不是一种不安全因素。（　　）

(4)对 Internet 的威胁分为故意危害和无意危害。（　　）

(5)对付被动攻击可采用各种数据加密技术,而对付主动攻击,则需加密技术与适当的鉴别技术结合。（　　）

4.简答题

(1)网络管理基本功能有哪些?

(2)网络加密方式有哪些?

(3)NAT、VPN、SNMP 分别代表什么含义?

(4)如何理解虚拟专用网络的"虚拟"和"专用"?

(5)VPN 的关键技术有哪些?

▶ 技能实训 ▶▶▶

实训题目　安全漏洞扫描实验

【实训要求】

理解扫描器的工作机制和作用;掌握使用漏洞扫描器检测远程或本地主机安全性弱点。

【实训环境】

局域网环境,扫描器小榕流光软件,日志清除工具。

【参考操作方法】

(1)设置流光扫描相关参数:启动小榕流光 5 betal,扫描一段 IP,寻找网络中一台主机。

(2)启动扫描,查看扫描结果。

(3)根据扫描结果对目标主机进行探测得到目标主机账户相关信息。

(4)根据已探测的用户名和口令用 NET 命令进行攻击。

(5)查看日志信息。打开 PC 机的 Windows 事件查看器,可以看到日志中信息记录。

(6)清除准备。使用工具 clearel.exe 来清除系统日志,将该文件上传到对方主机。

(7)删除系统日志、安全日志、应用程序日志。

命令格式为:

Clearel System

Clearel Security

Clearel Application

Clearel All

结果到控制面板→管理工具→本地安全策略→本地策略→策略审核中去查看。

参考文献

[1] 蒋熹.计算机网络基础[M].北京:北京交通大学出版社,2009.

[2] 张嗣萍.计算机网络技术[M].北京:中国铁道出版社,2009.

[3] 陆卫忠.计算机网络实验教程[M].北京:国防工业出版社,2004.

[4] 吕晓阳.综合布线工程技术与实训[M].北京:清华大学出版社,2009.

[5] 张兆信.计算机网络安全与应用技术[M].北京:机械工业出版社,2010.

[6] 谢希仁.计算机网络[M].5 版.北京:电子工业出版社,2008.

[7] 吴功宜.计算机网络技术教程[M].北京:机械工业出版社,2010.

[8] 张璟.计算机网络[M].西安:西安电子科技大学出版社,2007.

[9] 徐磊.计算机网络原理与实践[M].北京:机械工业出版社,2011.

[10] 尹少平.网络安全基础教程与实训[M].2 版.北京:北京大学出版社,2010.

[11] 肖朝晖,罗娅.计算机网络基础[M].北京:清华大学出版社,2011.

[12] MARK A,DYE RICK GRAZIANI.思科网络技术学院教程[M].北京:人民邮电出版社,2009.

「十二五」普通高等教育体验互动式创新规划教材

主 审　薛弘晔

主 编　尹少平

副主编　张 举　陈 琦

编 者　虞明宝　张婷婷

　　　　刘翠玲　陈希彬

　　　　古奋飞　陈明明

　　　　魏建英

计算机网络与通信实训手册

JISUANJI WANGLUO YU TONGXIN SHIXUN SHOUCE

哈尔滨工业大学出版社

目录 Contents

实训 1 　交换机基本配置

【实训目的】

1. 认识交换机

2. 掌握交换机的初始配置

【实训要求】

1. 理解交换机的交换模式

2. 了解交换机的分类

3. 理解并掌握交换机的初始配置

1.1　认识交换机

交换机是工作于 OSI 体系的第二层,即数据链路层的设备,能识别 MAC 地址,通过解析数据帧中的目的主机的 MAC 地址,就可以将数据帧快速地从相应端口转发出去,避免了与其他端口发生碰撞,从而提高了网络的交换和传输速度。

1. 交换模式

交换机对收到的数据帧的转发有三种模式。

(1)存储转发式。这种方式是目前使用最广泛的一种技术。在这种方式下,交换机把收到的数据帧先进行缓存,并进行 CRC 校验,确认帧正确后,再从帧头中取出目的地址,再根据转发表将其转发到相应端口。

这种方式时延较长,但可以进行差错检测,而且还可以支持不同速率端口之间的交换,这在很多情况下是非常有用的。

(2)直通式。直通式交换只检查帧头,根据其中的目的地址,查找转发表,然后将帧转发到对应端口。

这种方式具有时延短、交换速度快等优点。缺点是不进行差错检测,还可能会将一些无效帧转发出去,而且随着端口数量的增加,交换矩阵也将变得很复杂,增加了实现的难度。

(3)无碎片直通式。这种方式是介于存储转发式和直通式之间的一种方案。它检查帧的长度是否够 64B,若小于 64B,则说明该帧是碎片,简单丢弃;如果大于等于 64B,则发送该帧。

该种方式比存储转发式快,比直通式慢。

2. 交换机分类

根据不同的分类标准,交换机可分为多种类型:

（1）根据网络覆盖范围划分。分为局域网交换机和广域网交换机。

（2）根据传输介质和传输速度划分。分为以太网交换机、快速以太网交换机、千兆以太网交换机、10千兆以太网交换机、ATM交换机、FDDI交换机和令牌环交换机。

（3）根据交换机应用网络层次划分。分为企业级交换机、校园网交换机、部门级交换机和工作组交换机、桌面型交换机。

（4）根据交换机端口结构划分。分为固定端口交换机和模块化交换机。

（5）根据工作协议层划分。分为第二层交换机、第三层交换机和第四层交换机。

（6）根据是否支持网管功能划分。分为网管型交换机和非网管型交换机。

3. 初始交换机的配置

新买来的交换机或路由器，第一次启动时会提示是否进行初始配置，回答"yes"或"no"即可。以后也可在特权模式下使用命令"setup"来启动配置对话。具体如下：

Switch♯setup

　　　－－－ System Configuration Dialog －－－

Continue with configuration dialog？［yes/no］：y　　//询问是否继续配置对话，中括号里是可选项或默认项

At any point you may enter a question mark ´?´ for help.

Use ctrl－c to abort configuration dialog at any prompt.

Default settings are in square brackets ´［］´.

Basic management setup configures only enough connectivity

for management of the system，extended setup will ask you

to configure each interface on the system

Would you like to enter basic management setup？［yes/no］：y　　//询问是否进行基本管理设置

Configuring global parameters：

　　Enter host name ［Switch］：zj　　//配置交换机名

　　The enable secret is a password used to protect access to

　　privileged EXEC and configuration modes. This password，after

　　entered，becomes encrypted in the configuration.

　　Enter enable secret：111　　//配置特权密码为"111"

　　The enable password is used when you do not specify an

　　enable secret password，with some older software versions，and

　　some boot images.

　　Enter enable password：112　　//配置一般用户密码

　　The virtual terminal password is used to protect

　　access to the router over a network interface.

　　Enter virtual terminal password：113　　//配置远程登录密码

Configure SNMP Network Management? [no]：

Current interface summary

Interface	IP-Address	OK? Method Status		Protocol
FastEthernet0/1	unassigned	YES manual up		up
FastEthernet0/2	unassigned	YES manual down		down

…略

Vlan1　　　　　　　　　unassigned　　　　YES manual administratively down down

Enter interface name used to connect to the

management network from the above interface summary：Vlan1　//设置管理端口，此处必须使用上面所列出的Interface

Configuring interface Vlan1：

　　Configure IP on this interface? [yes]：y

　　　　IP address for this interface：192.168.1.254

　　　　Subnet mask for this interface [255.255.255.0]：

The following configuration command script was created：

hostname zj

enable secret 5 1 mERr $ W0yB. XmVL7E61EqvjIL7e1　//此处下划线部分为上面所设置的密码"111"，被加密显示

enable password 112

line vty 0 4

password 113

interface Vlan1

no shutdown

ip address 192.168.1.254 255.255.255.0

interface FastEthernet0/1

no ip address

…略

interface FastEthernet0/24

no ip address

end

[0] Go to the IOS command prompt without saving this config.

[1] Return back to the setup without saving this config.

[2] Save this configuration to nvram and exit.

Enter your selection [2]：2   //选择哪种方式退出

这时就可以使用 Telnet 方式登录了。

实训 2　生成树协议配置

【实训目的】

配置生成树协议

【实训要求】

1. 理解生成树协议的目的和作用

2. 学会配置生成树协议,并能从显示信息中看出根交换机和交换机的根端口

3. 理解物理拓扑结构和实际工作中的逻辑拓扑结构,并能根据需要调整交换机的优先级

2.1　生成树协议的基础知识

生成树协议(spanning-tree),作用是在交换网络中提供冗余备份链路,并且解决交换网络中的环路问题。

生成树协议是利用 SPA 算法,在存在交换机环路的网络中生成一个没有环路的网络,运用该算法将交换网络的冗余备份链路从逻辑上断开,当主链路出现故障时,能够自动地切换到备份链路,保证数据的正常转发。

生成树协议版本:STP、RSTP(快速生成树协议)、MSTP(多生成树协议)。

生成树协议的特点是收敛时间长,从主要链路出现故障到切换至备份链路需要 50 s。

快速生成树在生成树协议的基础上增加了两种端口角色,替换端口或备份端口,分别作为根端口和指定端口。当根端口或指定端口出现故障时,冗余端口不需要经过 50 s 的收敛时间,可以直接切换到替换端口或备份端口,从而实现 RSTP 协议小于 1 s 的快速收敛。

2.2　配置生成树

1. 常用命令

(1)show spanning-tree　　　　　　　　　　//查看当前生成树协议信息

(2)spanning-tree vlan 1 priority 优先权值　　//设置交换机的优先级,其值为
　　　　　　　　　　　　　　　　　　　　　4 096 的倍数

2. 生成树配置

步骤一:创建原始物理拓扑结构,如图 2.1 所示。

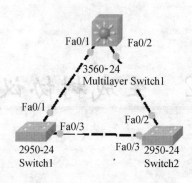

图 2.1　生成树物理拓扑结构

步骤二：查看各生成树的状态。

switch3560 的 STP 初始信息：

Switch＞en

Switch＃show spanning－tree

VLAN0001

　　Spanning tree enabled protocol ieee

Root ID	Priority	32769		
	Address	000A. F350. 2248		①
	Cost	19		
	Port	1(FastEthernet0/1)		
	Hello Time　2 sec	Max Age 20 sec	Forward Delay 15 sec	
Bridge ID	Priority	32769　(priority 32768 sys－id－ext 1)		
	Address	0030. F264. 889D		②
	Hello Time　2 sec	Max Age 20 sec	Forward Delay 15 sec	
	Aging Time　20			
Interface	Role Sts Cost	Prio. Nbr Type		

――――――――――――――――――――――――――――――――――

―― ―――――――――――――――――――――――――――――――――

Fa0/2	Desg FWD 19	128.2	P2p	
Fa0/1	Root FWD 19	128.1	P2p	③

　　由以上信息可以看到，①和②处的 MAC 地址不同，因此该交换机不是根交换机，在端口信息中，③处的 Fa0/1 端口是根端口，通往根桥。下面是 switch1 和 switch2 的生成树信息。

switch1 的 STP 初始信息：

Switch＞en

Switch＃show spanning－tree

VLAN0001

　　Spanning tree enabled protocol ieee

Root ID	Priority	32769		
	Address	000A. F350. 2248		
	This bridge is the root			
	Hello Time　2 sec	Max Age 20 sec　Forward Delay 15 sec		
Bridge ID	Priority	32769　(priority 32768 sys—id—ext 1)		
	Address	000A. F350. 2248		
	Hello Time　2 sec	Max Age 20 sec　Forward Delay 15 sec		
	Aging Time　20			
Interface	Role Sts Cost	Prio. Nbr Type		

———

——————————————————————————————

Fa0/3	Desg FWD 19	128.3	P2p
Fa0/1	Desg FWD 19	128.1	P2p

switch2 的 STP 初始信息：

Switch＞en

Switch＃show spanning—tree

VLAN0001

　　Spanning tree enabled protocol ieee

Root ID	Priority	32769		
	Address	000A. F350. 2248		
	Cost	19		
	Port	3(FastEthernet0/3)		
	Hello Time　2 sec	Max Age 20 sec　Forward Delay 15 sec		
Bridge ID	Priority	32769　(priority 32768 sys—id—ext 1)		
	Address	00E0. A360. 5605		
	Hello Time　2 sec	Max Age 20 sec　Forward Delay 15 sec		
	Aging Time　20			
Interface	Role Sts Cost	Prio. Nbr Type		

———

——————————————————————————————

Fa0/2	Altn BLK 19	128.2	P2p
Fa0/3	Root FWD 19	128.3	P2p

步骤三:判断根桥,并得出实际拓扑结构。

从以上信息可以看到,在 switch1 中,由于 Root ID 和 Bridge ID 的 Address 相同,所以,可以判断 switch1 是根桥,而 switch2 的 Fa0/2 端口处于阻塞状态。所以,实际的拓扑结构如图 2.2 所示。

步骤四:合理设置根桥。

显然,图 2.2 的拓扑结构并没能发挥三层交换机的核心作用,为了发挥三层交换机的

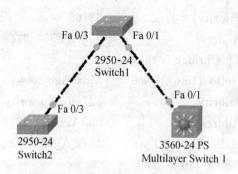

图 2.2 生成树实质逻辑拓扑图

核心作用,此处应使其成为根桥,因此对 switch3560 作如下配置:

Switch(config)#spanning-tree vlan 1 priority 4096,此时 switch2 的 Fa0/3 端口处于阻塞状态,如图 2.3 所示。

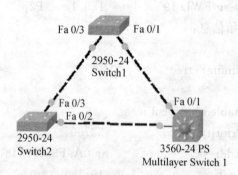

图 2.3 改变根桥生成树状态图

这时,其实际拓扑结构如图 2.4 所示。

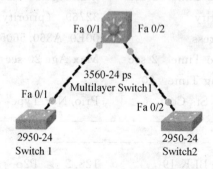

图 2.4 改变根桥生成树逻辑图

步骤五:请自行查看其生成树配置。

实训 3　交换机端口聚合配置

【实训目的】

掌握交换机的端口配置,增加主要设备间的带宽

【实训要求】

1. 理解端口聚合的目的和作用
2. 掌握端口聚合的要求和条件
3. 掌握端口聚合的配置

3.1 端口聚合的基础知识

交换机允许将多个端口聚合成一个逻辑端口,或称以太通道(Ether Channel)。通过端口聚合,可以提高交换机间的通信速度。例如,当 2 个 1 000 M 的端口聚合后,就可生成一个 2 000 M 的逻辑端口;当 4 个 100 M 的端口聚合后,就可以形成一个 400 M 的逻辑端口。而且一个逻辑端口内的几个端口还可实现负载均衡,当某个端口出现故障时,逻辑端口内的其他端口将自动承载其余的流量。

参与聚合的各端口必须具有相同的属性,如速度、trunk 模式、单双工模式等。

端口聚合可以采用手工方式配置,也可使用动态协议来聚合。PAgP 端口聚合协议是 cisco 专有的协议,LACP 协议是公共的标准。

3.2 配置交换机端口聚合

1. 常用命令

(1)interface port—channel 聚合逻辑端口号。用来在全局配置模式下创建聚合端口号,如 Switch(config)♯int port—channel 1,该命令创建聚合逻辑端口号 1。

(2)channel—group 聚合逻辑端口号 mode on {auto | desirable}。该命令在接口模式下用来应用聚合端口。有三种模式可选,其中 auto 表示交换机被动形成一个聚合端口,不发送 PAgP 分组,是默认值。on 表示不发送 PAgP 分组,desirable 表示发送 PAgP 分组。

(3)port-channel load-balance 负载平衡方式。可按源 IP 地址、目的 IP 地址、源 MAC 地址、目的 MAC 地址进行负载平衡。

(4)show interfaces ethernetchannel。用来查看端口聚合状态。

2. 配置端口聚合

本例中,将两交换机的 f0/21 到 f0/24 进行端口聚合,拓扑如图 3.1 所示。

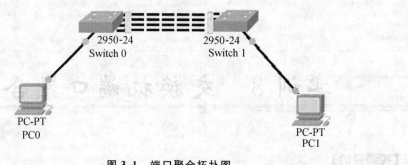

图 3.1　端口聚合拓扑图

第一步:观察图 3.1 拓扑结构的初始状态。刚连接好时,四条链路中只有一条是转发状态,其余三条都是阻塞状态,这是由于生成树协议自动启用的原因。

第二步:配置端口聚合。配置如下:

switch0:

Switch>en

Switch#conft

Enter configuration commands, one per line.　End with CNTL/Z.

Switch(config)#int port-channel 1　　　　//创建聚合端口号 1

Switch(config-if)#exit

Switch(config)#

Switch(config)#int range f0/21-24　　　　//进入 f0/21 到 f0/24 端口,此处使用了 range
　　　　　　　　　　　　　　　　　　　　//命令可以同时进入多个端口

Switch(config-if-range)#channel-group 1 mode on　　//在接口模式下应用聚合端口号 1

…(略)　　　　　　　　　　　　　　　　//此处自动生成状态显示

Switch(config-if-range)#exit

Switch(config)#port-channel load-balance ?　　//利用帮助命令查看负载平衡方式

　　dst-ip　　　　Dst IP Addr
　　dst-mac　　　Dst Mac Addr
　　src-dst-ip　　Src XOR Dst IP Addr
　　src-dst-mac　　Src XOR Dst Mac Addr
　　src-ip　　　　Src IP Addr
　　src-mac　　　Src Mac Addr

Switch(config)#port-channel load-balance dst-mac　　//设置负载平衡方式为基于目的
　　　　　　　　　　　　　　　　　　　　//MAC 地址

Switch(config)#int port-channel 1

Switch(config-if)♯switchport mode trunk　　　　//设置聚合端口为 trunk 模式

…（略）　　　　　　　　　　　　　　　　　//此处自动生成状态显示

Switch(config-if)♯exit

Switch(config)♯

第三步：查看端口状态。

可利用 show interfaces ethernetchannel 命令查看状态。

可以看到，当配置好端口聚合后，四条链路都处于转发状态。

请自行查看。

switch1 配置参考 switch0

实训 4 交换机 VLAN 配置

【实训目的】

掌握交换机的 VLAN 配置

【实训要求】

1. 理解 VLAN 的目的和作用

2. 掌握 VLAN 配置中的常用命令

3. 掌握单交换机 VLAN 配置和跨交换机 VLAN 配置，并能在一定条件下根据实际情况灵活应用

4. 了解 VTP 的设置

4.1 VLAN 基础知识

VLAN 是指在一个物理网段内进行逻辑的划分，划分成若干个虚拟局域网，VLAN 最大的特性是不受物理位置的限制，可以进行灵活的划分。VLAN 具备了一个物理网段所具备的特性，相同 VLAN 内的主机可以相互直接通信，不同 VLAN 间的主机之间互相访问必须经路由设备进行转发，广播数据包只可以在本 VLAN 内进行广播，不能传输到其他 VLAN 内。

Tag VLAN 是基于交换机端口划分的一种类型，Tag VLAN 遵循 IEEE802.1Q 标准。

常用命令：

(1)vlan vlanID。创建 vlan、vlanID 为 vlan 号，如 vlan 10。

(2)name vlanname。如命令"Switch(config－vlan)＃name name10"将当前 vlan 名字设为 name10。

(3)switchport mode access vlan vlanID。在接口模式下，设置该端口为 access 模式，即存取模式。

(4)switchport access vlan vlanID。在接口模式下，设置该端口属于 vlan vlanID。如命令"switchport access vlan 10"将当前端口划入 vlan 10。

(5)switchport mode trunk。在接口模式下，将当前接口设置为中继模式，此模式默认所有 vlan 都可以通过。

(6)vtp domain domainname(域名)。虚拟局域网中继协议 VTP(Vlan Trunk Protocol)是一种帮助网络管理员自动完成 VLAN 的创建、删除及同步的技术，由 Cisco 开发，可减少网络管理员的工作量。

该命令设置 vtp 域名为 domainname。

（7）vtp mode server{client｜transparent}。设置 vtp 工作模式。

（8）show vlan。显示 vlan 信息。

（9）show vtp status。显示 vtp 信息。

4.2 Tag VLAN 基本配置

步骤一：创建拓扑结构，如图 4.1 所示。其中，四台主机都在一个网段：192.168.1.0/24。现将 PC0 与 PC1 划入 vlan 10，PC2 与 PC3 划入 vlan 20。

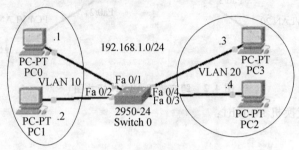

图 4.1　同一交换机 VLAN 拓扑图

步骤二：配置交换机如下：

switch：

Switch＞en

Switch＃conf t

Enter configuration commands，one per line.　End with CNTL/Z.

Switch(config)＃vlan 10

Switch(config－vlan)＃exit

Switch(config)＃vlan 20

Switch(config－vlan)＃exit

Switch(config)＃int range f0/1,f0/2

Switch(config－if－range)＃switchport access vlan 10

Switch(config－if－range)＃exit

Switch(config)＃

Switch(config)＃int range f0/3－4

Switch(config－if－range)＃switchport access vlan 20

Switch(config－if－range)＃exit

Switch(config)＃

步骤三：验证。PC0 可以 PING 通 PC1，因为它们属于同一 VLAN。同理，PC2 可以 PING 通 PC3。

属于不同 VLAN 的主机 PING 不通。

请自行验证。

4.3 跨交换机实现 VLAN

步骤一:创建拓扑结构,如图 4.2 所示,其中四台主机在一个 IP 网段。

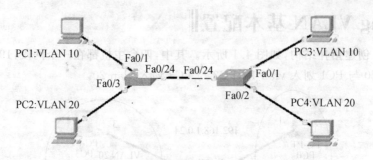

PC1:VLAN 10   Fa0/1   PC3:VLAN 10
Fa0/24 Fa0/24 Fa0/1
Fa0/3   Fa0/2
PC2:VLAN 20   PC4:VLAN 20

图 4.2　跨交换机 VLAN 拓扑图

步骤二:配置交换机 switch1:

Switch>en

Switch♯config t

Enter configuration commands, one per line.   End with CNTL/Z.

Switch(config)♯vlan 10

Switch(config-vlan)♯exit

Switch(config)♯vlan 20

Switch(config-vlan)♯exit

Switch(config)♯int f0/1

Switch(config-if)♯switchport access vlan 10

Switch(config-if)♯int f0/3

Switch(config-if)♯switchport access vlan 20

Switch(config-if)♯exit

Switch(config)♯int f0/24

Switch(config-if)♯switchport mode trunk

Switch(config-if)♯exit

Switch(config)♯

switch2 的设置请读者参考 switch1 自行设置。

步骤三:验证。同一 VLAN 可 PING 通,不同 VLAN 不能 PING 通。

请自行验证。

4.4 VTP 设置

三层交换机设为 VTP 服务器,利用 VTP 协议实现三层交换机与二层交换机 VLAN 的同步。

步骤一:拓扑结构如图 4.3 所示。

步骤二:switch3560 的配置如下:

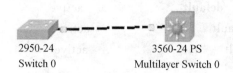

2950-24　　　　　　　3560-24 PS
Switch 0　　　　　Multilayer Switch 0

图 4.3　VTP 拓扑图

Switch♯conf t

Switch(config)♯vtp domain myvtp

Changing VTP domain name from NULL to myvtp

Switch(config)♯exit

Switch♯show vtp s

VTP Version   :2

Configuration Revision   :0

Maximum VLANs supported locally   :1005

Number of existing VLANs   :5

VTP Operating Mode   :Server　　//默认为 Server 模式

VTP Domain Name   :myvtp

VTP Pruning Mode   :Disabled

VTP V2 Mode   :Disabled

VTP Traps Generation   :Disabled

MD5 digest   :0x3A 0xC1 0xBF 0x6F 0x8C 0xD0 0xCA
0x49

Switch♯conf t

Enter configuration commands, one per line.　End with CNTL/Z.

Switch(config)♯vlan 10

Switch(config-vlan)♯name name10

Switch(config-vlan)♯vlan 20

Switch(config-vlan)♯name name20

Switch(config-vlan)♯end

Switch♯

Switch♯show vlan brief

VLAN Name   Status　Ports

——

——

1   default   active　Fa0/1, Fa0/2,

…(略)

10   name10   active

20   name20   active

1002 fddi-default   active

```
1003 token－ring－default                    active
1004 fddinet－default                        active
1005 trnet－default                          active
Switch#conf t
Switch(config)#int f0/1
Switch(config－if)#switchport trunk encap dot1q        //配置 f0/1 端口用 802.
1q 协议//封装
Switch(config－if)#switchport mode trunk
Switch(config－if)#exit
Switch(config)#
```

VTP 服务器端配置时需要注意,必须先配置 VTP 域名,然后再配置 VLAN 信息。

步骤三:下面是 switch0 的配置信息:

```
Switch>en
Switch#conf t
Enter configuration commands, one per line.    End with CNTL/Z.
Switch(config)#vtp mode client
Setting device to VTP CLIENT mode.
Switch(config)#vtp domain myvtp
Changing VTP domain name from NULL to myvtp
Switch(config)#end
Switch#show vlan b
VLAN Name                                    Status    Ports
－－－－－－－－－－－－－－－－－－－－－－－－－－－－－－－－－－－－－－－－
－－－－－－－－－－－－－－－－－－－－－－－－－－－－－－－－－－－－－－－－
1    default                                 active    Fa0/1，Fa0/2，
…(略)
1002 fddi－default                           active
1003 token－ring－default                     active
1004 fddinet－default                        active
1005 trnet－default                          active
```

//注意此时 VTP 客户端并没有接收到服务器端传来的 VLAN 信息,这是由于现在
　还没有设置中继模式

```
Switch(config)#int f0/1
Switch(config－if)#switchport mode trunk
Switch(config－if)#end
Switch#show vlan brief
VLAN Name                                    Status    Ports
```

——————————————————————————————————

——————————————————————————————————

1   default   active   Fa0/2，Fa0/3，

…（略）

10   name10   active

20   name20   active

1002 fddi－default   active

1003 token－ring－default   active

1004 fddinet－default   active

1005 trnet－default   active

步骤四：验证。这时，我们看到在 VTP 协议的作用下，客户端与服务器端的 VLAN
设置相同。

实训5 三层交换机实现 VLAN 间路由

【实训目的】

掌握三层交换机的 VLAN 配置,并实现 VLAN 间的路由。

【实训要求】

1. 理解三层交换机和二层交换机的区别

2. 理解三层交换机中 SVI 的含义

3. 掌握利用三层交换机实现 VLAN 间的路由

5.1 基础知识

利用三层交换机的路由功能,通过识别数据包的 IP 地址,查找路由表进行选路转发,三层交换机利用直连路由可以实现不同 VLAN 之间的相互访问。三层交换机采用 SVI(交换虚拟接口)的方式实现 VLAN 间互连。SVI 是指为交换机中的 VLAN 创建虚拟接口,并且配置 IP 地址。

5.2 三层交换机实现 VLAN 间路由

步骤一:规划 IP 及 VLAN。

在局域网中划分 10 和 20 两个 VLAN,利用三层交换机实现它们可以相互通信,IP 及 VLAN 规划如下表:

计算机名称	IP 地址	VLAN	网关
PC0	192.168.10.1/24	10	192.168.10.254
PC1	192.168.20.1/24	20	192.168.20.254
PC2	192.168.10.2/24	10	192.168.10.254
PC3	192.168.20.2/24	20	192.168.20.254

步骤二:创建拓扑结构如图 5.1 所示。

步骤三:switch3560 配置如下:

Switch＞en

Switch＃conf t

Enter configuration commands, one per line.　End with CNTL/Z.

Switch(config)＃vtp domain myvtp

Changing VTP domain name from NULL to myvtp

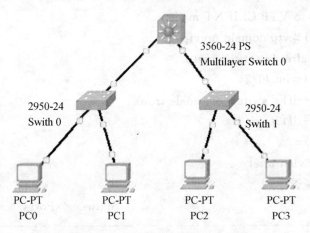

图 5.1 三层交换机实现 VLAN 路由

Switch(config)♯vlan 10

Switch(config−vlan)♯name name10

Switch(config−vlan)♯vlan 20

Switch(config−vlan)♯name name20

Switch(config−vlan)♯exit

Switch(config)♯int vlan 10   //进入 VLAN 10 接口模式

％LINK−5−CHANGED：Interface Vlan10，changed state to up

Switch(config−if)♯ip addr 192.168.10.254 255.255.255.0   //给 VLAN 10

配置 IP 地址

Switch(config−if)♯no shut

Switch(config−if)♯exit

Switch(config)♯int vlan 20

％LINK−5−CHANGED：Interface Vlan20，changed state to up

Switch(config−if)♯ip addr 192.168.20.254 255.255.255.0

Switch(config−if)♯no shut

Switch(config−if)♯exit

Switch(config)♯int range f0/23−24

Switch(config−if−range)♯switchport trunk encap dot1q

Switch(config−if−range)♯switchport mode trunk

Switch(config−if−range)♯exit

Switch(config)♯

步骤四：switch0 配置如下：

Switch＞en

Switch♯conf t

Enter configuration commands，one per line.   End with CNTL/Z.

Switch(config)♯vtp mode client

Setting device to VTP CLIENT mode.

Switch(config)#vtp domain myvtp

Domain name already set to myvtp.

Switch(config)#int f0/24

Switch(config-if)#switchport mode trunk

Switch(config-if)#exit

Switch(config)#

Switch#show vlan brief

//验证 VTP 是否生效

VLAN Name   Status   Ports

----

1   default   active   Fa0/1，Fa0/2，Fa0/3，

…略

10   name10   active

20   name20   active

1002 fddi-default   active

1003 token-ring-default   active

1004 fddinet-default   active

1005 trnet-default   active

Switch#conf t

Enter configuration commands，one per line.   End with CNTL/Z.

Switch(config)#int f0/1

Switch(config-if)#switchport access vlan 10

Switch(config-if)#int f0/2

Switch(config-if)#switchport access vlan 20

Switch(config-if)#exit

Switch(config)#

switch1 请自行配置。

步骤五：验证。

VLAN 10 间主机是否可以 PING 通；VLAN 10 和 VLAN 20 的主机是否可以 PING 通。

实训 6 路由配置

【实训目的】

掌握 OSPF 路由配置

【实训要求】

1. 理解 OSPF 协议
2. 掌握单区域 OSPF 配置
3. 掌握多区域 OSPF 配置

6.1 单区域 OSPF 配置

步骤一:拓扑如图 6.1,共五个网段,都在 area 0。做 OSPF 路由配置,使其能够相互 PING 通。

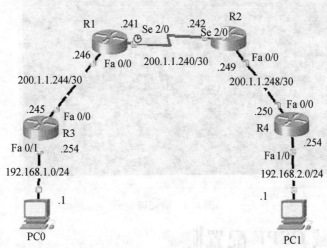

图 6.1　单区域 OSPF 拓扑图

步骤二:R1 中 OSPF 路由配置如下:

R1(config)♯router ospf 5

R1(config-router)♯network 200.1.1.244 0.0.0.3 area 0

R1(config-router)♯network 200.1.1.240 0.0.0.3 area 0

R1(config-router)♯exit

步骤三:R2 中 OSPF 路由配置如下:

R2(config)♯router ospf 5

R2(config-router)♯network 200.1.1.240 0.0.0.3 area 0

R2(config—router)♯network 200.1.1.2480.0.0.3 area 0

R2(config—router)♯exit

步骤四:R3 中 OSPF 路由配置如下:

R3(config)♯router ospf 5

R3(config—router)♯network 192.168.1.00.0.0.255 area 0

R3(config—router)♯network 200.1.1.2440.0.0.3 area 0

R3(config—router)♯exit

步骤五:R4 中 OSPF 路由配置如下:

R4(config)♯router ospf 5

R4(config—router)♯network 192.168.2.00.0.0.255 area 0

R4(config—router)♯network 200.1.1.2480.0.0.3 area 0

R4(config—router)♯exit

步骤六:验证。用 PC0 PING PC1,如图 6.2 所示。

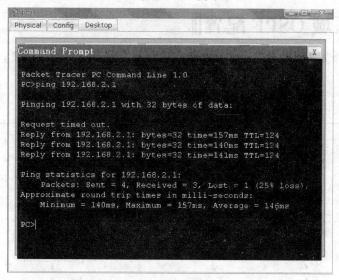

图 6.2 验证图

6.2 多区域 OSPF 配置

在图 6.2 所示的单区域 OSPF 配置中,作图 6.3 所示的区域划分,使其互通。

进行多区域配置时,需要注意有些路由器是处于多个区域的,如 R1 和 R2。配置时要注意区域的划分。

R1 中 OSPF 路由配置如下:

R1(config)♯router ospf 5

R1(config—router)♯network 200.1.1.2440.0.0.3 area 1

R1(config—router)♯network 200.1.1.2400.0.0.3 area 0

R1(config—router)♯exit

其余路由器请自行配置。

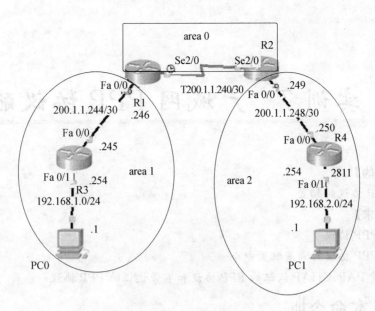

图 6.3　多区域 OSPF

验证:PC0 和 PC1 可以 PING 通。

请自行验证。

实训 7 广域网 PPP 协议配置

【实训目的】

掌握 PPP 协议的配置

【实训要求】

1. 理解 PPP 协议

2. 掌握 PPP 协议的常用配置命令

3. 掌握带 PAP、CHAP 认证的 PPP 协议和不带认证的 PPP 协议

7.1 基本命令

(1)username 为对方路由器名称；password 为对方路由器密码。本命令在本路由器上记录对方路由器的名字和密码。

(2)encapsulation PPP{HDLC}。封装指定协议。

(3)ppp authentication chap{ppp}。指定 PPP 用户认证方式。

7.2 配置不带认证的 PPP 协议

步骤一：拓扑如图 7.1 所示，两路由器之间用串口相连，Se2/0 端口用 PPP 协议封装，作适当配置使其互通。IP 配置如下表：

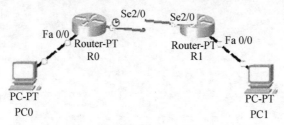

图 7.1 不带认证的 PPP 协议

名称	IP 地址	子网掩码	网关
PC0	192.168.1.1	255.255.255.0	192.168.1.254
R0—Fa0/0	192.168.1.254	255.255.255.0	
R0—Se2/0	192.168.2.1	255.255.255.0	
R1—Se2/0	192.168.2.2	255.255.255.0	
R1—Fa0/0	192.168.3.254	255.255.255.0	
PC1	192.168.3.1	255.255.255.0	192.168.3.254

步骤二:首先对其做基本路由配置,使能相互 PING 通。

步骤三:查看路由器的串口信息:

R0 信息:

Router # show int se2/0

Serial2/0 is up,line protocol is up(connected)

    Hardware is HD64570

    Internet address is 192.168.2.1/24

    MTU 1500 bytes,BW 128 Kbit,DLY 20000 usec,

        reliability 255/255,txload 1/255,rxload 1/255

    Encapsulation HDLC,loopback not set,keepalive set(10 sec)

…(略)

可以看到,此时路由器串口封装的协议是 HDLC 协议,这也是思科路由器串口默认封装协议。

在 R0 和 R1 互连的串口上采用如下命令可将其封装为 PPP 协议:

Router(config) # int se2/0

Router(config-if) # encapsulation ppp

此时查看其串口信息如下:

R0:

Router # show int se2/0

Serial2/0 is up,line protocol is up(connected)

    Hardware is HD64570

    Internet address is 192.168.2.1/24

    MTU 1500 bytes,BW 128 Kbit,DLY 20000 usec,

        reliability 255/255,txload 1/255,rxload 1/255

    Encapsulation PPP,loopback not set,keepalive set(10 sec)

…(略)

可以看到,串口改为 PPP 协议封装了。此时 PC0 能 PING 通 PC1,请自行验证。

7.3 配置带 PAP 认证的 PPP 协议

在 7.2 的基础上继续如下配置:

R0 配置:

Router(config) # hostname R0

R0(config) # int se2/0

R0(config-if) # ppp pap sent-username R0 password 123

R0(config-if) # exit

R0(config) # username R1 password 789

R1 配置:

Router>en

Router # conf t

Enter configuration commands, one per line.   End with CNTL/Z.

Router(config) # hostname R1

R1(config) # int se2/0

R1(config—if) # ppp pap sent—username R1 password 789

R1(config—if) # exit

R1(config) # username R0 password 123

此时 PC0 能 PING 通 PC1,请自行验证。

7.4 配置带 CHAP 认证的 PPP 协议

在图 7.1 中,作基本路由配置使其互通,在此基础上增加如下 CHAP 的配置:

R0 配置:

R0>en

R0 # conf t

R0(config) # enable secret 123

R0(config) # username R1 password 123

R0(config) # int se2/0

R0(config—if) # encapsulation ppp

R0(config—if) # ppp authentication chap

R1 配置:

R1>en

R1 # conf t

R1(config) # enable secret 123

R1(config) # username R0 password 123

R1(config) # int se2/0

R1(config—if) # encapsulation ppp

R1(config—if) # ppp authentication chap

此时 PC0 能 PING 通 PC1,请自行验证。

这里要注意两点:

(1)此处用到的密码必须是路由器的特权用户的密码。

(2)串口双方的密码必须一致。

实训 8 无线网络连接

【实训目的】

掌握无线网络连接的配置

【实训要求】

1. 掌握使用 AP 组建无线局域网

2. 掌握使用无线路由器连入互联网

8.1 使用 AP 组建无线局域网

拓扑图如图 8.1 所示，三台主机设在一个 IP 网段，经过设置后，使三台主机能相互 PING 通。

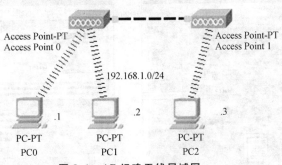

图 8.1 AP 组建无线局域网

步骤一：给主机添加无线网卡。

在 Cisco Packet Tracer 中点击任一主机，弹出如图 8.2 所示。关闭电源，如图 8.2 所示将现有网卡拖走，再将图左侧无线网卡拖至主机相应位置，然后开启电源。

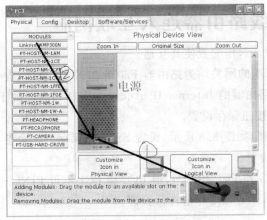

图 8.2 主机添加无线网卡

步骤二：点击 AP，弹出图 8.3，设置 SSID 的值。

图 8.3　设置 SSID 值

步骤三：点击图 8.4 中的 pc wireless 项，弹出图 8.5，选择左侧的 SSID 值，点击 connect 进行连接，成功后在 AP 和主机间显示如图 8.1 所示连接。

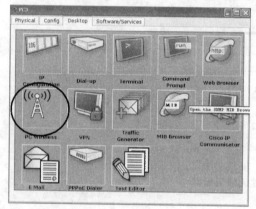

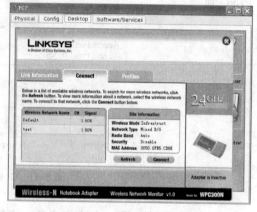

图 8.4　主机 pc wireless　　　　　　　　　　**图 8.5　主机无线设置**

步骤四：验证主机间是否可 PING 通。

8.2 使用无线路由器连入互联网

拓扑图如图 8.6 所示，作配置使其互通。

本例中 PC0 和 PC1 的网关均为路由器 Fa0/0 口的 IP 地址，点击无线路由器弹出图 8.7，在此处设置无线路由器的 Internet IP Address 信息和内部的 IP Address，并在最下部点击 Save Settings 按钮保存设置。

切换到 Wireless 页，如图 8.8 所示，设置 SSID 并保存。其余参考任务 1 中的设置。

此处省略了密码设置。

此时 PC2 可 PING 通 PC0 和 PC1，但 PC0 和 PC1 不可 PING 通 PC2，这是由于无线路由器内部使用了 NAT 的原因。请自行验证。

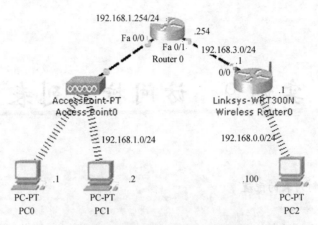

图 8.6　无线路由器连入互联网

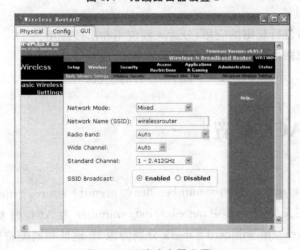

图 8.7　无线路由器设置 1

图 8.8　无线路由器设置 2

实训 9 访问控制列表

【实训目的】
掌握访问控制列表的配置
【实训要求】
1. 理解访问控制列表的含义
2. 理解标准访问控制列表和扩展访问列表的区别
3. 初步掌握访问控制列表的配置和应用

9.1 知识基础

接入控制列表(Access Control List,ACL)也称访问控制列表,俗称防火墙,在有的文档中还称包过滤。ACL 通过定义一些规则对网络设备接口上的数据包进行控制,允许通过或丢弃,从而提高网络可管理性和安全性。

ACL 分为两种:标准 IP 访问列表和扩展 IP 访问列表,标准 IP 访问列表编号范围为1～99、1 300～1 999;扩展 IP 访问列表 100～199、2 000～2 699。

标准 IP 访问控制列表只对数据包中的源 IP 地址进行检查,定义规则,控制来自某个 IP 地址或 IP 网段的数据包。

扩展 IP 访问列表可以根据数据包的原 IP、目的 IP、源端口、目的端口、协议来定义规则,进行数据包的过滤。

ACL 基于接口进行规则的应用,分为入栈应用和出栈应用。

ACL 不能过滤路由器自己生成的流量。

对于标准 ACL,建议将 ACL 尽可能靠近目的主机;对于扩展 ACL,应尽可能靠近源主机。

9.2 标准 ACL 配置

1. 常用命令

(1)access-list access-list-number deny{permit} source-ip wildcard-mask。全局配置模式下,定义 ACL。其中,access-list-number 为 ACL 列表号,deny{permit}为拒绝{允许},source-ip wildcard-mask 分别为源 IP 地址和通配符掩码。

(2)ip access-group access-list-number out{in}。在接口配置模式下,将 ACL 应用到该接口上。out 表示数据包从该端口出去时进行检查,in 表示数据包从该端口进来时进行检查。

2. 任务背景

某公司组建一个局域网,主要分为对外区和员工区。为了便于管理,禁止员工区访问 Internet。

3. 任务分析

如上所述,设定局域网网络号为 192.168.1.0/24,并在其内部分为两个子网,用来划分对外区和员工区,分别是 192.168.1.0/25 和 192.168.1.128/25。这里采用 VLAN 技术,创建 vlan 10 和 vlan 20 分别对应上面的两个子网,由路由器 R1 实现单臂路由,保证局域网的正常通信。做适当配置使得vlan 20不能访问外网即可。

步骤一:拓扑示意图如图 9.1 所示。

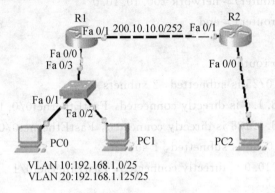

VLAN 10:192.168.1.0/25
VLAN 20:192.168.1.125/25

图 9.1 标准 ACL 配置

步骤二:R1 配置:

Router>enable

Router # configure terminal

Enter configuration commands, one per line. End with CNTL/Z.

Router(config) # interface FastEthernet0/1

Router(config-if) # ip address 200. 10. 10. 1 255. 255. 255. 252

Router(config-if) # no shutdown

Router(config-if) #

Router(config-if) # exit

Router(config) # interface FastEthernet0/0

Router(config-if) # no shut

Router(config-if) # int f0/0. 1   //进入 f0/0 口的子接口

Router(config-subif) # encapsulation dot1q 10   //为子接口 f0/0. 1 封装 802.
                                                   1q 协议,并使其承载 VLAN
                                                   10 的流量

Router(config-subif) # ip addr 192.168.1.126 255.255.255.128   //为子接口配置 IP 地址

Router(config-subif) # int f0/0. 2

Router(config−subif)＃encapsulation dot1q 20

Router(config−subif)＃ip addr 192.168.1.254 255.255.255.128

Router(config−subif)＃end

Router＃config t

Enter configuration commands，one per line.　End with CNTL/Z.

Router(config)＃router rip

Router(config−router)＃version 2

Router(config−router)＃network 192.168.1.0

Router(config−router)＃network 192.168.1.128

Router(config−router)＃network 200.10.10.0

Router(config−router)＃end

Router＃

Router＃show ip route

　　192.168.1.0/25 is subnetted，2 subnets

C　　　192.168.1.0 is directly connected，FastEthernet0/0.1

C　　　192.168.1.128 is directly connected，FastEthernet0/0.2

　　200.10.10.0/30 is subnetted，1 subnets

C　　　200.10.10.0 is directly connected，FastEthernet0/1

步骤三：R2 配置：

Router＞enable

Router＃configure terminal

Enter configuration commands，one per line.　End with CNTL/Z.

Router(config)＃interface FastEthernet0/0

Router(config−if)＃ip address 192.168.2.254 255.255.255.0

Router(config−if)＃no shutdown

Router(config−if)＃

Router(config−if)＃exit

Router(config)＃interface FastEthernet0/1

Router(config−if)＃ip address 200.10.10.2 255.255.255.252

Router(config−if)＃no shutdown

Router(config−if)＃exit

Router(config)＃router rip

Router(config−router)＃version 2

Router(config−router)＃network 192.168.2.0

Router(config−router)＃network 200.10.10.0

Router(config−router)＃exit

Router(config)＃

步骤四：交换机配置：

Switch＞enable

Switch # configure terminal

Enter configuration commands，one per line. End with CNTL/Z.

Switch(config) # vlan 10

Switch(config-vlan) # name VLAN10

Switch(config-vlan) # exit

Switch(config) # vlan 20

Switch(config-vlan) # name VLAN20

Switch(config-vlan) # exit

Switch(config) #

Switch(config) # interface FastEthernet0/1

Switch(config-if) # switchport access vlan 10

Switch(config-if) #

Switch(config-if) # exit

Switch(config) # interface FastEthernet0/2

Switch(config-if) # switchport access vlan 20

Switch(config-if) #

Switch(config-if) # exit

Switch(config) # interface FastEthernet0/3

Switch(config-if) # switchport mode trunk

步骤五：验证 PC0 和 PC1 是否能访问 PC2。

此时，PC1 可以访问到 PC2，同理，由于正确配置了路由，现在 PC0 也可以正常访问 PC2。

步骤六：在 R1 上配置 ACL：

R1>en

R1 # config t

Enter configuration commands，one per line. End with CNTL/Z.

R1(config) # access-list 1 deny 192.168.1.128 0.0.0.127

R1(config) # access-list 1 permit any

R1(config) # int f0/1

R1(config-if) # ip access-group 1 out

R1(config-if) # no shut

R1(config-if) # exit

R1(config) #

R1 #

步骤七：验证。由于 ACL 的原因，PC1 不能 PING 通 PC2。但此时 PC0 仍然可以访问 PC2，请自行验证。

9.3 扩展 ACL

1.常用命令

(1)access—list access—list—number deny{permit} protocol{protocol—keyword} source—ip wildcard—mask destination—ip wildcard—mask {other}

全局配置模式下,定义扩展 ACL。

其中,access—list—number 为 ACL 列表号,deny{permit}为拒绝{允许},source—ip wildcard—mask 分别为源 IP 地址和通配符掩码,protocol 为协议,destination—ip 和 wildcard—mask 为目的 IP 和通配符,other 项为一些其他的可选参数,如 eq www 或 eq 80,表示与该协议或其占用的端口号匹配。

(2)ip access—group access—list—number out{in}。在接口配置模式下,将 ACL 应用到该接口上。out 表示数据包从该端口出去时进行检查,in 表示数据包从该端口进来时进行检查。

2.任务描述

PC0 和 PC1(包括 192.168.1.0/24 网段中的所有主机)均可以访问 192.168.3.0/24 网段的 WebServer 的 WEB 站点;PC0 和 PC1(包括 192.168.1.0/24 网段中的所有主机)不可以访问 192.168.3.0/24 网段的其他主机。

3.任务步骤

步骤一:拓扑如图 9.2 所示。

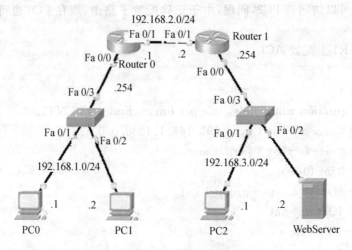

图 9.2　扩展 ACL

步骤二:作基本路由配置,使其都能相互访问,并请自行验证。

步骤三:在 Router1 上作 ACL 配置,按任务描述进行验证。

Router1 上的 ACL 配置:

access—list 101 permit tcp 192.168.1.0 0.0.0.255 host 192.168.3.2 eq www

access—list 101 deny ip 192.168.1.0 0.0.0.255 192.168.3.0 0.0.0.255

access—list 101 permit ip any any

步骤四:将 ACL 101 应用到 Fa0/0 端口:

interface FastEthernet0/0

ip address 192.168.3.254 255.255.255.0

ip access-group 101out

步骤五:验证。PC0 可访问到 WEB 服务器(192.168.3.2),在 ACL 的作用下,PC0 不能 PING 通 PC2。

PC0 不能 PING 通 PC3,可以看到,PC0 虽然可以访问 PC3 中的 WEB 站点,但是却 PING 不通 PC3,这是因为它匹配了 ACL 101 中的第二条规则。此时不妨碍 PC0 访问其他网段。请自行验证。

不管是标准 ACL 还是扩展 ACL,以下规则需要特别注意:

(1)对于有多条规则的 acl,这些规则的顺序很重要,acl 严格按生效的顺序进行匹配。可以使用 show running-config 或 show access-list 命令查看生效的 acl 规则顺序。

如果分组与某条规则相匹配,则根据规则中的关键字 permit 或 deny 进行操作,所有的后续规则均被忽略。也就是说采用的是首先匹配的算法。路由器从开始往下检查列表,一次一条规则,直至发现匹配项。

因此,更为具体的规则应始终排列在较不具体的规则的前面。例如,以下 acl 准许除发自子网 10.2.0.0/16 之外的所有 tcp 数据报。

zxr10(config)♯access-list 101 deny tcp 10.2.0.0 0.0.255.255 any

zxr10(config)♯ access-list 101 permit tcp any any

当 tcp 分组从子网 10.2.0.0/16 中发出时,它发现与第一项规则相匹配,从而使得该分组被丢弃。发自其他子网的 tcp 分组不与第一项规则相匹配,而是与第二项规则匹配,由此这些分组得以通过。

(2)每个 acl 的最后,系统自动附加一条隐式 deny 的规则,这条规则拒绝所有数据报。

对于不与用户指定的任何规则相匹配的分组,隐式拒绝规则起到了截流的作用,所有分组均与该规则相匹配。

(3)在表达源 IP 和目的 IP 时,经常使用 host 和 any。

Any 允许所有 IP 地址作为源地址。如下面两行是等价的:

Access-list 1 permit0.0.0.0 255.255.255.255

Access-list 1 permit any

Host 表达某一主机 IP,如下面两行是等价的:

Access-list 1 permit 172.16.8.10.0.0.0

Access-list 1 permit host 172.16.8.1

实训10 地址转换 NAT

【实训目的】

初步掌握地址转换 NAT 的配置

【实训要求】

1. 理解地址转换 NAT 的含义

2. 理解地址转换 NAT 的三种转换方式

3. 初步掌握地址转换 NAT 的三种转换方式的配置和应用

10.1　NAT 的基本知识

随着 Internet 的迅速发展,连接 Internet 的主机数量飞速增长,IP 地址短缺与 Internet 发展的矛盾日益严重,如何有效解决 IP 地址的短缺成为一个迫切需要解决的问题。当然,最根本的解决方案还是采用 IPv6,而网络地址转换(NAT)可以有效地缓解这一矛盾。先来理解几个概念:

1. 专用地址

专用地址是指只能用于一个机构内部的通信,不能用于和因特网上的主机通信,因特网里面的所有路由器对于目的地址是专用地址的 IP 分组一律不进行转发。RFC 1918 指明的专用地址是:

(1)10.0.0.0 到 10.255.255.255。

(2)172.16.0.0 到 172.31.255.255。

(3)192.168.0.0 到 192.168.255.255。

采用这些专用 IP 地址组成的互联网称为专用互联网或本地互联网。

专用 IP 地址也叫做可重用地址。

2. 全球地址

全球地址需要向因特网的管理机构申请,这样的 IP 地址在全球具有唯一性,用于和因特网上的其他主机通信。相对于专用地址,有时也通俗地称其为因特网上的合法 IP 地址。

NAT(Network Address Translation)技术提供了一种完全将内部网络和 Internet 网隔离的方法,让内部网络中的计算机通过少数几个甚至一个合法 IP 地址(已申请的一个公网 IP)访问 Internet 资源,从而节省了 IP 地址,并得到广泛的应用。

在网络内部,各计算机间通过内部的 IP 地址进行通信,而当内部的计算机要与外部 Internet 网络进行通信时,具有 NAT 功能的设备负责将其内部的 IP 地址转换为合法的

IP(经过申请的 IP)地址进行通信。这样做还有一个好处是可以隐蔽网络的内部结构,因为外部用户不知道和自己通信的是内部网络的哪台主机。

NAT 包括静态 NAT、动态地址 NAT 和端口映射三种技术类型。

静态 NAT 是把内部网络中的每个主机地址永久映射成外部网络中的某个合法地址。如果内部网络有对外提供服务的需求,如 WWW 服务器、FTP 服务器等,那么这些服务器的 IP 地址应该采用静态地址转换,以便外部用户可以使用这些服务。

动态地址 NAT 是采用把外部网络中的一系列合法地址使用动态分配的方法映射到内部网络。转换时,从内部合法地址范围中动态地选择一个未使用的地址与内部专用地址进行转换。当然,当内部合法地址使用完毕时,后续的 NAT 申请将失败。这种方式适用于已申请到较多合法 IP 地址的情况。

端口映射是把内部地址映射到一个内部合法 IP 地址的不同端口上,这也是一种动态的地址转换,适用于只申请到少量 IP 地址的情况。

根据不同的需要,选择相应的 NAT 技术类型。

10.2　静态地址转换

1. 常用命令及步骤

设置静态 IP 地址转换,需完成下列步骤:

(1)在路由器上配置 IP 地址和 IP 路由。

(2)配置静态地址转换。全局配置模式下,使用如下格式命令:

"ip nat inside source static 内部专用地址 内部合法地址"。其中,内部专用地址为内部网络的私有地址,内部合法地址为向因特网管理机构申请到的全球合法地址。

(3)进入接口配置模式,启用 NAT。命令格式为:ip nat inside/outside。其中,内网接口使用 inside,外部接口使用 outside。

2. 任务背景

某小型公司组建了一个局域网,欲对外提供 WWW 服务和 FTP 服务。企业从 ISP 处得到的公网 IP 地址段是 191.1.1.32/28,ISP 给企业出口路由器分配的地址是 200. 10.10.13/30。另外,企业还有若干主机需要上因特网,但从 ISP 处得到的地址数不够。

3. 任务分析

因为公司从 ISP 处得到的合法 IP 地址数不够,因此应考虑使用 NAT 方法。另外,根据公司需要,公司内部的两台服务器要对外提供服务,需要有固定且合法的 IP 地址,因此,此处应使用静态地址转换方式。我们暂且忽略其他方式的转换。

步骤一:IP 地址分配及拓扑如图 10.1 所示。

步骤二:R1 配置如下。

Router>en

Router#config t

Enter configuration commands, one per line.　End with CNTL/Z.

Router(config)#int f0/0　　　//进入连接内网的接口

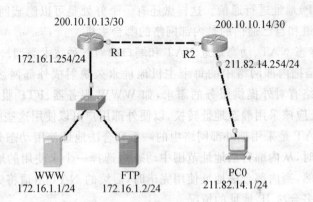

图 10.1　静态地址转换

Router(config—if)♯ip addr 172.16.1.254 255.255.255.0

Router(config—if)♯no shut

Router(config—if)♯int f0/1

Router(config—if)♯ip addr 200.10.10.13 255.255.255.252

Router(config—if)♯no shut

Router(config—if)♯exit

Router(config)♯

Router(config)♯ip route 0.0.0.0 0.0.0.0 200.10.10.14　　//配置默认路由

Router(config)♯

Router(config)♯ip nat inside source static 172.16.1.1 191.1.1.33

Router(config)♯ip nat inside source static 172.16.1.2 191.1.1.34

Router(config)♯int f0/0

Router(config—if)♯ip nat inside

Router(config—if)♯int f0/1

Router(config—if)♯ip nat outside

Router(config—if)♯

步骤三：R2 配置如下。

Router＞en

Router♯config t

Enter configuration commands，one per line.　End with CNTL/Z.

Router(config)♯int f0/0

Router(config—if)♯ip addr 200.10.10.14 255.255.255.252

Router(config—if)♯no shut

Router(config—if)♯int f0/1

Router(config—if)♯ip addr 211.82.14.254 255.255.255.0

Router(config—if)♯no shut

Router(config—if)♯exit

Router(config)♯ip route 191.1.1.32 255.255.255.240 200.10.10.13

Router(config)♯

步骤四:验证。

从 PC0 访问内网的 WWW 服务器,如图 10.2 所示。注意到浏览器地址栏里的 IP 地址是 191.1.1.33,是一个全球合法地址,这个 IP 被 NAT 静态映射到 172.16.1.1 地址上,即 WWW 服务器的地址。

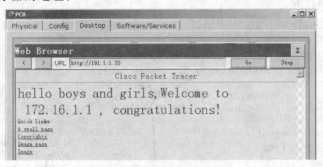

图 10.2   验证静态地址转换

从 PC0 可 PING 通 FTP 服务器,请自行验证。请用命令"show ip nat statistics"查看 NAT 转换信息。

10.3 动态地址转换

1.常用命令及步骤

设置动态 IP 地址转换,需完成下列步骤:

(1)在路由器上配置 IP 地址和 IP 路由。

(2)为内部网络定义一个标准的 IP 访问控制列表,使用如下格式命令:

access—list access—list—number permit{deny} local—ip—address。

(3)为内部定义一个 NAT 地址池,命令格式为:

ip nat pool pool—name start—ip end—ip netmask netmask{prefix—length prefix—length}。

其中,pool—name 为地址池的名字,start—ip 和 end—ip 为地址池中地址的开始和结束地址,netmask 为地址池中地址所属网络的网络掩码,prefix—length 为掩码中 1 的个数。

(4)将访问控制列表映射到 NAT 地址集,命令格式为:

ip nat inside source list access—list—number pool—name。

(5)进入接口配置模式,启用 NAT。命令格式为"ip nat inside/outside"。此处应至少在一个内部接口或外部接口上启用 NAT。

2.任务背景

某小型公司组建了一个局域网,欲对外提供 WWW 服务。企业从 ISP 处得到的公网 IP 地址段是 191.1.1.32/28,ISP 给企业出口路由器分配的地址是 200.10.10.13/30。另外,企业还有若干主机需要上因特网,但从 ISP 处得到的地址数不够。

3.任务分析

因为公司从 ISP 处得到的合法 IP 地址数不够,因此应考虑使用动态 NAT 方法使内网 172.16.1.0/24 网段的主机可以访问因特网。另外,根据公司需要,公司内部的 WWW 服务器要对外提供服务,应该分配一个固定且合法的 IP 地址,这里使用静态 NAT 转换来达到目的。

步骤一:创建拓扑如图 10.3 所示。

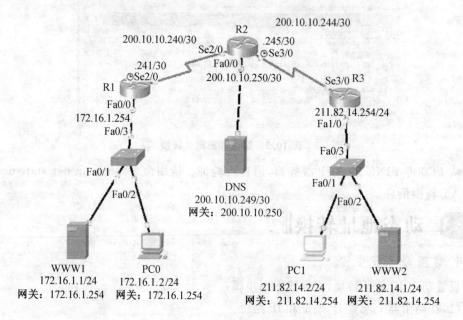

图 10.3 动态地址转换

步骤二:R1 配置如下。

Router>enable

Router#configure terminal

Enter configuration commands, one per line.   End with CNTL/Z.

Router(config)#interface FastEthernet0/0

Router(config-if)#ip address 172.16.1.254 255.255.255.0

Router(config-if)#no shutdown

Router(config-if)#exit

Router(config)#

Router(config)#interface Serial2/0

Router(config-if)#ip address 200.10.10.241 255.255.255.252

Router(config-if)#clock rate 64000   //给串口 DCE 端配置时钟频率

Router(config-if)#no shutdown

Router(config-if)#exit

Router(config)#

Router(config)#ip route0.0.0.0 0.0.0.0 200.10.10.242

Router(config)#

Router(config)#ip nat inside source static 172.16.1.1 191.1.1.33　//将 191.1.1.33 静态转换给 WWW 服务器

Router(config)#ip nat pool mypoolname 191.1.1.34 191.1.1.46 netmask 255.255.255.240

Router(config)#access—list 1 permit 172.16.1.00.0.0.255

Router(config)#ip nat inside source list 1 pool mypoolname

Router(config)#int f0/0

Router(config—if)#ip nat inside

Router(config—if)#int s2/0

Router(config—if)#ip nat outside

Router(config—if)#no shut

Router(config—if)#exit

Router(config)#

步骤三：R2 配置如下：

Router>enable

Router#configure terminal

Enter configuration commands，one per line.　End with CNTL/Z.

Router(config)#interface Serial2/0

Router(config—if)#ip address 200.10.10.242 255.255.255.252

Router(config—if)#

Router(config—if)#exit

Router(config)#interface Serial3/0

Router(config—if)#ip address 200.10.10.245 255.255.255.252

Router(config—if)#clock rate 64000

Router(config—if)#no shutdown

Router(config—if)#

Router(config—if)#exit

Router(config)#interface FastEthernet0/0

Router(config—if)#ip address 200.10.10.250 255.255.255.252

Router(config—if)#no shutdown

Router(config—if)#exit

Router(config)#

Router(config)#ip route 211.82.14.0 255.255.255.0 200.10.10.246

Router(config)#ip route 191.1.1.32 255.255.255.240 200.10.10.241

Router(config)#

步骤四:R3 配置如下:

Router>enable

Router#configure terminal

Enter configuration commands, one per line.   End with CNTL/Z.

Router(config)#interface Serial3/0

Router(config-if)#ip address 200.10.10.246 255.255.255.252

Router(config-if)#

Router(config-if)#exit

Router(config)#interface FastEthernet1/0

Router(config-if)#ip address 211.82.14.254 255.255.255.0

Router(config-if)#no shutdown

Router(config-if)#

Router(config-if)#exit

Router(config)#

Router(config)#ip route0.0.0.0 0.0.0.0 200.10.10.245

Router(config)#

步骤五:给 DNS 服务器添加记录,如图 10.4 所示。

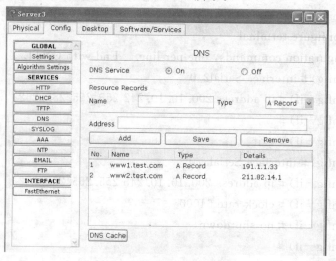

图 10.4 添加 DNS 服务器记录

步骤六:验证。

(1)配置 NAT 转换后,用 PC0 可 PING 通 PC1。

(2)从外部 PC1 访问企业内部 Web(WWW1)服务器,经过静态 NAT 转换后,172.16.1.1 对应191.1.1.33。此处域名对应的 IP 地址是 191.1.1.33。

(3)从 PC0 访问因特网上的 Web 服务器 WWW2,经过 NAT 转换后,结果如图 10.5

所示。

图 10.5　验证内部访问外部服务器的 NAT 转换

经过两次 WWW 访问后,在 R1 上查看 NAT 转换信息如下:

Router # show ip nat t

Pro	Inside global	Inside local	Outside local	Outside global
udp	191.1.1.34:1025	172.16.1.2:1025	200.10.10.249:53	200.10.10.249:53
---	191.1.1.33	172.16.1.1	---	---
tcp	191.1.1.33:80	172.16.1.1:80	211.82.14.2:1025	211.82.14.2:1025
tcp	191.1.1.34:1025	172.16.1.2:1025	211.82.14.1:80	211.82.14.1:80

10.4　端口映射

1. 常用命令及步骤

设置静态 IP 地址转换,需完成下列步骤:

(1)在路由器上配置 IP 地址和 IP 路由。

(2)配置好 ACL。

(3)端口映射命令格式。

ip nat inside source list 访问列表号 pool 内部全局地址池的名称 overload。

2. 任务背景

某小型公司组建了一个局域网,但该公司从 ISP 处仅得到一个合法全球地址 200.
10.10.1/24,但该公司内部主机都要能够访问 Internet。

3. 任务分析

因为公司从 ISP 处得到的合法 IP 地址数只有一个,因此可以考虑使用端口映射的方
法来进行网络地址转换。此处将公司内部网络划分为两个子网,分别为 172.16.1.0/24
和 172.16.2.0/24,它们分别对应 vlan 10 和 vlan 20。为简化操作,此处路由器 R1 采用
单臂路由的方式给内网提供路由。

步骤一:作拓扑图如图 10.6 所示。

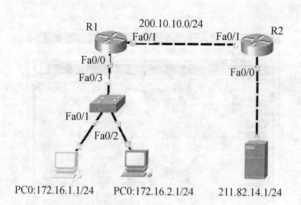

图 10.6　端口映射

步骤二:R1 配置:

Router>enable

Router#configure terminal

Enter configuration commands, one per line.　End with CNTL/Z.

Router(config)#interface FastEthernet0/1

Router(config-if)#ip address 200.10.10.1 255.255.255.0

Router(config-if)#no shutdown

Router(config-if)#exit

Router(config)#int f0/0

Router(config-if)#no shut

Router(config-if)#int f0/0.1

Router(config-subif)#encapsulation dot1q 10

Router(config-subif)#ip addr 172.16.1.254 255.255.255.0

Router(config-subif)#no shut

Router(config-subif)#int f0/0.2

Router(config-subif)#encapsulation dot1q 20

Router(config-subif)#ip addr 172.16.2.254 255.255.255.0

Router(config-subif)#no shut

Router(config-subif)#exit

Router(config)#ip route 211.82.14.0 255.255.255.0 200.10.10.2

Router(config)#access-list 1 permit 172.16.1.0 0.0.0.255

Router(config)#access-list 1 permit 172.16.2.0 0.0.0.255

Router(config)#ip nat inside source list 1 int f0/1 overload

Router(config)#int f0/0.1

Router(config-subif)#ip nat inside

Router(config-subif)#int f0/0.2

Router(config-subif)#ip nat inside

Router(config－subif)♯exit

Router(config)♯int f0/1

Router(config－if)♯ip nat outside

Router(config－if)♯exit

Router(config)♯exit

路由器 R2 与交换机的配置略。

步骤三：验证。经过 NAT 端口映射后，可访问 WWW 服务器。

先用 PC1 去访问 WWW 服务器，再用 PC0 去 PING WWW 服务器后，查看 R1 的 NAT 转换记录如下：

Router♯show ip nat t

Pro	Inside global	Inside local	Outside local	Outside global
icmp	200. 10. 10. 1:1	172. 16. 1. 1:1	211. 82. 14. 1:1	211. 82. 14. 1:1
icmp	200. 10. 10. 1:2	172. 16. 1. 1:2	211. 82. 14. 1:2	211. 82. 14. 1:2
icmp	200. 10. 10. 1:3	172. 16. 1. 1:3	211. 82. 14. 1:3	211. 82. 14. 1:3
icmp	200. 10. 10. 1:4	172. 16. 1. 1:4	211. 82. 14. 1:4	211. 82. 14. 1:4
tcp	200. 10. 10. 1:1025	172. 16. 2. 1:1025	211. 82. 14. 1:80	211. 82. 14. 1:80

附录 Cisco Packet Tracer 基本用法介绍

1. 基本界面

打开 Packet Tracer 5.3 时界面如图 1 所示。

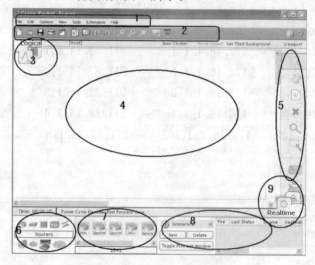

图 1 Packet Tracer 5.3 界面

其中，图 5.1 中所标示区域解释如下：

（1）菜单栏，此栏中有文件、选项和帮助按钮，我们在此可以找到一些基本的命令，如打开、保存、打印和选项设置等。

（2）主工具栏，此栏提供了菜单栏中命令的快捷方式。

（3）逻辑/物理工作区转换栏，我们可以通过此栏中的按钮完成逻辑工作区和物理工作区之间的转换。

（4）工作区，此区域中我们可以创建网络拓扑，监视模拟过程查看各种信息和统计数据。

（5）常用工具栏，此栏提供了常用的工作区工具，包括选择、整体移动、备注、删除、查看、添加简单数据包和添加复杂数据包等。

（6）设备类型库，此库包含不同类型的设备，如路由器、交换机、HUB、无线设备、连线、终端设备和网云等。

（7）特定设备库，此库包含不同设备类型中不同型号的设备，它随着设备类型库的选择级联显示。

（8）用户数据包窗口，此窗口管理用户添加的数据包。

(9)实时/模拟转换栏,我们可以通过此栏中的按钮完成实时模式和模拟模式之间的转换。

2.选择设备

我们在工作区中添加一个路由器。首先我们在设备类型库中选择路由器,特定设备库中单击想要添加的路由器,然后在工作区中单击一下就可以把该路由器添加到工作区中了。当然也可以按住 Ctrl 键再单击来连续添加设备。

接下来可以选取合适的线型将设备连接起来。可以根据设备间的不同接口选择特定的线型来连接,当然如果只是想快速地建立网络拓扑而不考虑线型选择时也可以选择自动连线,如图 2 所示。

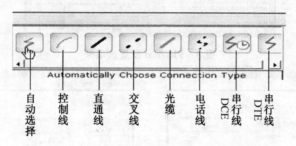

图 2　线型介绍

连接完成后,可以看到各线缆两端有不同颜色的圆点,它们表示的含义见表 1。

表 1　线缆两端亮点含义

链路圆点的状态	含　　义
亮绿色	物理连接准备就绪,还没有 Line Protocol status 的指示
闪烁的绿色	连接激活
红色	物理连接不通,没有信号
黄色	交换机端口处于"阻塞"状态

3.配置不同设备

在工作区中单击路由器,则打开设备配置对话框。切换到"physical"选项卡,如图 3 所示。

Physical 选项卡用于添加端口模块,各模块的详细信息请参考帮助文件。

切换到 Config 选项卡如图 4 所示。

Config 选项卡提供了简单配置路由器的图形化界面,当进行某项配置时下面会显示相应的命令。这是 Packet Tracer 中的快速配置方式,主要用于简单配置,将注意力集中在配置项和参数上,实际设备中没有这样的方式。

对应的 CLI 选项卡则是在命令行模式下对网络设备进行配置,这种模式和实际路由器的配置环境相似。

这里配置 FastEthernt 0/0 端口,如图 5 所示。

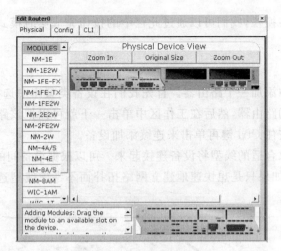

图 3　Physical 配置选项卡

图 4　Config 和 CLI 配置选项卡

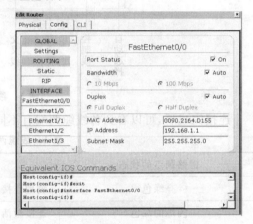

图 5　Config 选项卡中的端口配置